“十二五”职业教育国家规划教材

经全国职业教育教材审定委员会审定

高职高专教育课程改革成果教材

电 工 基 础

——电工原理与技能训练

（第二版）

主　编　黎炜

副主编　芦晶　戴曰梅

主　审　杨勇

西安电子科技大学出版社

内容简介

本书是新时期高职教育课程改革项目成果教材，依据教育部最新制定的《教育部关于"十二五"职业教育教材建设的若干意见》（教职成〔2012〕9号），结合《高等职业学校专业教学标准（试行）》编写而成。

本书主要包括电路的基本概念和基本定律、直流电阻性电路的分析、线性动态电路分析、正弦交流电路、三相正弦交流电路、谐振、互感电路、磁路与铁芯线圈电路、非正弦周期信号电路、二端口网络等内容，每章均配有精选的例题、习题和技能训练项目。

本书可作为高等职业院校电气自动化、电子、通信、供用电、计算机、电机与电器、生产过程自动化、电子信息工程、数控及机电类各专业课程的教材，也可供相关专业工程技术人员参考。

图书在版编目（CIP）数据

电工基础：电工原理与技能训练/黎炜主编. —2 版. —西安：西安电子科技大学出版社，2015.3
"十二五"职业教育国家规划教材
ISBN 978 - 7 - 5606 - 3480 - 7

Ⅰ. ① 电… Ⅱ. ① 黎… Ⅲ. ① 电工学—高等学校—教材 Ⅳ. ① TM1

中国版本图书馆 CIP 数据核字（2014）第 235411 号

策　　划	毛红兵
责任编辑	许青青　毛红兵
出版发行	西安电子科技大学出版社（西安市太白南路 2 号）
电　　话	(029)88242885　88201467　　邮　　编　710071
网　　址	www.xduph.com　　　　电子邮箱　xdupfxb001@163.com
经　　销	新华书店
印刷单位	陕西大江印务有限公司
版　　次	2015 年 3 月第 2 版　2015 年 3 月第 2 次印刷
开　　本	787 毫米×1092 毫米　1/16　印　张　16.5
字　　数	389 千字
印　　数	4001～7000 册
定　　价	35.00 元(含光盘)

ISBN 978 - 7 - 5606 - 3480 - 7/TM

XDUP 3772002 - 2

前　言

　　“电工基础”是电气类专业的专业基础课，主要讲述直流电路、交流电路、动态电路、电磁电路的相关概念和分析方法。本书在编写中，一方面根据最新课程改革要求，以项目为先导，从实际应用出发，用通俗、易懂的语言阐述相关概念和方法；另一方面用典型例题将相关概念、方法和实际应用联系起来，使读者既能获得理性认识，又具有深刻的感性认识，从而真正掌握一门知识与技能；第三，尝试突破传统教材的编写模式，考虑分层教学和分学期教学，全书分为基础模块和选用模块，先介绍直流电路、动态电路，后讲解交流电路、电磁电路，便于组织教学。

　　本书共分为 10 章，主要内容包括电路的基本概念和基本定律、直流电阻性电路的分析、线性动态电路分析、正弦交流电路、三相正弦交流电路、谐振、互感电路、磁路与铁芯线圈电路、非正弦周期信号电路、二端口网络等。其中，第一至八章为基础模块，第九、十章为选用模块。

　　本书突出技能训练内容，强调学生动手能力的提高，每章均给出与内容相一致的技能训练项目供读者选用，这些实例体现了求解问题的方法和处理实际问题的技巧，体现了工学结合的人才培养模式。在教学组织中，既可以先进行技能训练，认识问题，再进行理论学习、总结提高，也可以先讲述电路的相关概念和方法，再进行技能训练，让学生学以致用。

　　根据教材内容，对电气类专业建议教学时数为 120 学时，考核方式可采用“235”模式，即平时作业、回答问题、上课纪律等占 20%，技能训练考核占 30%，理论考试占 50%。对非电气类专业建议教学时数为 80 学时。技能训练项目可根据专业要求选用。各章目录中加“＊”的小节为选学内容。

　　陕西工业职业技术学院黎炜任本书主编，负责编写第一、九、十章，芦晶负责编写第六、七章，杜云负责编写第二、五章，耿凡娜负责编写第四章，杨凌职业技术学院王兵利负责编写第三章，山东信息职业技术学院戴曰梅负责编写第八章。

　　西安航空学院杨勇教授主审了本书，并提出了许多宝贵意见，在此表示衷心感谢。

　　本书在编写过程中参考了多套电工基础理论和技能训练教材，在此对相关作者表示崇高敬意和诚挚感谢。

　　由于编者水平有限，书中难免有疏漏之处，恳请读者批评指正。

编　者

2014 年 7 月

第 一 版 前 言

电工原理与技能训练是电气类专业的专业基础课，主要讲述直流电路、交流电路、动态电路、电磁电路的相关概念和分析方法。目前较为流行的几种教材，偏重讲解理论，学生理解比较困难。因此，在本书编写中，一方面根据最新课程改革的要求，以项目为先导，从实际应用出发，用通俗、易懂的语言阐述相关的概念和方法；另一方面用典型例题将相关概念、方法和实际应用联系起来，使读者既能获得理性认识，又能获得印象很深的感性认识，从而真正掌握一门知识与技能。同时，尝试突破传统教材编写模式，考虑分层教学和分学期教学的方便，全书分为基础模块、选用模块；先直流电路、动态电路，后交流电路、电磁电路，便于组织教学。

全书共分 10 章，内容包括电路的基本概念和基本定律、直流电阻性电路的分析、线性动态电路分析、正弦交流电路、三相正弦交流电路、谐振电路、互感耦合电路、磁路与铁芯线圈电路、非正弦周期信号电路、二端口网络等。第 1～8 章为基础模块，第 9、10 两章为选用模块。书中用"＊"号标记的章节为选学内容。

本书突出技能训练内容，强调学生动手能力的提高，每章给出与内容相一致的技能训练项目供教学选用。这些实例体现了求解问题的方法和处理实际问题的技巧，体现了工学交替的人才培养模式。在教学组织中，既可以先进行技能训练，认识问题，再进行理论学习、总结提高，也可以先讲述电路相关概念和方法，再进行技能训练，让学生学以致用。

根据教材内容，对于电气类专业，建议教学时数为 120 学时，考核方式可采用"235"模式，即平时作业、回答问题、上课纪律等占 20％，技能训练考核占 30％，理论考试占 50％；对于非电气类专业，建议教学时数为 80 学时，技能训练项目可根据专业要求选用，第 9、10 两章内容选讲，考核方式可灵活掌握。

本书由陕西工业职业技术学院黎炜任主编（编写第 1、9、10 章），由陕西工业职业技术学院芦晶任副主编（编写第 6、7 章），陕西工业职业技术学院耿凡娜（编写第 4 章）、杨凌职业技术学院王兵利（编写第 3、5 章）、山东信息职业技术学院戴曰梅（编写第 2、8 章）等参编。

本书由西安航空技术高等专科学校杨勇教授主审，他提出了许多宝贵意见，在此表示衷心感谢。

本书编写过程中参考了多套电工基础理论和技能训练教材，在此对相关作者表示崇高的敬意和诚挚的感谢。

由于编者水平有限，书中难免存在疏漏之处，恳请读者批评指正。

编　者
2008 年 8 月

目　录

基　础　模　块

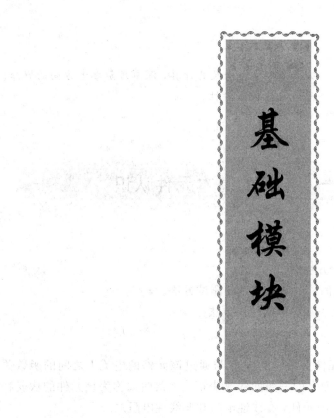

基础模块

第一章 电路的基本概念和基本定律

【学习目标】

- 认识电路，建立电路模型。
- 掌握电路电压、电位、电流、功率等重要概念及其计算，深刻理解参考方向的概念。
- 掌握电阻、电容、电感、电源元件及其伏安特性。
- 掌握基尔霍夫定律及其应用。

技能训练一　电路的基本元件认识

1. 训练目的

（1）学会识别常用电路元件的方法。

（2）掌握线性电阻、非线性电阻元件伏安特性的测试方法。

（3）熟悉实验台上直流电工仪表和设备的使用方法。

2. 原理说明

电路元件的特性一般可用该元件上的端电压 U 与通过该元件的电流 I 之间的函数关系 $I=f(U)$ 来表示，即用 I-U 平面上的一条曲线来表征，这条曲线称为该元件的伏安特性曲线。电阻元件是电路中最常见的元件，有线性电阻和非线性电阻之分。

万用表的欧姆挡只能在某一特定的 U 和 I 下测出对应的电阻值，因而不能测出非线性电阻的伏安特性。一般在含源电路"在线"状态下测量元件的端电压和对应的电流值，进而由公式 $R=U/I$ 求出所测电阻值。

（1）线性电阻器的伏安特性符合欧姆定律 $U=RI$，其阻值不随电压或电流值的变化而变化，伏安特性曲线是一条通过坐标原点的直线，如训练图 1-1(a) 所示，该直线的斜率等于该电阻器的电阻值。

（2）白炽灯可以视为一种电阻元件，其灯丝电阻随着温度的升高而增大。一般灯泡的"冷电阻"与"热电阻"的阻值可以相差几倍至十几倍。通过白炽灯的电流越大，其温度越高，阻值也越大，即对一组变化的电压值和对应的电流值，所得 U/I 不是一个常数，所以它的伏安特性是非线性的，如训练图 1-1(b) 所示。

（3）半导体二极管也是一种非线性电阻元件，其伏安特性如训练图 1-1(c) 所示。二极

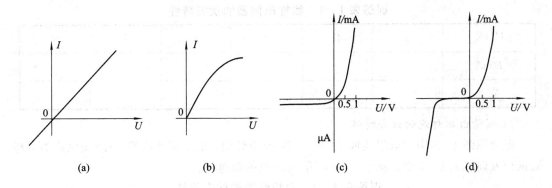

训练图 1-1　元件的伏安特性

管的电阻值随电压或电流大小、方向的改变而改变。它的正向压降很小（一般锗管约为 0.2～0.3 V，硅管约为 0.5～0.7 V），正向电流随正向压降的升高而急剧上升，而反向电压从零一直增加到十几至几十伏时，其反向电流增加很小，粗略地可视为零。所以给二极管加反向电压时，可以认为其阻值为∞。可见，二极管具有单向导电性，但反向电压加得过高，超过管子的极限值，则会导致管子击穿损坏。

　　（4）稳压二极管是一种特殊的半导体二极管，其正向特性与普通二极管类似，但其反向特性较特殊，如训练图 1-1(d)所示。给稳压二极管加反向电压时，其反向电流几乎为零，但当电压增加到某一数值时，电流将突然增加，以后它的端电压将维持恒定，不再随外加反向电压的升高而增大，这便是稳压二极管的反向稳压特性。实际电路中，可以利用不同稳压值的稳压管与稳压电阻配合来实现稳压作用。

3. 训练设备

（1）可调直流稳压电源（0～50 V）；　　　（2）万用表；

（3）直流数字毫安表；　　　　　　　　　（4）直流数字电压表；

（5）二极管（IN4001）；　　　　　　　　（6）稳压管（2CW51）；

（7）白炽灯（12 V，1 W）；　　　　　　　（8）线性电阻器（1 kΩ，1 W）。

4. 训练内容

1）线性电阻器伏安特性的测量

按训练图 1-2 接线，调节稳压电源 U_s 的数值，测出对应的电压表和电流表的读数并记入训练表 1-1 中。

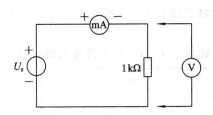

训练图 1-2　线性电阻器伏安特性的测量

训练表 1-1　线性电阻器的伏安特性

U_R/V	0	2	4	6	8	10
I/mA						
R/Ω						

2）测量白炽灯泡的伏安特性

把训练图 1-2 中的电阻换成 12 V，1 W 的小灯泡，重复训练内容 1）的测试内容，将数据记入训练表 1-2 中。表 1-2 中，U_L 为灯泡的端电压。

训练表 1-2　白炽灯泡的伏安特性

U_L/V	0.1	0.5	1	2	3	4	5
I/mA							
R/Ω							

3）测定半导体二极管的伏安特性

按训练图 1-3 接线，200 Ω 为限流电阻，先测二极管的正向特性，正向压降可在 0～0.75 V 之间取值。特别是在曲线的弯曲部分（0.5～0.75 之间）适当多取几个测量点，其正向电流不得超过 45 mA，所测数据记入训练表 1-3 中。

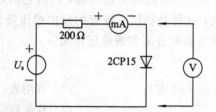

训练图 1-3　半导体二极管伏安特性的测量

训练表 1-3　二极管正向特性训练

U_{D+}/V	0	0.4	0.5	0.55	0.6	0.65	0.68	0.70	0.72	0.75
I/mA										
R/Ω										

作反向特性实验时，需将二极管 V_D 反接，其反向电压可在 0～30 V 之间取值，所测数据记入训练表 1-4 中。

训练表 1-4　二极管反向特性训练

U_{D-}/V	0	−5	−10	−15	−20	−25	−30
I/mA							
R/Ω							

4）测定稳压二极管的伏安特性

（1）将训练图1-3中的二极管换成稳压二极管（2CW51），重复训练内容3的测量并将所测数据记入表1-5中。

训练表 1-5　稳压二极管正向特性

U_{z+}/V	0	0.4	0.5	0.55	0.6	0.65	0.70
I/mA							
R/Ω							

（2）反向特性实验：将训练图1-3中的200 Ω电阻换成1 kΩ与稳压二极管2CW51反接，测2CW51的反向特性，稳压电源的输出电压在0～5 V之间变化，将测量结果记入训练表1-6中。

训练表 1-6　稳压二极管反向特性

U_{z-}/V	0	1.00	1.50	2.00	2.50	3.00	3.50	4.00	4.50	5.00
I/mA										
R/Ω										

5. 训练注意事项

（1）测二极管正向特性时，稳压电源输出应由小至大逐渐增加，应时刻注意电流表读数不得超过 25 mA，稳压电源输出端切勿短路。

（2）进行上述训练时，应先估算电压和电流值，合理选择仪表的量程，并注意仪表的极性。

6. 思考题

（1）线性电阻与非线性电阻的概念是什么？电阻与二极管的伏安特性有何区别？

（2）若元件伏安特性的函数表达式为 $I = f(U)$，在描绘特性曲线时，其坐标变量应如何放置？

7. 训练报告

（1）根据实验结果和表中数据，分别在坐标纸上绘制出各自的伏安特性曲线（其中二极管和稳压管的正、反向特性均要求画在同一张图中，正、反向电压可取为不同的比例尺）。

（2）对本次实验结果进行适当的解释，总结、归纳被测各元件的特性。

（3）进行必要的误差分析。

（4）总结本次训练的收获。

1.1　电路和电路模型

　　人们在日常生活、生产和科研中广泛地使用着各种电路，如输变电路、照明电路、电视机中的信号放大电路、各类机床的控制电路等。从这些电路可以看出，电路是由电源、导线和开关等中间环节、用电装置等负载构成的电信号通路，其作用是：实现能量的转换和传输，进行信号的传递和处理。

　　电路中的各部分统称为电路的元件。为了便于进行分析和计算，在一定条件下，把实际元件加以近似化、理想化，即忽略其次要性质，用足以表征其主要特征的"模型"来表示，我们把这种元件称为理想元件。

　　由理想电路元件构成的电路称为实际电路的"电路模型"。如图 1-1-1 所示，图(a)为手电筒的实际电路，若把小灯泡看成是电阻元件，用 R 表示，考虑到干电池内部自身消耗的电能，把干电池看成是电阻元件 R_s 和电压源 U_s 串联，把连接导线看成为理想导线（其电阻为零）。这样，手电筒的实际电路就可以用电路模型来表示，如图 1-1-1(b)所示。

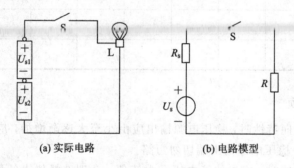

(a) 实际电路　　　　　　　(b) 电路模型

图 1-1-1　实际电路与电路模型

1.2　电路中的基本物理量

1.2.1　电流

　　在物理课中已经学过，电荷的定向移动形成电流(current)。电流的实际方向习惯上指正电荷运动的方向，电流的大小常用电流强度(current intensity)来表示。电流强度指单位时间内通过导体横截面的电荷量。电流强度习惯上简称为电流。

　　电流主要分为两类：一类为大小和方向均不随时间改变的电流，称为恒定电流，简称直流(direct current)，常简写为 DC，其强度用符号 I 表示；另一类为大小和方向都随时间变化的电流，称为变动电流，其强度用符号 i 或 $i(t)$ 表示。其中一个周期内电流的平均值为零的变动电流称为交流(alternating current)，常简写为 ac 或 AC，其强度也用符号 i 或 $i(t)$ 表示。

　　图 1-2-1 给出了几种常见电流波形。

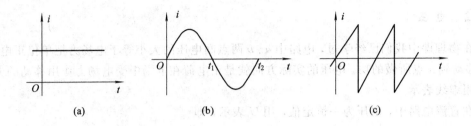

图 1-2-1　常见电流波形

对于直流，单位时间内通过导体横截面的电荷量是恒定不变的，其电流强度为

$$I = \frac{Q}{t} \tag{1-2-1}$$

对于变动电流（含交流），若假设在一很小的时间间隔 dt 内，通过导体横截面的电荷量为 dq，则该瞬间电流强度为

$$i = \frac{dq}{dt} \tag{1-2-2}$$

在国际单位制（SI）中，电流的单位是安培（Ampere），符号为 A。它表示 1 秒（s）内通过导体横截面的电荷为 1 库仑（C）。有时也会用到千安（kA）、毫安（mA）或微安（μA）等，其关系如下：

$$1 \text{ kA} = 1000 \text{ A} = 10^3 \text{ A}$$

$$1 \text{ mA} = 10^{-3} \text{ A}$$

$$1 \text{ μA} = 10^{-6} \text{ A}$$

在分析电路时，对复杂电路中某一段电路里电流的实际方向很难立即判断出来，有时电流的实际方向还会不断改变，因此在电路中很难标明电流的实际方向。为分析方便，我们引入电流的"参考方向"（reference direction）这一概念。所谓参考方向，就是人为任意假设的方向。参考方向是任意选定的，而电流的实际方向是客观存在的，所选定的电流参考方向并不一定就是电流的实际方向。因此，在分析一段电路或一个电路元件时，先选定电流的参考方向，经过分析计算，当 $i>0$ 时，选定的电流参考方向与实际方向一致，当 $i<0$ 时，选定电流的参考方向与实际方向相反。

常用箭头直接标在电路上表示电流的参考方向，也可以用双下标表示，如 i_{ab} 表示其参考方向由 a 指向 b。

若用虚线箭头表示电流的实际方向，用实线箭头表示电流的参考方向，则电流的参考方向与实际方向如图 1-2-2 所示，图（a）中，$i>0$，图（b）中，$i<0$。

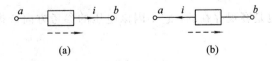

图 1-2-2　电流的参考方向与实际方向

电流的方向是实际存在的，它不因其参考方向选择的不同而改变，即存在 $i_{ab} = -i_{ba}$。本书中不加特殊说明时，电路中的公式和定律都是建立在参考方向的基础上的。

1.2.2 电压

在物理课中我们已经学过，电路中 a、b 两点间电压的大小等于电场力把单位正电荷由 a 点移动到 b 点所做的功。电压的实际方向就是正电荷在电场中受电场力作用移动的方向，一般用虚线表示。

在直流电路中，电压为一恒定值，用 U 表示，即

$$U = \frac{W}{Q} \tag{1-2-3}$$

在变动电流电路中，电压为一变值，用 u 表示，即

$$u = \frac{\mathrm{d}W}{\mathrm{d}q} \tag{1-2-4}$$

在国际单位制（SI）中，电压的单位是伏特（Volt），简称伏，用符号 V 表示，即电场力将 1 库仑（C）正电荷由 a 点移至 b 点所做的功为 1 焦耳（J）时，a、b 两点间的电压为 1 V。有时也需用千伏（kV）、毫伏（mV）或微伏（μV）作单位。

与需要为电流指定参考方向一样，在电路分析中，也需要为电压指定参考方向，在元件或电路中两点间可以任意选定一个方向作为电压的参考方向。电路图中，电压的参考方向一般用实线箭头表示，也可用双下标 u_{ab}（电压参考方向由 a 点指向 b 点）式"＋"、"－"极性表示（电压参考方向由"＋"极性指向"－"极性），如图 1-2-3 所示。

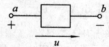

图 1-2-3 电压的参考方向表示法

当电压的实际方向与它的参考方向一致时，电压值为正，即 $u > 0$；反之，当电压的实际方向与它的参考方向相反时，电压值为负，即 $u < 0$。电压的参考方向与实际方向的关系如图 1-2-4 所示，图（a）中，$u > 0$，图（b）中，$u < 0$。

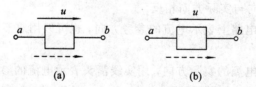

图 1-2-4 电压的参考方向与实际方向

电压的实际方向也是客观存在的，它不因该电压的参考方向选择的不同而改变。由此可知：

$$u_{ab} = - u_{ba}$$

若电压与电流的参考方向一致，则称为关联参考方向，否则称为非关联参考方向。如图 1-2-5 所示，图（a）、（b）中，电压与电流为关联参考方向，图（c）中，电压与电流为非关联参考方向。

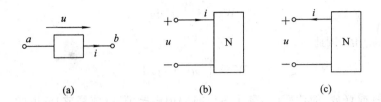

图 1 - 2 - 5　关联参考方向与非关联参考方向

1.2.3　电位

在复杂电路中，经常用电位的概念来分析电路。所谓电位，是指在电路中任选一点作为参考点（即电位为 0 的点），某点与参考点的电压叫作该点的电位。电位用 V 表示，电路中 a 点的电位可表示为 V_a，如图 1 - 2 - 6 所示。电位的单位和电压的单位一样，用伏特（V）表示。

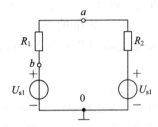

图 1 - 2 - 6　电位的表示

图 1 - 2 - 6 中，已知 a、b 两点的电位分别为 V_a、V_b，则此两点间的电压为

$$U_{ab} = U_{a0} - U_{b0} = V_a - V_b$$

即

$$U_{ab} = V_a - V_b \tag{1-2-5}$$

由上述分析可知，在电路中取不同参考点，电路各点的电位可能会发生变化，但两点之间的电压是确定的，等于两点的电位之差。

1.2.4　电能和功率

在电路的分析和计算中，能量和功率的计算是十分重要的。这是因为：一方面，电路在工作时总伴随有电能与其他形式能量的相互交换；另一方面，电气设备和电路部件本身使用时都有功率的限制，同时在使用时要注意其电流值或电压值是否超过额定值，若超过额定值则会使设备或部件损坏或不能正常工作。

电功率与电压和电流密切相关。当单位正电荷从元件上电压的"＋"极经过元件移动到电压的"－"极时，与此电压相对应的电场力要对电荷做正功，这时元件吸收能量；反之，当正电荷从电压的"－"极经过元件移动到电压"＋"极时，电场力做负功，这时元件向外释放电能。

从 t_0 到 t 的时间内，元件吸收的电能可根据电压的定义（a、b 两点的电压在量值上等于电场力将单位正电荷由 a 点移动到 b 点时所做的功）求得，即

$$W = \int_{q(t_0)}^{q(t)} u \, dq$$

由于 $i = dq/dt$，因此

$$W = \int_{t_0}^{t} u(i) i(t) dt \qquad (1-2-6)$$

电路消耗(或释放)的功率(p)等于单位时间内电路消耗(或释放)的电能，则

$$p = \frac{dW}{dt} = ui \qquad (1-2-7)$$

在直流电路中，电流、电压均为恒值，在 $0 \sim t$ 段时间内电路消耗的电能为

$$W = UIt \qquad (1-2-8)$$

电路消耗的功率为

$$P = UI \qquad (1-2-9)$$

式(1-2-7)和式(1-2-9)中，电流和电压为关联参考方向。若电流和电压为非关联参考方向，如图1-2-7所示，这时 u' 与 i 为非关联参考方向，$u' = -u$，电路的功率为 $p = ui = -u'i$。也就是说，当某段电路上电流和电压为非关联参考方向时，这段电路的功率计算公式为

$$p = -ui \qquad (1-2-10)$$

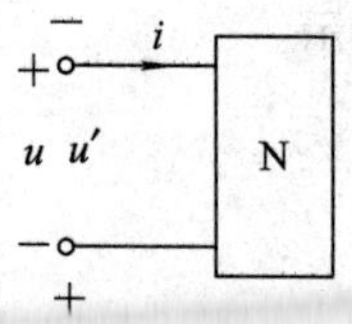

图 1-2-7　功率的计算

在国际单位制(SI)中，功率的单位为瓦特(Watt)，简称瓦，符号为 W。

不管电路中电压和电流的参考方向如何选择，电路(或元件)究竟是消耗功率还是释放功率，可以根据上述公式分析计算，用以下判别式判断：

(1) $p > 0$，说明该段电路(或元件)吸收(或消耗)功率；

(2) $p = 0$，说明该段电路(或元件)不消耗功率；

(3) $p < 0$，说明该段电路(或元件)释放(或发出)功率。

【例1-1】　图1-2-8中，已知 $I = 2$ A，试求图中元件的功率。

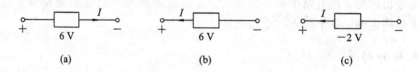

图 1-2-8　例1-1图

解　(a) 电流和电压为关联参考方向，该元件上的功率为

$$P = UI = 6 \times 2 = 12 \text{ W}$$

说明该元件消耗的功率为 12 W。

(b) 电流和电压为非关联参考方向，该元件上的功率为

$$P = -UI = -6 \times 2 = -12 \text{ W}$$

说明该元件发出的功率为 12 W。

(c) 电流和电压为非关联参考方向，该元件上的功率为

$$P = -UI = -(-2) \times 2 = 4 \text{ W}$$

说明该元件消耗的功率为 4 W。

技能训练二　电路中电位、电压测定

1. 训练目的

（1）明确电位和电压的概念，验证电路中电位的相对性和电压的绝对性。

（2）掌握电路电位图的绘制方法。

2. 原理说明

1）电位与电压的测量

在一个确定的闭合电路中，各点电位的高低视所选电位参考点的不同而变，但任意两点间的电位差（即电压）则是绝对的，它不因参考点的变动而改变。据此性质，我们可用一只电压表来测量出电路中各点的电位及任意两点间的电压。

2）电路电位图的绘制

在直角平面坐标系中，以电路中的电位值作纵坐标，电路中各点位置作横坐标，将测量到的各点电位在该坐标平面中标出，并把标出点按顺序用直线相连接，就可得到电路的电位变化图。每一段直线段即表示该两点间电位的变化情况，直线的斜率表示电流的大小。对于一个闭合回路，其电位变化图形是封闭的折线。

以训练图 2-1(a)所示电路为例，若电位参考点选为 a 点，选回路电流 I 的方向为顺时针（或逆时针）方向，则电位图的绘制应从 a 点出发，沿顺时针方向绕行作出的电位图如训练图 2-1(b)所示。

（1）将 a 点置坐标原点，其电位为 0。

（2）自 a 至 b 的电阻为 R_3，在横坐标上按比例取线段 R_3，得 b 点，根据电流绕行方向可知 b 点电位应为负值，$V_b=-IR_3$，即 b 点电位比 a 点低，故从 b 点沿纵坐标负方向取线段 IR_3，得 b' 点。

（3）由 b 到 c 为电压源 E_1，其内阻可忽略不计，则在横坐标上 c、b 两点重合，由 b 到 c 电位升高值为 E_1，即 $V_c-V_b=E_1$，则从 b' 点沿纵坐标正方向按比例取线段 E_1，得点 c'，即线段 $b'c'=E_1$。

依此类推，可作出完整的电位变化图。

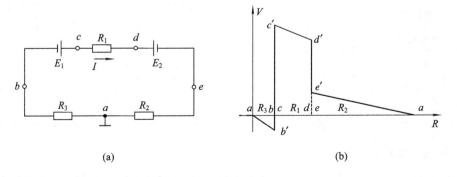

（a）　　　　　　　　　　　　　　（b）

训练图 2-1　电路电位图的绘制

由于电路中电位参考点可任意选定，因此对于不同的参考点，所绘出的电位图形是不同的，但其各点电位变化的规律却是一样的。在作电位图或测量时必须正确区分电位和电压的高低，按照惯例，应先选取回路电流的方向，以该方向上的电压降为正。所以，在用电压表测量时，若仪表指针正向偏转，则说明电表正极的电位高于负极的电位。

3. 训练设备

(1) 电源 $E_1 = 6$ V，$E_2 = 12$ V；

(2) 直流数字电压表；

(3) 直流数字毫安表；

(4) 实验电路板挂箱。

4. 训练内容

训练线路如训练图 2－2 所示。

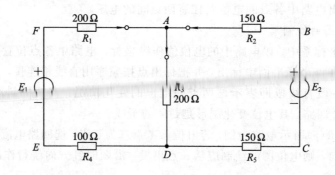

训练图 2－2　训练线路

(1) 以训练图 2－2 中的 A 点作为电位参考点，分别测量 B、C、D、E、F 各点的电位值 V 及相邻两点之间的电压值 U_{AB}、U_{BC}、U_{CD}、U_{DE}、U_{EF} 及 U_{FA}，将数据列于训练表2－1中。

(2) 以 D 点作为参考点，重复训练内容(1)的步骤，测得数据并记入表中。

训练表 2－1　电位与电压的测量

电位参考点	V 与 U /V	V_A	V_B	V_C	V_D	V_E	V_F	U_{AB}	U_{BC}	U_{CD}	U_{DE}	U_{EF}	U_{FA}
	计算值												
A	测量值												
	相对误差												
	计算值												
D	测量值												
	相对误差												

5. 训练注意事项

(1) 训练线路板系多个训练通用，本次训练中不使用电流插头和插座。带故障的钮子开关需都处于断开状态。

（2）用指针式电压表或用数字直流电压表测量电位时，用黑色负表笔接电位参考点，用红色正表笔接被测各点。若指针正向偏转或显示正值，则表明该点电位为正（即高于参考点电位）；若指针反向偏转或显示负值，则应调换万用表的表笔，然后读出数值，此时在电位值之前应加一负号（表明该点电位低于参考点电位）。

（3）恒压源读数以接负载后为准。

6. 思考题

实验电路中若以 F 点为电位参考点，各点的电位值将如何变化？现令 E 点作为电位参考点，试问此时各点的电位值应有何变化？

7. 训练报告

（1）根据实验数据，在坐标纸上绘制两个电位参考点的电位图形。

（2）完成数据表格中的计算，对误差作必要的分析。

（3）总结电位相对性和电压绝对性的原理。

（4）总结本次训练的收获。

1.3　电路的基本元件

1.3.1　电阻元件

实际电路中的电阻器、灯泡、电炉等元件均为耗能元件。耗能元件的电路模型用电阻表示，电阻是一种二端元件。所谓二端元件，是在一定条件下，其两端的电压与电流的关系可由 u-i 平面的一条曲线确定的元件。u-i 平面如图 1-3-1 所示。元件在 u-i 平面内确定的曲线叫作元件的伏安特性曲线。

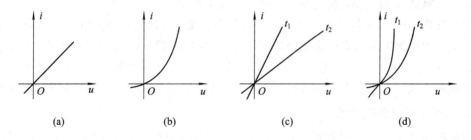

(a)	(b)	(c)	(d)

图 1-3-1　电阻的伏安特性曲线

若电阻元件的伏安特性曲线不随时间变化，则该元件为时不变电阻，如图 1-3-1(a)和(b)所示；否则为时变电阻，如图 1-3-1(c)和(d)所示。若电阻元件的伏安特性曲线为一条经过原点的直线，则称其为线性电阻，如图 1-3-1(a)和(c)所示；否则为非线性电阻，如图 1-3-1(b)和(d)所示。所以，图 1-3-1(a)为线性时不变电阻，图(b)为非线性时不变电阻，图(c)为线性时变电阻，图(d)为非线性时变电阻。

线性时不变电阻在实际电路中应用非常广泛，本书将集中讨论线性时不变电阻，简称线性电阻，在不加特殊说明时，所说的电阻均指线性电阻。

1. 线性电阻

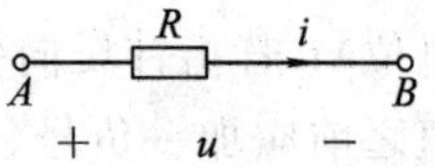

线性电阻作为一种理想电路元件，在电路图中的图形符号用 R 表示，如图 1-3-2 所示。它在电路中对电流有一定的阻碍作用，这种阻碍作用的大小叫电阻。电阻的大小与元件材料有关，而与通过其中的电流和端电压无关。若给电阻通以电流 i，这时电阻两端会产生一定的电压 u。由线性电阻的伏安特性曲线可知，电压 u 与电流 i 的比值为一个常数，这个常数就是电阻 R，即 $R = u/i$。这也就是物理中介绍过的欧姆定律，其表达式可表示为

$$u = Ri \qquad (1-3-1)$$

图 1-3-2 线性电阻的图形符号

式 (1-3-1) 称为电阻元件上电压与电流的约束关系 (VCR)。

值得说明的是，此公式在电压 u 与电流 i 为关联参考方向下成立。若 u、i 为非关联参考方向，则欧姆定律公式表示为

$$u = -Ri \qquad (1-3-2)$$

在国际单位制 (SI) 中，电阻的单位为欧姆，简称欧，其 SI 符号为 Ω。一般情况下，说"电阻"一词及其符号 R 时既表示电阻元件，也表示元件的电阻参数。

电阻的倒数称为电导，用 G 表示，即

$$G = \frac{1}{R} \qquad (1-3-3)$$

电导表示元件导电能力的大小。在 SI 中，电导的单位为西门子 (siemens)，简称西，其 SI 符号为 S。

这样，欧姆定律也可以表示为

$$i = Gu \quad (u、i \text{ 为关联参考方向}) \qquad (1-3-4)$$

或 $$i = -Gu \quad (u、i \text{ 为非关联参考方向}) \qquad (1-3-5)$$

根据电阻值 R 的大小，在电路中有两种特殊工作状态：

(1) 当 $R = 0$ 时，根据欧姆定律 $u = Ri$，无论电流 i 为何有限值，电压 u 都恒等于零，我们把电阻的这种工作状态称为短路，换言之，若电路两端电阻值为零，则该段电路短路。

(2) 当 $R = \infty$ 时，根据欧姆定律 $i = u/R$，无论电压 u 为何有限值，电流 i 都恒等于零，我们把电阻的这种工作状态称为开路，换言之，若电路两端电阻值为 ∞，则该段电路开路。

2. 线性电阻元件吸收的功率

当电阻元件上电压 u 与电流 i 为关联参考方向时，元件吸收的功率为 $p = ui$，将欧姆定律 $u = Ri$ 或 $i = Gu$ 代入整理，得

$$p = ui = Ri^2 = Gu^2 \qquad (1-3-6)$$

若电阻元件上电压 u 与电流 i 为非关联参考方向，这时 $u = -Ri$ 或 $i = -Gu$，则元件吸收的功率为

$$p = -ui = Ri^2 = Gu^2 \qquad (1-3-7)$$

由式 (1-3-6) 和式 (1-3-7) 可知，p 恒大于等于零，说明实际的电阻元件总是吸收功率，是耗能元件。

对于一个实际的电阻元件，其元件参数主要有两个：一个是电阻值，另一个是功率。

如果在使用时超过其额定功率，则元件将被烧毁。

【例1-2】　如图1-3-3所示，已知$R = 100\ \text{k}\Omega$，$u = 50\ \text{V}$，求电流i和i'，并标出电压u及电流i、i'的实际方向。

解　因为电压u和电流i为关联参考方向，所以

$$i = \frac{u}{R} = \frac{50}{100 \times 10^3} = 0.5\ \text{mA}$$

而电压u和电流i'为非关联参考方向，所以

$$i' = -\frac{u}{R} = -\frac{50}{100 \times 10^3} = -0.5\ \text{mA}$$

或

$$i' = -i = -0.5\ \text{mA}$$

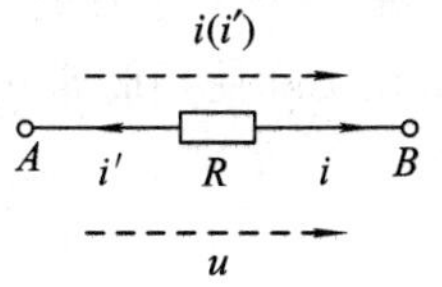

图1-3-3　例1-2图

电压u及电流i、i'的实际方向如图1-3-3中虚线所示。电压$u > 0$，实际方向与参考方向相同；电流$i > 0$，实际方向与参考方向相同；电流$i' < 0$，实际方向与参考方向相反。从图1-3-3中可以看出，电流i和i'的实际方向相同，说明电流实际方向是客观存在的，与参考方向的选取无关。

1.3.2　电容元件

在工程技术中，电容器的应用极为广泛。电容器虽然品种、规格各异，但就其构成原理来说，电容器都是由间隔以不同电介质（如云母、绝缘纸、电解质等）的两块金属极板组成的。当在极板上加以电压后，极板上分别聚集起等量的正、负电荷，并在介质中建立电场而具有电场能量。将电源移去后，电荷可继续聚集在极板上，电场继续存在。所以电容器是一种能储存电荷或者说储存电场能量的部件，电容元件就是反映这种物理现象的电路模型。

1. 线性电容

电容元件是储存电场能的元件，它是实际电容器的理想化模型。一个二端元件，如果在任意时刻，其端电压u与其储存电荷q之间的关系能用q-u平面（或u-q平面）上的一条曲线所确定，就称其为电容元件，简称电容，表示符号如图1-3-4(a)所示。

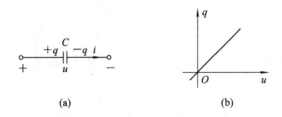

(a)　　　　　　　　　　　　　　(b)

图1-3-4　线性时不变电容元件及其库伏特性

电容元件按其特性可分为线性电容和非线性电容。线性电容元件的外特性（库伏特性）可由实验测得，是q-u平面上一条通过原点的直线，如图1-3-4(b)所示；非线性电容的外特性（伏库特性）是q-u平面上一条通过原点的曲线。本书主要涉及线性电容元件。

在电容元件上电压与电荷的参考极性一致的条件下，在任意时刻，电荷量与其端电压的关系为

$$q(t) = Cu(t) \tag{1-3-8}$$

— 16 — 基 础 模 块

式中，C 称为元件的电容量。对于线性电容元件来说，C 是常数。

式(1-3-8)是电容的计算式。电容制造好后，电容量即为定值，其大小取决于制造电容的极板材料、面积、距离、极板间的介质以及制造工艺等。

在 SI 中，电容的单位为法拉(farad)，简称法，其 SI 符号为 F。由于法拉单位比较大，因此在实际使用时常用微法(μF)或皮法(pF)，其换算关系为

$$1 \ \mu\text{F} = 10^{-6} \ \text{F}$$
$$1 \ \text{pF} = 10^{-12} \ \text{F}$$

一般情况下，说"电容"一词及其符号 C 时，既表示电容元件，也表示电容量的大小。

2. 电容元件的电压与电流关系(VCR)

如图 1-3-5 所示，当电流 i 与电压 u 的参考方向一致时，$q=Cu$。

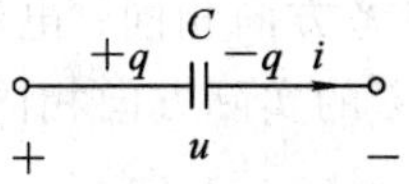

图 1-3-5 电容元件的 VCR 关系

由 $i=\mathrm{d}q/\mathrm{d}t$ 得

$$i = \frac{\mathrm{d}q}{\mathrm{d}t} = C\frac{\mathrm{d}u}{\mathrm{d}t} \tag{1-3-9}$$

式(1-3-9)称为电容元件的电压与电流的约束关系(VCR)。

由式(1-3-9)可知：

(1) 流过电容的电流与其两端的电压变化率有关，而与其两端的电压大小无关。

(2) 当 $\mathrm{d}u/\mathrm{d}t>0$，即 $\mathrm{d}q/\mathrm{d}t>0$ 时，$i>0$，说明电容极板上电荷量增加，电容器充电。

(3) 当 $\mathrm{d}u/\mathrm{d}t=0$，即 $\mathrm{d}q/\mathrm{d}t=0$ 时，$i=0$，说明电容两端电压不变时电流为零，即电容在直流稳态电路中相当于开路，故电容具有隔断直流的作用。

(4) 当 $\mathrm{d}u/\mathrm{d}t<0$，即 $\mathrm{d}q/\mathrm{d}t<0$ 时，$i<0$，说明电容极板上电荷量减少，电容器放电。

若电容上电压 u 与电流 i 为非关联参考方向，则

$$i = -C\frac{\mathrm{d}u}{\mathrm{d}t} \tag{1-3-10}$$

3. 电容元件储存的能量

当电压和电流取关联参考方向时，线性电容元件吸收的功率为

$$p = ui = Cu\frac{\mathrm{d}u}{\mathrm{d}t}$$

在 $t=-\infty$ 到 t 时刻时，电容元件吸收的电场能量为

$$W_C = \int_{-\infty}^{t} ui\,\mathrm{d}t = \int_{-\infty}^{t} Cu\frac{\mathrm{d}u}{\mathrm{d}t}\mathrm{d}t = \int_{u(-\infty)}^{u(t)} Cu\,\mathrm{d}u$$
$$= \frac{1}{2}Cu^2(t) - \frac{1}{2}Cu^2(-\infty)$$

电容元件吸收的能量以电场能量的形式储存在元件的电场中。

可以认为在 $t=-\infty$ 时，$u(-\infty)=0$，其电场能量也为零，因此电容元件在任何时刻储存的电场能量 $W_C(t)$ 即等于它吸收的能量，可写为

$$W_C(t) = \frac{1}{2}Cu^2(t) \tag{1-3-11}$$

从 t_1 到 t_2 时刻，电容元件吸收的能量为

$$W_C = C\int_{u(t_1)}^{u(t_2)} u\,\mathrm{d}u = \frac{1}{2}Cu^2(t_2) - \frac{1}{2}Cu^2(t_1) = W_C(t_2) - W_C(t_1)$$

当 $|u(t_2)| > |u(t_1)|$ 时，$W_C(t_2) > W_C(t_1)$，电容元件充电；当 $|u(t_2)| < |u(t_1)|$ 时，$W_C(t_2) < W_C(t_1)$，电容元件放电。由上式可知，若元件原先没有充电，则它在充电时吸收并储存起来的能量一定又会在放电完毕时全部释放，它并不消耗能量。所以，电容元件是一种储能元件。同时，电容元件也不会释放出多于它所吸收或储存的能量，因此它也是一种无源元件。

【例1-3】　电容元件上的电压、电流方向如图1-3-6所示，已知 $u = -60\sin100t$ V，电容储存能量最大值为18 J，求电容 C 的值及 $t = 2\pi/300$ s 时的电流。

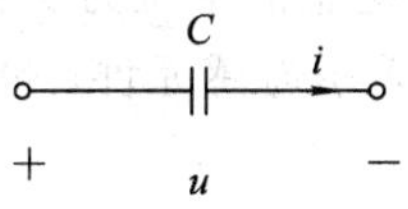

图1-3-6　例1-3图

解　由题意得 $t = 2\pi/300$ s 时电容元件两端端电压为

$$u = -60\sin100t = -60\sin\left(100 \times \frac{2\pi}{300}\right) = -51.96 \text{ V}$$

根据公式(1-3-11)得

$$18 = \left(\frac{1}{2}C\right) \times (-51.96)^2$$

解之得 $C \approx 0.013$ F。由图1-3-6可知，电容元件上的电压、电流方向为关联参考方向，根据公式(1-3-9)得

$$i = C\frac{\mathrm{d}u}{\mathrm{d}t} = C\frac{\mathrm{d}(-60\sin100t)}{\mathrm{d}t} = -60 \times 100C\cos100t$$

$$= -60 \times 100 \times 0.013\cos\left(\frac{100 \times 2\pi}{300}\right)$$

$$= 39 \text{ A}$$

1.3.3　电感元件

在工程技术中，电感的应用非常广泛。电感虽然品种、规格各异，但就其构成原理来说，电感都是将导线按一定规则绕制(俗称"线圈"、"绕组")或绕制于不同介质(如碳棒、铁芯等)上形成的特殊装置。线圈产生的磁场是在其内部介质中形成的近似均匀磁场。绕制一圈为一匝，每匝线圈均产生磁场，磁场的大小用磁通(Φ)表示。绕制 N 圈的线圈在其内部介质中形成的磁场大小为每匝线圈产生的磁场之和，用磁链(Ψ)表示，$\Psi = N\Phi$。当在导线中通入电流后，该装置中将会产生电磁感应现象(当电流增大时，磁场缓慢增强；当电流减小时，磁场缓慢减弱。若将导线中产生的磁场叫作原磁场，将该装置产生的磁场叫作感应磁场，则会出现感应磁场阻碍原磁场变化的现象)。电流消失后，装置中的磁场继续存在，储存了一定电磁能，所以电感是一种能储存电磁场能量的部件，电感元件就是反映这

种物理现象的电路模型。

电感元件是实际电路中储存电磁场能量的元件模型，凡是电流及其磁场存在的场合总可以用电感元件来加以描述。

1. 线性电感元件

电路中的一个二端元件，如果在任意时刻，通过它的电流 i 与其磁链 Ψ 之间的关系可用 $\Psi - i$ 平面（或 $i - \Psi$ 平面）上的曲线所确定，就称其为电感元件，简称电感。其电路模型如图 1 - 3 - 7(a) 所示。

电感元件也分为线性电感和非线性电感。线性电感元件的外特性（韦安特性）是 $\Psi - i$ 平面上一条通过原点的直线，如图 1 - 3 - 7(b) 所示，当规定磁链 Ψ 的参考方向与电流 i 的参考方向之间符合右手螺旋定则时，在任意时刻，磁链与电流的关系为

$$\Psi(t) = Li(t)$$

式中，L 称为元件的电感。在 SI 中，电感的单位为亨利，简称亨，其 SI 符号为 H。一般情况下，说"电感"一词及其符号 L，既表示电感元件，也表示元件的参数。

本书只讨论线性电感元件。

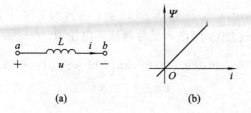

(a)　　　　　　　　　　(b)

图 1 - 3 - 7　线性电感元件

2. 电感元件的电压与电流关系（VCR）

当磁链 Ψ 随时间变化时，在线圈的两端将产生感应电压。如果感应电压的参考方向与磁链满足右手螺旋定则，如图 1 - 3 - 8 所示，则根据电磁感应定律，有

$$u = \frac{\mathrm{d}\Psi}{\mathrm{d}t} \qquad (1 - 3 - 12)$$

若电感上电流的参考方向与磁链满足右手螺旋定则，则 $\Psi = Li$，代入式 (1 - 3 - 12) 得

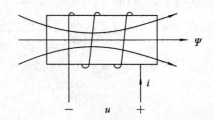

图 1 - 3 - 8　电感元件的电压与电流关系

$$u = L\frac{\mathrm{d}i}{\mathrm{d}t} \qquad\qquad\qquad (1 - 3 - 13)$$

式 (1 - 3 - 13) 称为电感元件的电压与电流约束关系（VCR）。由于电压和电流的参考方向与磁链都满足右手螺旋定则，因此电压和电流为关联参考方向。

由式 (1 - 3 - 13) 可知，当电流 i 为直流稳态电流时，$\mathrm{d}i/\mathrm{d}t = 0$，故 $u = 0$，说明电感在直流稳态电路中相当于短路，有通直流的作用。

若电感上电压 u 与电流 i 为非关联参考方向，则

$$u = -L\frac{\mathrm{d}i}{\mathrm{d}t} \qquad\qquad\qquad (1 - 3 - 14)$$

3. 电感元件储存的能量

在电压和电流的关联参考方向下，线性电感元件吸收的功率为

$$p = ui = Li\frac{\mathrm{d}i}{\mathrm{d}t} \tag{1-3-15}$$

从 $-\infty$ 到 t 的时间段内电感吸收的磁场能量为

$$W_L(t) = \int_{-\infty}^{t} p\,\mathrm{d}t = \int_{-\infty}^{t} Li\frac{\mathrm{d}i}{\mathrm{d}t}\mathrm{d}t = \frac{1}{2}Li^2(t) - \frac{1}{2}Li^2(-\infty) \tag{1-3-16}$$

由于在 $t=-\infty$ 时，$i(-\infty)=0$，代入式(1-3-16)中得

$$W_L(t) = \frac{1}{2}Li^2(t) \tag{1-3-17}$$

这就是线性电感元件在任何时刻的磁场能量表达式。

从 t_1 到 t_2 时刻，线性电感元件吸收的磁场能量为

$$W_L = L\int_{i(t_1)}^{i(t_2)} i\,\mathrm{d}i = \frac{1}{2}Li^2(t_2) - \frac{1}{2}Li^2(t_1) = W_L(t_2) - W_L(t_1)$$

当电流 i 增加时，$W_L > 0$，元件吸收能量；当电流 i 减小时，$W_L < 0$，元件释放能量。可见，电感元件并不是把吸收的能量消耗掉，而是以磁场能量的形式储存在磁场中。所以，电感元件是一种储能元件。同时，它不会释放出多于它所吸收或储存的能量，因此它也是一种无源元件。

【例 1-4】 已知电感电流 $i=100e^{-0.02t}$ mA，$L=0.5$ H，求：

(1) 电感上的电压表达式；

(2) $t=0$ 时的电感电压；

(3) $t=0$ 时的磁场能量(u、i 参考方向一致)。

解 (1) 由电感元件的电压与电流关系可知

$$u = L\frac{\mathrm{d}i}{\mathrm{d}t} = 0.5\frac{\mathrm{d}100e^{-0.02t}}{\mathrm{d}t} = -e^{-0.02t}\ \mathrm{mV}$$

(2) $t=0$ 时的电感电压为

$$u = -e^{-0.02t} = -e^{-0.02\times 0} = -1\ \mathrm{mV}$$

(3) $t=0$ 时的磁场能量为

$$W_L = \frac{1}{2}Li^2(t) = \frac{1}{2}\times 0.5\times(100\times 10^{-3})^2 = 0.0025\ \mathrm{J}$$

1.3.4　电源元件

电路中的电能是由电源产生的，当忽略实际电源本身的功率损耗时，电源便可以用一个理想电源元件来表示。电源按能否独立提供电能分为独立电源和受控源两类。独立电源可以独立向负载提供电压或电流信号，也叫理想电源，理想电源元件分为理想电压源和理想电流源。受控源不能独立向负载提供电压或电流信号，只有在接受独立电源的电压或电流信号，经过变换后才能向负载提供电压或电流信号。

1. 电压源

端电压固定或按照某给定规律变化而与流过其中的电流无关的二端元件，称为理想电压源，简称电压源。我们把端电压为常数的电压源称为直流电压源，其图形符号及伏安特

性曲线如图 1 - 3 - 9 所示。其中，图(a)为直流电压源模型；图(b)为其伏安特性曲线；图(c)为交流电压源模型；图(d)为其在 t_1 时刻的伏安特性曲线，它同样为一定值而与其电流无关，当时间变化时，其输出电压可能改变，但仍为平行于 i 轴的一条直线。

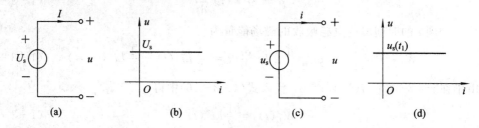

图 1 - 3 - 9 电压源及其伏安特性曲线

电压源具有以下特点：

(1) 电压源的端电压 u_s 是一个固定的函数，与所连接的外电路无关。

(2) 通过电压源的电流由电压源和外接电路共同决定。

电源连接外电路(如图 1 - 3 - 10 所示)时有以下几种工作情况。

(1) 当外电路的电阻 $R = \infty$ 时，电压源处于开路状态，$I = 0$，其对外提供的功率 $P = 0$。

图 1 - 3 - 10 电压源与负载的连接

(2) 当外电路的电阻 $R = 0$ 时，电压源处于短路状态，$I = \infty$，其对外提供的功率 $P = \infty$。这样短路电流可能使电源过热损伤或毁坏，因此电压源短路通常是一种严重事故，应该尽力预防。

(3) 当外电路的电阻为一定值时，电压源对外输出的电流 $I = U_s/R$，对外提供的功率等于外电路电阻消耗的功率，即 $P = U^2/R$，R 越小，则 P 越大。对于一个实际电源来说，它对外提供的功率是有一定限度的，因此在连接外电路时，要考虑电源的实际情况，详细阅读说明书。

2. 电流源

元件电流固定或按照某给定规律变化而与其端电压无关的二端元件，称为理想电流源，简称电流源。我们常把电流为常数的电流源称为直流电流源，其图形符号及伏安特性曲线如图 1 - 3 - 11 所示。其中，图(a)为直流电流源模型；图(b)为其伏安特性曲线；图(c)为理想电流源模型；图(d)为其在 t_1 时刻的伏安特性曲线，它同样为一定值而与其电压无关，当时间变化时，其输出电流可能改变，但仍为平行于 u 轴的一条直线。

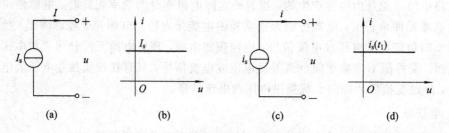

图 1 - 3 - 11 电流源及其伏安特性曲线

电流源具有以下特点：

（1）电流源的电流 i_s 是一个固定的函数，与所连接的外电路无关。

（2）电流源的端电压由电流源和外接电路共同决定。

上述电压源对外输出的电压为一个独立量，电流源对外输出的电流也为一个独立量，因此二者常被称为独立电源。

3. 受控源

如果电路向外连接有两个端子，从一个端子流入的电流恒等于从另一个端子流出的电流，则我们把这两个端子称为一个端口。受控源一般由两个端口构成：一个为输入端口或称为控制端，是施加控制量的端口，所施加的控制量可以是电流也可以是电压；另一个为输出端口或称为受控端，对外提供电压或电流。

输出端是电压的称为受控电压源。受控电压源又按其输入端的控制量是电压还是电流分为电压控制电压源（VCVS，Voltage Controlled Voltage Source）和电流控制电压源（CCVS，Current Controlled Voltage Source）两种。

输出端是电流的称为受控电流源。同样，受控电流源也按其输入端的控制量是电压还是电流分为电压控制电流源（VCCS，Voltage Controlled Current Source）和电流控制电流源（CCCS，Current Controlled Current Source）两种。

受控源就是从实际电路中抽象出来的二端口理想电路模型。例如，晶体三极管工作在放大状态时，其集电极电流受到基极电流的控制，运算放大器的输出电压受到输入电压的控制等，都可以看成是受控源，这些器件的某些端口电压或电流受到另外一些端口电压或电流的控制，并不是独立的，因此又把受控源称为非独立电源。

四种受控源的端口电压和电流关系分别为

电压控制电压源（VCVS）：

$$u_s(t) = \mu u_c(t)$$
$$i_c(t) = 0 \tag{1-3-18}$$

电流控制电压源（CCVS）：

$$u_s(t) = r i_c(t)$$
$$u_c(t) = 0 \tag{1-3-19}$$

电压控制电流源（VCCS）：

$$i_s(t) = g u_c(t)$$
$$i_c(t) = 0 \tag{1-3-20}$$

电流控制电流源（CCCS）：

$$i_s(t) = \alpha i_c(t)$$
$$u_c(t) = 0 \tag{1-3-21}$$

式中，μ、r、g、α 是控制系数，其中 μ 和 α 无量纲，r 和 g 分别具有电阻和电导的量纲。当这些系数为常数时，被控电源数值与控制量成正比，这种受控源称为线性受控源。本书只涉及这类受控源。图 1-3-12 分别给出了这四种受控源的电路符号。

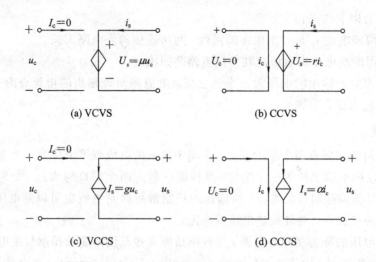

图 1-3-12 受控源的四种形式

受控源有两个端口，但由于控制口功率为零，它不是开路就是短路，因此，在电路图中，不一定要专门画出控制口，只要在控制支路中标明该控制量即可。如图 1-3-13 所示，两者本质上是相同的，但图(a)简单明了。

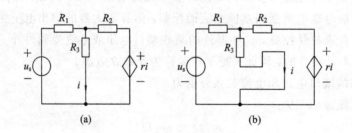

图 1-3-13 含受控源的电路

技能训练三　基尔霍夫定律验证

1. 训练目的

（1）对基尔霍夫电压定律和电流定律进行验证，加深对两个定律的理解。

（2）学会用电流插头、插座测量各支路电流的方法。

2. 原理说明

KCL 和 KVL 是电路分析理论中最重要的基本定律，适用于线性或非线性电路、时变或非时变电路的分析计算。KCL 和 KVL 是对于电路中各支路的电流或电压的一种约束关系，是对"电路结构"或"拓扑"的约束，与具体元件无关。而元件的伏安约束关系描述的是元件的具体特性，与电路的结构（即电路的节点、回路数目及连接方式）无关。正是由于二者的结合，才能衍生出多种多样的电路分析方法（如节点电压法和支路电流法等）。

KCL 指出：任何时刻流进和流出任一个节点的电流的代数和为零，即

$$\sum i(t) = 0 \text{ 或 } \sum I = 0$$

KVL 指出：任何时刻任何一个回路中各元件电压的代数和为零，即

$$\sum u(t) = 0 \text{ 或 } \sum U = 0$$

运用上述定律时必须注意电流的参考方向和回路电压的参考方向，此方向可预先任意设定。

3. 训练设备

同技能训练二。

4. 训练内容

训练线路如训练图 3-1 所示。

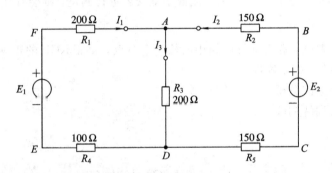

训练图 3-1　训练线路

(1) 训练前先任意设定三条支路的电流参考方向，如训练图 3-1 中的 I_1、I_2、I_3 所示，并熟悉线路结构，掌握各开关的操作使用方法。

(2) 分别将两路直流稳压源接入电路，令 $E_1 = 6$ V，$E_2 = 12$ V，其数值要用电压表监测。

(3) 熟悉电流插头和插孔的结构，先将电流插头的红黑两接线端接至数字毫安表的"＋"、"－"极，再将电流插头分别插入三条支路的三个电流插孔中，读出相应的电流值，记入训练表 3-1 中。

(4) 用直流数字电压表分别测量两路电源及电阻元件上的电压值，将数据记入训练表 3-1 中。

训练表 3-1　基尔霍夫定律的验证

内容	电源电压/V		支路电流/mA				回路电压/V				
	E_1	E_2	I_1	I_2	I_3	$\sum I$	U_{FA}	U_{AB}	U_{CD}	U_{DE}	$\sum U$
计算值											
测量值											
相对误差											

5. 训练注意事项

（1）电路直流稳压源的电压值和电路端电压值均应以电压表测量的读数为准，电源表盘指示只作为显示仪表，不能作为测量仪表使用，恒压源输出以负载两端测量值为准。

（2）谨防电压源两端碰线短路而损坏仪器。

（3）若用指针式电流表进行测量，要识别电流插头所接电流表的"＋、－"极性。当电表指针出现反偏时，必须调换电流表极性重新测量，此时读得的电流值必须冠以负号。

6. 思考题

（1）根据训练图 3－1 的电路参数，计算出待测的电流 I_1、I_2、I_3 和各电阻上的电压值，记入表中，以便训练测量时，可正确地选定毫安表和电压表的量程。

（2）若用指针式直流毫安表测各支路电流，什么情况下可能出现指针反偏，应如何处理？在记录数据时应注意什么？若用直流数字毫安表进行测量，则会有什么显示？

7. 训练报告

（1）根据训练数据，选定训练电路中的任一个节点，验证 KCL 的正确性；选定任一个闭合回路，验证 KVL 的正确性。

（2）进行误差原因分析。

（3）总结本次训练的收获。

1.4 基尔霍夫定律

1.4.1 电路中的常用术语

（1）支路：一般来说，常把电路中流过同一电流的几个元件互相连接起来的分支称为一条支路。图 1－4－1 所示的电路中有三条支路，分别为 adb、aeb、acb。

（2）节点：一般来说，节点是指三条或三条以上支路的连接点。图 1－4－1 所示的电路中有两个节点，分别为 a 点和 b 点。

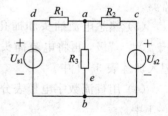

图 1－4－1 电路的基本概念

（3）回路：由一条或多条支路所组成的任何闭合电路称为回路。图 1－4－1 所示的电路中有三个回路，分别为 $adbca$、$adbea$、$aebca$。

（4）网孔：在电路图中，内部不含任何支路的回路称为网孔。图 1－4－1 所示的电路中有两个网孔，分别为 $adbea$ 和 $aebca$。

1.4.2 基尔霍夫电流定律(KCL)

基尔霍夫电流定律(Kirchhoff's Current Law)简称 KCL。它是根据电流的连续性，即电路中任一节点，在任一时刻均不能堆积电荷的原理推导而来的。在任一时刻，流入一个节点的电流之和等于从该节点流出的电流之和，这就是基尔霍夫电流定律。

例如，在图 1-4-2 所示的电路中，各支路电流的参考方向已选定并标于图上，对节点 a，KCL 可表示为

$$i_1+i_4=i_2+i_3+i_5 \text{ 或 } i_1-i_2-i_3+i_4-i_5=0$$

写成一般形式为

$$\sum i = 0 \qquad\qquad (1-4-1)$$

对于直流电路也可以写成

$$\sum I = 0$$

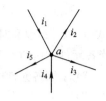

图 1-4-2　一般节点

从上述过程可知，若将任意一个回路看作一个节点，该节点叫作广义节点，则基尔霍夫电流定律可以扩展为：流入一个回路的电流之和等于流出回路的电流之和。如图 1-4-3(a) 所示，对于回路 2-3-4-2，有

$$i_1+i_2+i_3=0$$

图 1-4-3(b)中，$i=0$；图 1-4-3(c)中，$i=0$。

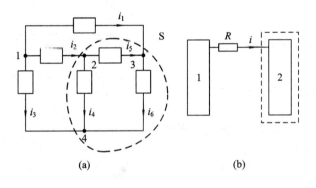

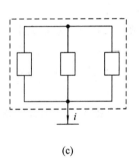

(a)　　　　　　　　　　(b)　　　　　　　　　(c)

图 1-4-3　广义节点的理解

【例 1-5】　在图 1-4-4 中，已知 $I_1=2$ A，$I_2=-3$ A，$I_3=-2$ A，试求 I_4。

解　由基尔霍夫电流定律可列出

$$I_1-I_2+I_3-I_4=0$$

即

$$2-(-3)+(-2)-I_4=0$$

得

$$I_4=3 \text{ A}$$

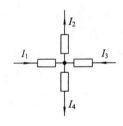

图 1-4-4　例 1-5 图

1.4.3　基尔霍夫电压定律(KVL)

基尔霍夫电压定律(Kirchhoff's Voltage Law)简称 KVL。它是根据能量守恒定律推导出来的。当单位正电荷沿任一闭合路径移动一周时，其能量不改变，即在任一时刻，电路中任一闭合回路内各段电压的代数和恒等于零，这就是基尔霍夫电压定律，其数学表达式为

$$\sum u = 0 \qquad\qquad (1-4-2)$$

在直流电路中，可表示为

$$\sum U = 0$$

式（1-4-2）取和时，需要任意选定一个回路的绕行方向，当各元件电压的参考方向与绕行方向一致时，该电压前面取"+"号；当各元件电压的参考方向与绕行方向相反时，则取"一"号。

图 1-4-5 所示的电路是某电路的一个回路，则有

$$U_{AB} + U_{BC} + U_{CD} + U_{DE} - U_{FE} - U_{AF} = 0$$

也可以写成

$$U_{AF} + U_{FE} = U_{AB} + U_{BC} + U_{CD} + U_{DE}$$

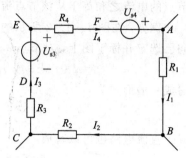

图 1-4-5　KVL 的应用

【例 1-6】 有一闭合回路如图 1-4-6 所示，各支路的元件是任意的，已知 $U_{AB}=5\ \text{V}$，$U_{BC}=-4\ \text{V}$，$U_{DA}=-3\ \text{V}$。试求：

(1) U_{CD}；

(2) U_{CA}。

解　(1) 由基尔霍夫电压定律可列出

$$U_{AB} + U_{BC} + U_{CD} + U_{DA} = 0$$

即

$$5 + (-4) + U_{CD} + (-3) = 0$$

得

$$U_{CD} = 2\ \text{V}$$

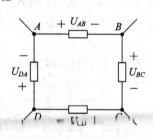

图 1-4-6　例 1-6 图

(2) $ABCA$ 不是闭合回路，也可应用基尔霍夫电压定律列出

$$U_{AB} + U_{BC} + U_{CA} = 0$$

即

$$5 + (-4) + U_{CA} = 0$$

得

$$U_{CA} = -1\ \text{V}$$

【例 1-7】 如图 1-4-7 所示的电路中，已知 $R_1 = 10\ \text{k}\Omega$，$R_2 = 20\ \text{k}\Omega$，$U_{s1} = 6\ \text{V}$，$U_{s2} = 6\ \text{V}$，$U_{AB} = -0.3\ \text{V}$。试求电流 I_1、I_2 和 I_3。

解　对回路 1 应用基尔霍夫电压定律得

$$-U_{s2} + R_2 I_2 + U_{AB} = 0$$

即

$$-6 + 20 I_2 + (-0.3) = 0$$

故

$$I_2 = 0.315\ \text{mA}$$

对回路 2 应用基尔霍夫电压定律得

$$U_{s1} + R_1 I_1 - U_{AB} = 0$$

即

$$6 + 10 I_1 - (-0.3) = 0$$

故

$$I_1 = -0.63\ \text{mA}$$

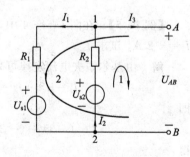

图 1-4-7　例 1-7 图

对节点 1 应用基尔霍夫电流定律得

$$-I_1 + I_2 - I_3 = 0$$

即

$$-0.63 + 0.315 - I_3 = 0$$

故

$$I_3 = -0.315\ \text{mA}$$

【例1-8】 如图1-4-8所示的电路,设节点b为参考点,求电位V_c、V_a、V_d。

解 在节点a上应用KCL得

$$I = 4 + 6 = 10 \text{ A}$$
$$V_a = U_{ab} = 6I = 6 \times 10 = 60 \text{ V}$$
$$V_c = U_{ca} + V_a = 20 \times 4 + 60 = 140 \text{ V}$$
$$V_d = U_{da} + V_a = 5 \times 6 + 60 = 90 \text{ V}$$

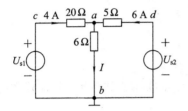

图1-4-8 例1-8图

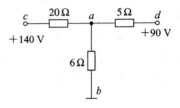

图1-4-9 图1-4-8的简图

工程中常采用简图表示电路图,图1-4-8的简图如图1-4-9所示。

本 章 小 结

电路是由电源、负载和中间环节三部分组成的电流通路,它的作用是实现电能的输送和转换,以及电信号的传递和处理。

电流、电压和功率是电路的主要物理量。

电路有空载、短路、有载三种状态。使用电路元件必须注意其额定值,在额定状态下工作最为经济,应防止发生短路故障。

在分析计算电路时,必须首先标出电流、电压的参考方向。参考方向一经选定,在解题过程中不能更改。当求得的电压或电流为正值时,表明假定的参考方向与实际方向相同,否则相反。在未标出参考方向的情况下,求得的电压值或电流值正负是无意义的。

由理想电路元件(简称电路元件)组成的电路称为电路模型。理想电路元件有电阻元件、电容元件、电感元件、理想电压源和理想电流源,它们只有单一的电磁性质。在进行理论分析时需将实际的电路元件模型化。

电路中某点的电位等于该点与"参考点"之间的电压。参考点改变,则各点的电位值相应改变,但任意两点间的电位差(电压)不变。

基尔霍夫定律是电路的基本定律,它分为电流定律(KCL)和电压定律(KVL)。KCL适用于节点,其表达式为$\sum I = 0$,基本含义是任一瞬时通过任一节点的电流代数和等于零。KVL适用于回路,其表达式为$\sum U = 0$,表示任一瞬间,沿任一闭合回路,回路中各部分电压的代数和为零。基尔霍夫定律具有普遍性,它不仅适用于直流电路,也适用于由各种不同电路元件构成的交流电路。

习 题 一

1-1　一个 220 V、1000 W 的电热器，若将它接到 110 V 的电源上，其吸收的功率为多少？若把它误接到 380 V 的电源上，其吸收的功率又为多少？是否安全？

1-2　如题 1-2 图所示的电路中：

(1) 若 $i=2$ A，$u=4$ V，求元件吸收的功率；

(2) 若 $i=2$ A，$u=-4$ V，求元件吸收的功率；

(3) 若 $i=2$ A，元件吸收的功率 $p=100$ W，求电压 u；

(4) 若 $u=4$ V，元件提供的功率 $p=100$ W，求电流 i。假如上述电压 u 用 u' 代替，情况又如何？

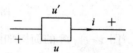

题 1-2 图

1-3　如题 1-3 图所示的电路中，五个元件代表电源或负载。今测得 $I_1=-4$ A，$I_2=6$ A，$I_3=10$ A，$U_1=140$ V，$U_2=-90$ V，$U_3=60$ V，$U_4=-80$ V，$U_5=30$ V。

(1) 试判断哪些元件是电源，哪些是负载。

(2) 计算各元件的功率，并说明电源发出的功率和负载吸收的功率是否平衡。

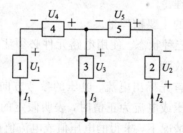

题 1-3 图

1-4　求题 1-4 图所示电路中电压源、电流源和电阻消耗的功率。

1-5　如题 1-5 图所示的电路中，试求流过 6 Ω 电阻的电流 I。

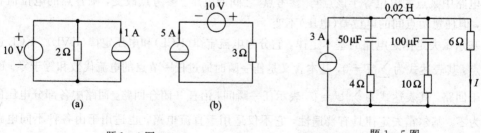

题 1-4 图　　　　　　　　　　题 1-5 图

1-6　一只 110 V、8 W 的指示灯，现在要接在 380 V 的电源上，则要串多大阻值的电阻? 该电阻选用多大功率?

1-7 如题1-7图所示的两个电路中,要使6 V、50 mA的电珠能正常发光,应该采用哪一个电路?

1-8 题1-8图是测量电源电阻 R_0 和电源电压 U_s 的一个电路。已知 $R_1 = 2.6\ \Omega$, $R_2 = 5.5\ \Omega$。当将开关S置向1时,电流表读数为2 A;当置向2时,读数为1 A。试求 R_0 和 U_s。

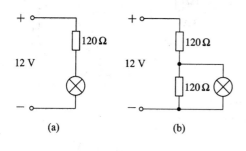

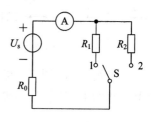

题1-7图   题1-8图

1-9 试写出如题1-9图所示电路的端口伏安关系。

1-10 试求题1-10图所示电路中的电阻 R。

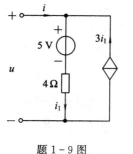

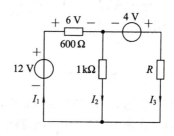

题1-9图   题1-10图

1-11 已知 $u_1 = 3$ V,求题1-11图所示电路中的电压 u_s 和电流 i。

1-12 求题1-12图所示电路中各支路电流 I_1、I_2、I_3 及电压源的功率,并确定各电源是吸收还是发出功率。

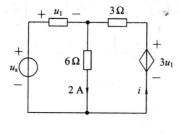

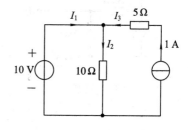

题1-11图   题1-12图

1-13 在题1-13图所示电路中,已知 $I_1 = 0.01$ A, $I_2 = 0.3$ A, $I_5 = 9.61$ A。试求电流 I_3、I_4 和 I_6。

1-14 求题1-14图所示电路中的 I 和 U_{34}。

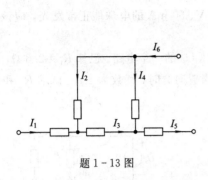

题 1-13 图

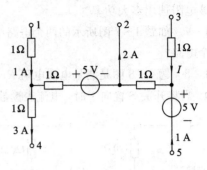

题 1-14 图

1-15 求题 1-15 图所示电路中的电阻 R。

1-16 求题 1-16 图所示电路中 A 点的电位。

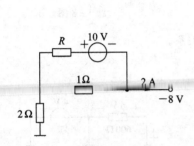

题 1-15 图

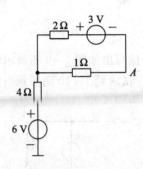

题 1-16 图

1-17 在题 1-17 图所示电路中，试求在开关 S 断开和闭合的两种情况下 A 点的电位。

1-18 在题 1-18 图所示电路中，已知 $R_1 = R_2 = R_3 = R_4 = R_5 = R_6 = 1\ \Omega$, $U_{s1} = 3\ \text{V}$, $U_{s2} = 2\ \text{V}$, 以 d 点为参考点，求 V_a、V_b 和 V_c。

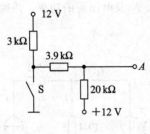

题 1-17 图

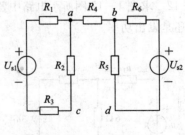

题 1-18 图

第二章　直流电阻性电路的分析

【学习目标】

- 掌握分析电路的基本方法：等效变换法、支路电流法、网孔电流法、节电电压法。
- 理解掌握分析电路的基本定理：叠加定理、戴维南定理、诺顿定理、最大功率传输定理等。

技能训练四　分　压　器

1. 训练目的

（1）掌握选择分压器的基本原则和使用方法。

（2）学习直流稳压电源和数字万用表的使用方法。

2. 原理说明

在直流电路中，若施加的电源电压是一个恒定的数值，则为了得到一个可以调节的直流电压，通常使用滑线变阻器接成分压器来实现这一目的。这种分压器在电工实验及电子测试技术中得到了普遍应用。

本训练用滑线变阻器接成的分压器的电路如训练图 4-1 所示。

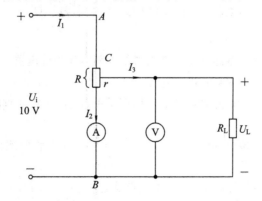

训练图 4-1　分压器原理图

由训练图 4-1 可知，分压器中的电流在 AC 段和 BC 段是不同的，根据 KCL 可知：

$$I_1 = I_2 + I_3$$

所以额定电流的选择要根据 I_1 的大小来决定，由简单直流电路的基本关系可得

$$I_1 = \frac{U_i}{(R-r)+r\times\dfrac{R_L}{r+R_L}} \tag{4-1}$$

在负载电阻 R_L 一定的情况下，当滑动端钮 C 滑到 R 的上端点时，$r=R$，通过 AC 段的电流接近最大值：

$$I_1 = I_{max} = \frac{U_1}{r\times\dfrac{R_L}{r+R_L}} \tag{4-2}$$

所以，分压器的额定电流按这个最大电流选择总是安全的。

使用分压器时，除了考虑它的额定电流值外，我们还需要考虑在调节分压器的滑动端钮 C 时，得到的输出电压 U_L 与分压器的可调节电阻 r 成正比关系。为了达到这个目的，就必须根据负载电阻 R_L 的大小来选择合适的分压器 R 的数值，为了找出它们之间的关系，应用直流电路的计算方法，可得到下列两个关系式：

$$I_2 = \frac{I_0}{1+K(1-K)\dfrac{R}{R_L}} \tag{4-3}$$

$$U_L = \frac{U_i}{\dfrac{1}{K}+(1-K)\dfrac{R}{R_L}} \tag{4-4}$$

式（4-3）和式（4-4）中，$I_0=\dfrac{U_i}{R}$，$K=\dfrac{r}{R}$，由式（4-3）、（4-4）可知，只有当 $R_L \geqslant R$ 时，才能使 $I_2=I_0$，$U_L=kU_i$，这时输入电压的线性度才比较好。

3. 训练设备

(1) 直流稳压电源，$0\sim30$ V，一台；

(2) 数字万用表，M840D，一块；

(3) 直流毫安表，$50\sim100$ mA，一块；

(4) 滑线式变阻器，500 Ω，0.8 A 和 112 Ω，2.1 A，各一只。

4. 训练内容

(1) 确定 $R/R_L=0.25$。将标有 112 Ω 的滑线变阻器作为分压器 R，将标有 500 Ω 的滑线变阻器用万用表测出 450 Ω 作为负载电阻 R_L。

(2) 按训练图 4-1 所示电路图接线，由稳压电源提供 10 V 的直流电压，作为分压器的输入电压 U_i。

(3) 调节 K 值。取 K 值分别为 0、0.25、0.5、0.75、1，并将所测得电流 I_2 及输出的电压 U_L 记入训练表 4-1。

(4) 将计算数据 U_L/U_i 及 I_2/I_0 分别填入训练表 4-1。

(5) 确定 $R/R_L=1$。仍将标有 112 Ω 的滑线变阻器作为分压器 R，将标有 500 Ω 的滑线变阻器用万用表测出约 112 Ω 作为负载电阻 R_L。其后的实验步骤重复上述第三步和第四步即可。

训练表 4 - 1　分压器训练（$I_0 = 89.3$ mA）

R/R_L		0.25						1		
K	0	0.25	0.5	0.75	1	0	0.25	0.5	0.75	1
U_L/V										
I_2/mA										
U_L/U_i										
I_2/I_0										

5．训练注意事项

（1）使用滑线变阻器时，滑动触头应平稳滑动进行调节。

（2）注意当 $R/R_L = 1$ 时，U_L/U_i 与 K 值的变化是否不再接近于线性，且 I_2 与 I_0 之间的比例有哪些变化。

6．思考题

（1）当要用滑线变阻器作为分压器时，是否所选分压器的电阻与负载的电阻值相比越小越好？为什么？

（2）I_2 随着 K 值的变化过程中，是否存在着一个极值？你能用数学知识证明吗？它的物理意义是什么呢？

（3）有人说，选择分压器额定电流时，可以不考虑负载电阻的大小，这种说法对吗？为什么？

7．训练报告

（1）根据实验结果和表中数据，分别在坐标纸上绘制出 U_i - U_L 关系曲线。

（2）对本次实验结果进行适当的解释。

（3）进行必要的误差分析。

（4）总结本次实验的收获。

2.1　电阻的串联、并联和混联电路分析

由线性电阻元件和电源元件组成的电路叫作线性电阻电路，简称电阻性电路或电阻电路。电阻电路中的电源可以是直流的，也可以是交流的。当电路中的电源都是直流的时，这类电路简称为直流电路。本章主要分析直流电路，但当电源是交流的时，所得结论仍是正确的。

2.1.1　等效网络的定义

电路分析中，如果研究的是整个电路中的一部分，可以把这一部分作为一个整体看待。当这个整体只有两个端钮与其外部相连时，就叫作二端网络。

二端网络的一般符号如图 2 - 1 - 1 所示。二端网络的端钮间的电流、端钮间的电压分

别叫作端口电流、端口电压。图 2-1-1 中标出了二端网络的端口
电流 i 和端口电压 u，电流电压的参考方向是关联的，ui 应看成它
接收的功率。

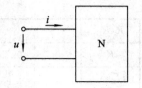

一个二端网络的端口电压电流关系和另一个二端网络的端口
电压、电流关系相同，这两个网络叫作等效网络。等效网络的结构
虽然不同，但对任何外电路，它们的作用完全相同。也就是说，等
效网络互换，它们的外部特性不变。

图 2-1-1　二端网络

一个内部没有独立源的电阻性二端网络总可以与一个电阻元件等效。这个电阻元件的
电阻值等于该网络关联参考方向下端口电压与端口电流的比值，叫作该网络的等效电阻或
输入电阻，用 R_i 表示。R_i 也叫总电阻。同样，还有三端，…，n 端网络。两个 n 端网络，如
果对应各端钮的电压、电流关系相同，则它们也是等效的。

进行网络的等效变换是分析计算电路的一个重要手段。用结构较简单的网络等效代替
结构较复杂的网络，将简化电路的分析计算。

2.1.2　电阻的串联分析

在电路中，把几个电阻元件依次一个一个首尾连接起来，中间没有分支，在电源的作
用下流过各电阻的是同一电流。这种连接方式叫作电阻的串联。

图 2-1-2(a)表示三个电阻串联后由一个直流电源供电的电路。以 U 代表总电压，I
代表电流，R_1、R_2、R_3 代表各电阻，U_1、U_2、U_3 代表各电阻的电压，按 KVL 有

$$U = U_1 + U_2 + U_3 = (R_1 + R_2 + R_3)I$$

上式表明，图 2-1-2(b)所示的电阻值为 $R_1 + R_2 + R_3$ 的一个电阻元件的电路，与图
2-1-2(a)所示的二端网络有相同的端口电压、电流关系，即串联电阻的等效电阻等于各
电阻的和，即

$$R_i = R_1 + R_2 + R_3 \tag{2-1-1}$$

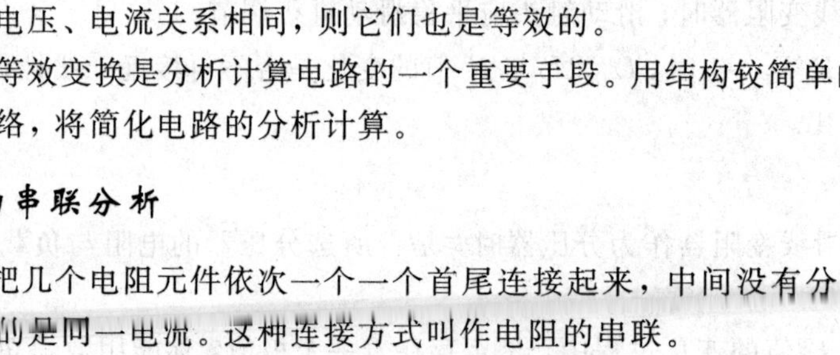

图 2-1-2　电阻的串联

电阻串联时，各电阻上的电压为

$$\begin{cases} U_1 = R_1 I = R_1 \dfrac{U}{R_i} = \dfrac{R_1}{R_1 + R_2 + R_3} U \\[2mm] U_2 = R_2 I = R_2 \dfrac{U}{R_i} = \dfrac{R_2}{R_1 + R_2 + R_3} U \\[2mm] U_3 = R_3 I = R_3 \dfrac{U}{R_i} = \dfrac{R_3}{R_1 + R_2 + R_3} U \end{cases} \tag{2-1-2}$$

即串联的每个电阻的电压与总电压的比等于该电阻与等效电阻的比。串联的每个电阻的功率也与它们的电阻值成正比。

【例 2-1】　如图 2-1-3 所示，用一个满刻度偏转电流为 $50\ \mu A$、电阻 R_g 为 $2\ k\Omega$ 的表头制成 $100\ V$ 量程的直流电压表，应串联多大的附加电阻 R_f？

解　满刻度时表头电压为

$$U_B = 50 \times 10^{-6} \times 2 \times 10^3 = 0.1\ V$$

附加电阻电压为

$$U_f = 100 - 0.1 = 99.9\ V$$

代入式$(2-1-2)$，得

$$99.9 = \frac{R_f}{2 + R_f} \times 100$$

解得

$$R_f = 1998\ k\Omega$$

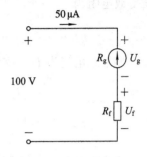

图 2-1-3　例 2-1 图

2.1.3　电阻的并联分析

在电路中，把几个电阻元件的首尾两端分别连接在两个节点上，在电源的作用下，它们两端的电压都相同，这种连接方式叫作电阻的并联。

图 2-1-4(a)表示三个电阻并联后由一个直流电源供电的电路。以 I 代表总电流，U 代表电阻上的电压，G_1、G_2、G_3 代表各电阻的电导，I_1、I_2、I_3 代表各电阻中的电流，按 KCL 有

$$I = I_1 + I_2 + I_3 = (G_1 + G_2 + G_3)U$$

可见，并联电阻的等效电导等于各电导的和(如图 2-1-4(b)所示)，即

$$G_i = G_1 + G_2 + G_3 \qquad\qquad (2-1-3)$$

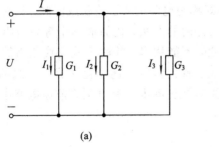　　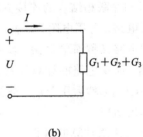

(a)　　　　　　　　　　　　(b)

图 2-1-4　电阻的并联

并联电阻的电压相等，各电阻的电流与总电流的关系为

$$\begin{cases} I_1 = G_1 U = G_1 \dfrac{I}{G_i} = \dfrac{G_1}{G_1 + G_2 + G_3} I \\[2mm] I_2 = \dfrac{G_2}{G_1 + G_2 + G_3} I \\[2mm] I_3 = \dfrac{G_3}{G_1 + G_2 + G_3} I \end{cases} \qquad (2-1-4)$$

即并联的每个电阻的电流与总电流的比等于其电导与等效电导的比。我们常会遇到两个电阻并联的情况。若两个电阻 R_1、R_2 并联，则由

$$\frac{1}{R_i} = \frac{1}{R_1} + \frac{1}{R_2} = \frac{R_1 + R_2}{R_1 R_2}$$

得等效电阻为

$$R_i = \frac{R_1 R_2}{R_1 + R_2}$$

如果总电流为 I，则两个电阻的电流为

$$\begin{cases} I_1 = \dfrac{U}{R_1} = \dfrac{1}{R_1} R_i I = \dfrac{1}{R_1} \dfrac{R_1 R_2}{R_1 + R_2} I = \dfrac{R_2}{R_1 + R_2} I \\ I_2 = \dfrac{R_1}{R_1 + R_2} I \end{cases} \tag{2-1-5}$$

并联的每个电阻的功率与它们的电导成正比。

【例 2-2】 如图 2-1-5 所示，用一个满刻度偏转电流为 50 μA、电阻 R_g 为 2 kΩ 的表头制成量程为 50 mA 的直流电流表，应并联多大的分流电阻 R_2？

解 由题意已知，$I_1 = 50\ \mu$A，$R_1 = R_g = 2000\ \Omega$，$I =$ 50 mA，代入公式(2-1-5)得

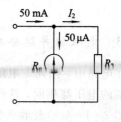

$$50 = \frac{R_2}{2000 + R_2} \times 50 \times 10^3$$

解得

图 2-1-5 例 2-2 图

$$R_2 = 2.002\ \Omega$$

2.1.4 电阻的混联分析

电阻的串联和并联相结合的连接方式称为电阻的串、并联或混联。只有一个电源作用的电阻串、并联电路，可用电阻串、并联化简的办法，化简成一个等效电阻和电源组成的简单回路，这种电路又称简单电路。反之，不能用串、并联等效变换化为简单回路的电路则称为复杂电路。简单电路的计算步骤是：首先将电阻逐步化简成一个总的等效电阻，算出总电流(或总电压)，然后用分压、分流的办法逐步计算出化简前原电路中各电阻的电流和电压，再计算出功率。

下面通过例题说明计算的过程。

【例 2-3】 进行电工实验时，常用滑线变阻器接成分压器电路来调节负载电阻上电压的高低。图 2-1-6 中 R_1 和 R_2 是滑线变阻器，R_L 是负载电阻。已知滑线变阻器额定值是 100 Ω、3 A，端钮 a、b 上输入电压 $U_1 = 220$ V，$R_L = 50\ \Omega$。试问：

(1) 当 $R_2 = 50\ \Omega$ 时，输出电压 U_2 是多少？

(2) 当 $R_2 = 75\ \Omega$ 时，输出电压 U_2 是多少？滑线变阻器能否安全工作？

解 (1) 当 $R_2 = 50\ \Omega$ 时，端钮 a、b 的等效电阻：

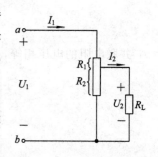

图 2-1-6 例 2-3 图

$$R_{ab}=R_1+\frac{R_2R_L}{R_2+R_L}=50+\frac{50\times50}{50+50}=75\ \Omega$$

滑线变阻器 R_1 段流过的电流：

$$I_1=\frac{U_1}{R_{ab}}=\frac{220}{75}=2.93\ \text{A}$$

负载电阻流过的电流可由电流分配公式(2-1-5)求得，即

$$I_2=\frac{R_2}{R_2+R_L}I_1=\frac{50}{50+50}\times2.93=1.47\ \text{A}$$

$$U_2=R_LI_2=50\times1.47=73.5\ \text{V}$$

(2) 当 $R_2=75\ \Omega$ 时，计算方法同上，可得

$$R_{ab}=25+\frac{75\times50}{75+50}=55\ \Omega$$

$$I_1=\frac{220}{55}=4\ \text{A}$$

$$I_2=\frac{75}{75+50}\times4=2.4\ \text{A}$$

$$U_2=50\times2.4=120\ \text{V}$$

因 $I_1=4$ A，大于滑线变阻器的额定电流 3 A，故 R_1 段电阻有被烧坏的危险。

求解简单电路，关键是判断哪些电阻串联，哪些电阻并联。一般情况下，通过观察可以进行判断。当电阻串、并联的关系不易看出时，可以在不改变元件间连接关系的条件下将电路画成比较容易判断串、并联的形式。这时无电阻的导线最好缩成一点，并且尽量避免相互交叉。重画时可以先标出各节点代号，再将各元件连在相应的节点间。

【**例 2-4**】 在图 2-1-7 所示电路中，求 ab 端口的等效电阻。

解　为便于判断串并联关系，在图中标出一节点 c，先求出 cb 两点间的等效电阻

$$R_{cb}=3\ /\!/\ (2+4)=\frac{3\times6}{3+6}=2\ \Omega$$

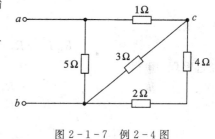

图 2-1-7　例 2-4 图

因此 a、b 之间的等效电阻为

$$R_{ab}=5\ /\!/\ (1+R_{cb})=5\ /\!/\ (1+2)=\frac{5\times3}{5+3}=1.875\ \Omega$$

2.2　电阻的星形与三角形连接及等效变换

2.2.1　电阻的星形连接和三角形连接

三个电阻元连成一个三角形回路，三个连接点就是三个端钮，这种连接方式就叫作三角形连接，简称△形连接，如图 2-2-1(a)所示。三个电阻元件的一端连接在一个公共节

点上，另一端分别连接到电路的三个端钮上，这种连接方式叫作星形连接，简称 Y 形连接，如图 2-2-1(b)所示。

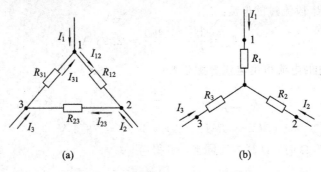

图 2-2-1　电阻的三角形和星形连接

2.2.2　电阻的星形连接和三角形连接的等效变换

在电路分析中，常利用 Y 形网络与△形网络的等效变换来简化电路的计算。根据等效网络的定义，在图 2-2-1 所示的 Y 形网络与△形网络中，若电压 U_{12}、U_{23}、U_{31} 和电流 I_1、I_2、I_3 都分别相等，则两个网络对外是等效的，据此可导出 Y 形连接电阻 R_1、R_2、R_3 与△形连接电阻 R_{12}、R_{23}、R_{31} 之间的等效关系。

将 KVL 应用于图 2-2-1(a)中的回路 1231，得

$$R_{12}I_{12} + R_{23}I_{23} + R_{31}I_{31} = 0$$

由 KCL 得

$$I_{23} = I_2 + I_{12}$$
$$I_{31} = I_{12} - I_1$$

代入上式，得

$$R_{12}I_{12} + R_{23}(I_2 + I_{12}) + R_{31}(I_{12} - I_1) = 0$$

经过整理后，得

$$I_{12} = \frac{R_{31}}{R_{12} + R_{23} + R_{31}}I_1 - \frac{R_{23}}{R_{12} + R_{23} + R_{31}}I_2$$

$$U_{12} = R_{12}I_{12} = \frac{R_{31}R_{12}}{R_{12} + R_{23} + R_{31}}I_1 - \frac{R_{12}R_{23}}{R_{12} + R_{23} + R_{31}}I_2 \qquad (2-2-1(a))$$

同理可求得

$$U_{23} = \frac{R_{12}R_{23}}{R_{12} + R_{23} + R_{31}}I_2 - \frac{R_{23}R_{31}}{R_{12} + R_{23} + R_{31}}I_3$$

$$U_{31} = \frac{R_{23}R_{31}}{R_{12} + R_{23} + R_{31}}I_3 - \frac{R_{12}R_{31}}{R_{12} + R_{23} + R_{31}}I_1 \qquad (2-2-1(b))$$

对于图 2-2-1(b)有

$$\begin{cases} U_{12} = R_1 I_1 - R_2 I_2 \\ U_{23} = R_2 I_2 - R_3 I_3 \\ U_{31} = R_3 I_3 - R_1 I_1 \end{cases} \qquad (2-2-2)$$

比较式(2-2-1)和式(2-2-2)可得：若满足等效条件，两组方程式 I_1、I_2、I_3 前面的系数必须相等，即

$$\begin{cases} R_1 = \dfrac{R_{12}R_{31}}{R_{12}+R_{23}+R_{31}} \\[3mm] R_2 = \dfrac{R_{23}R_{12}}{R_{12}+R_{23}+R_{31}} \\[3mm] R_3 = \dfrac{R_{31}R_{23}}{R_{12}+R_{23}+R_{31}} \end{cases} \qquad (2-2-3)$$

式(2-2-3)就是从已知的△形连接电阻变换为等效 Y 形连接电阻的计算公式。解方程组(2-2-3)，可得

$$\begin{cases} R_{12} = \dfrac{R_1R_2+R_2R_3+R_3R_1}{R_3} = R_1+R_2+\dfrac{R_1R_2}{R_3} \\[3mm] R_{23} = \dfrac{R_1R_2+R_2R_3+R_3R_1}{R_1} = R_2+R_3+\dfrac{R_2R_3}{R_1} \\[3mm] R_{31} = \dfrac{R_1R_2+R_2R_3+R_3R_1}{R_2} = R_3+R_1+\dfrac{R_3R_1}{R_2} \end{cases} \qquad (2-2-4)$$

式(2-2-4)就是从已知的 Y 形连接电阻变换为等效△形连接电阻的计算公式。

　　若△形(或 Y 形)连接的三个电阻相等，则变换后的 Y 形(或△形)连接的三个电阻也相等。设△形三个电阻 $R_{12}=R_{23}=R_{31}=R_\triangle$，则等效 Y 形的三个电阻为

$$R_Y = R_1 = R_2 = R_3 = \frac{R_\triangle}{3} \qquad (2-2-5)$$

反之

$$R_\triangle = R_{12} = R_{23} = R_{31} = 3R_Y \qquad (2-2-6)$$

　　【例 2-5】　图 2-2-2(a)所示电路中，已知 $U_s=225$ V，$R_0=1$ Ω，$R_1=40$ Ω，$R_2=36$ Ω，$R_3=50$ Ω，$R_4=55$ Ω，$R_5=10$ Ω，试求各电阻的电流。

　　解　将△形连接的 R_1、R_3、R_5 等效变换为 Y 形连接的 R_a、R_c、R_d，如图 2-2-2(b)所示，代入式(2-2-3)求得

$$R_a = \frac{R_3R_1}{R_5+R_3+R_1} = \frac{50\times40}{10+50+40} = 20 \ \Omega$$

$$R_c = \frac{R_1R_5}{R_5+R_3+R_1} = \frac{40\times10}{10+50+40} = 4 \ \Omega$$

$$R_d = \frac{R_5R_3}{R_5+R_3+R_1} = \frac{10\times50}{10+50+40} = 5 \ \Omega$$

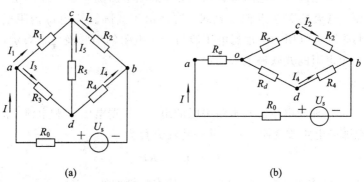

(a)　　　　　　　　　　　(b)

图 2-2-2　例 2-5 图

图 2－2－2(b)是电阻混联网络，串联的 R_c、R_2 的等效电阻 $R_{c2}=40\ \Omega$，串联的 R_d、R_4 的等效电阻 $R_{d4}=60\ \Omega$，二者并联的等效电阻

$$R_{ab}=\frac{40\times 60}{40+60}=24\ \Omega$$

R_a 与 R_{ab} 串联，a、b 间桥式电阻的等效电阻

$$R_i=20+24=44\ \Omega$$

桥式电阻的端口电流

$$I=\frac{U_s}{R_0+R_i}=\frac{225}{1+44}=5\ A$$

R_2、R_4 的电流分别为

$$I_2=\frac{R_{d4}}{R_{c2}+R_{d4}}\cdot I=\frac{60}{40+60}\times 5=3\ A$$

$$I_4=\frac{R_{c2}}{R_{c2}+R_{d4}}\cdot I=\frac{40}{40+60}\times 5=1\ A$$

为了求得 R_1、R_3、R_5 的电流，从图 2－2－2(b)求得

$$U_{ac}=R_aI+R_cI_2=20\times 5+4\times 3=112\ V$$

回到图 2－2－2(a)所示电路，得

$$I_1=\frac{U_{ac}}{R_1}=\frac{112}{40}=2.8\ A$$

并由 KCL 得

$$I_3=I-I_1=5-2.8=2.2\ A$$
$$I_5=I_3-I_4=2.2-2=0.2\ A$$

2.3 实际电源的等效变换

2.3.1 实际电源的模型

一个实际的直流电源在给电阻负载供电时，其端电压随负载电流的增大而下降，在一定范围内端电压、电流的关系近似于直线，这是由于实际直流电源内阻引起的压降造成的。一个实际电源既可以用一个理想电压源与一个电阻的串联模型来表示，也可以用一个理想电流源与一个电阻的并联模型来表示。

1. 实际电压源

图 2－3－1(a)是理想电压源和电阻串联的组合，其端电压 U 和电流 I 的参考方向如图所示。U 和 I 都随外电路改变而变化，其外特性方程为

$$U=U_s-RI \tag{2－3－1}$$

图 2－3－1(b)是按公式(2－3－1)画出的伏安特性曲线，它是一条直线。

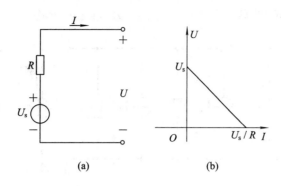

图 2-3-1 理想电压源和电阻串联的组合

2. 实际电流源

图 2-3-2(a)是理想电流源和电阻的并联组合，其端电压和电流的参考方向如图中所示，其外特性为

$$U = RI_s - RI \qquad (2-3-2)$$

图 2-3-2(b)是按公式(2-3-2)画出的伏安特性曲线，它也是一条直线。

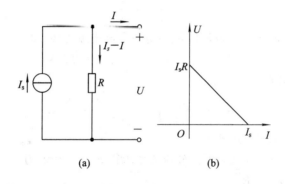

图 2-3-2 理想电流源和电阻并联的组合

2.3.2 两种实际电源模型的等效变换

比较式(2-3-1)和式(2-3-2)，只要满足

$$U_s = I_s R \qquad (2-3-3)$$

则式(2-3-1)和式(2-3-2)所表示的方程完全相同，它们在 $I-U$ 平面上将表示同一直线，图 2-3-1(a)和图 2-3-2(a)所示电路对外电路完全等效。因此，在满足式(2-3-3)的条件下，电压源、电阻的串联组合与电流源、电阻的并联组合之间可互相等效互换，这样可以使得某些电路问题的解决更加灵活方便。

注意：

(1) 等效变换前后，U_s 与 I_s 的参考方向为非关联参考方向，电源内阻不变。

(2) 一般情况下，这两种等效模型内部的结构情况并不相同，但是对外部来说，它们吸收或输出的功率总是一样的，所以，两电源对外等效，对内不等效。

(3) 没有串联电阻的理想电压源和没有并联电阻的理想电流源之间没有等效关系。

【例 2-6】 求图 2-3-3(a)所示的电路中 R 支路的电流。已知 $U_{s1}=10 \text{ V}$，$U_{s2}=6 \text{ V}$，

$R_1 = 1 \ \Omega$, $R_2 = 3 \ \Omega$, $R = 6 \ \Omega$。

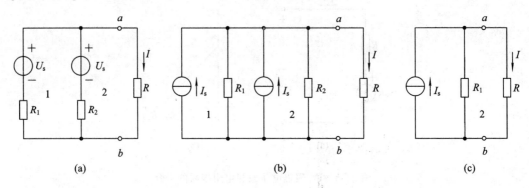

图 2-3-3 例 2-6 图

解 先把每个电压源电阻串联支路变换为电流源电阻并联支路。网络变换如图 2-2-3(b)所示，其中

$$I_{s1} = \frac{U_{s1}}{R_1} = \frac{10}{1} = 10 \ \text{A}$$

$$I_{s2} = \frac{U_{s2}}{R_2} = \frac{6}{3} = 2 \ \text{A}$$

图 2-2-3(b)中两个并联电流源可以用一个电流源代替，即

$$I_s = I_{s1} + I_{s2} = 10 + 2 = 12 \ \text{A}$$

并联 R_1、R_2 的等效电阻

$$R_{12} = \frac{R_1 R_2}{R_1 + R_2} = \frac{1 \times 3}{1 + 3} = \frac{3}{4} \ \Omega$$

网络简化如图 2-2-3(c)所示。

对图 2-2-3(c)所示电路，可按分流关系求得 R 的电流 I 为

$$I = \frac{R_{12}}{R_{12} + R} \times I_s = \frac{3/4}{3/4 + 6} \times 12 = \frac{4}{3} = 1.333 \ \text{A}$$

2.4 支路电流法和网孔电流法

2.4.1 支路电流法

2.3 节介绍了电阻电路的等效变换法。此法适用于一定结构形式的电路，不便于对电路进行一般性探讨。

分析电路的一般方法是选择一些电路变量，根据 KCL 和 KVL 以及元件特性方程，列写出电路变量的方程，从方程中解出电路变量，这类方法称为网络方程法。

支路电流法是以每个支路的电流为求解未知量的电路分析方法。设电路有 b 条支路，则有 b 个未知电流变量，须有 b 个独立方程才能求解。

下面以图 2-4-1 所示的电路为例来说明支路电流法的应用。

在电路中支路数 $b=3$，节点数 $n=2$，回路数为 3，网孔数为 2，3 个电流要三个独立方

程才能求解。列方程前指定各支路电流的参考方向如图 2-4-1
所示。

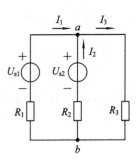

首先，选择电流方程，根据电流的参考方向，对节点 a 列写
KCL 方程

$$-I_1 - I_2 + I_3 = 0 \qquad (2-4-1)$$

对节点 b 列写 KCL 方程

$$I_1 + I_2 - I_3 = 0 \qquad (2-4-2)$$

节点数为 n 的电路中，按 KCL 列出的节点电流方程只有

图 2-4-1 支路电流法

$n-1$ 个是独立的。这一结果可以推广到一般电路：节点数为 n 的
电路中，按 KCL 列出的节点电流方程只有 $n-1$ 个是独立的，并将 $n-1$ 个节点称为一组
独立节点。这是因为每个支路连到两个节点，每个支路电流在 n 个节点电流方程中各出现
两次；又因为同一支路电流对这个支路所连的一个节点取正号，对所连的另一个节点必定
取负号，所以 n 个节点电流方程相加所得必定是个"$0=0$"的恒等式。至于哪个节点不独
立，则是任选的。

其次，选择回路，应用 KVL 列出其余 $b-(n-1)$ 个方程。每次列出的 KVL 方程与已
经列写过的 KVL 方程必须是互相独立的。通常，可选取网孔来列 KVL 方程。图 2-4-1
中有两个网孔，按顺时针方向绕行，对左面的网孔列写 KVL 方程：

$$R_1 I_1 - R_2 I_2 = U_{s1} - U_{s2} \qquad (2-4-3)$$

按顺时针方向绕行对右面的网孔列写 KVL 方程：

$$R_2 I_2 + R_3 I_3 = U_{s2} \qquad (2-4-4)$$

网孔的数目恰好等于 $b-(n-1)=3-(2-1)=2$。因为每个网孔都包含一条互不相同的支
路，所以每个网孔都是一个独立回路，可以列出一个独立的 KVL 方程。

应用 KCL 和 KVL 一共可列出 $(n-1)+[b-(n-1)]=b$ 个独立方程，它们都是以支
路电流为变量的方程，因而可以解出 b 个支路电流。

综上所述，支路电流法分析计算电路的一般步骤如下：

(1) 在电路图中设出各支路电流，并选定各支路(b 个)电流的参考方向。

(2) 列出 $n-1$ 个独立节点的 KCL 方程。

(3) 列出 $b-(n-1)$ 个 KVL 方程，通常设定各网孔绕行方向，取网孔列写 KVL 方程。

(4) 联立求解上述 b 个独立方程，便可计算出待求的各支路电流。

【例 2-7】 图 2-4-1 所示电路中，$U_{s1}=130$ V、$R_1=1$ Ω 为直流发电机的模型，电阻
负载 $R_3=24$ Ω，$U_{s2}=117$ V、$R_2=0.6$ Ω 为蓄电池组的模型。试求各支路电流和各元件的
功率。

解 以支路电流为变量，应用 KCL、KVL 列出式(2-4-1)、式(2-4-3)和式(2-4-4)，
并将已知数据代入，即得

$$\begin{cases} -I_1 - I_2 + I_3 = 0 \\ I_1 - 0.6I_2 = 130 - 117 \\ 0.6I_2 + 24I_3 = 117 \end{cases}$$

解得 $I_1=10$ A，$I_2=-5$ A，$I_3=5$ A。I_2 为负值，表明它的实际方向与所选参考方向相反，
这个电池组在充电时是负载。

U_{s1} 发出的功率为

$$U_{s1}I_1 = 130 \times 10 = 1300 \text{ W}$$

U_{s2} 发出的功率为

$$U_{s2}I_2 = 117 \times (-5) = -585 \text{ W}$$

即 U_{s2} 接收功率 585 W。各电阻接收的功率为

$$I_1^2 R_1 = 10^2 \times 1 = 100 \text{ W}$$
$$I_2^2 R_3 = (-5)^2 \times 0.6 = 15 \text{ W}$$
$$I_3^2 R_3 = 5^2 \times 24 = 600 \text{ W}$$
$$1300 = 585 + 100 + 15 + 600$$

功率平衡，表明计算正确。

2.4.2　网孔电流法

前面介绍了支路电流法。对于具有 b 条支路和 n 个节点的电路，要列 $n-1$ 个节点电流方程和 $b-n+1$ 个网孔电压方程，联立求解，方程较多，求解较麻烦。为了减少方程数目，可采用网孔电流为电路的变量来列写方程，这种方法称为网孔电流法（网孔法仅适用于平面电路）。下面通过图 2-4-2 所示的电路加以说明。

图 2-4-2 中共有三个支路，两个网孔。设想在每个网孔中，都有一个电流沿网孔边界环流，其参考方向如图所示，这样一个在网孔内环行的假想电流叫作网孔电流。从图 2-4-2 中可以看出，各网孔电流与各支路电流之间的关系为

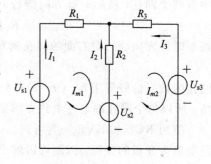

$$I_1 = I_{m1}$$
$$I_2 = -I_{m1} + I_{m2}$$
$$I_3 = -I_{m2}$$

由于每一个网孔电流在流经电路的某一节点时，流入该节点之后，又同时从该节点流出，因此各网孔

图 2-4-2　网孔电流法

电流都能自动满足 KCL，就不必对各独立节点另列 KCL 方程，所以省去了 $n-1$ 个方程。这样，只要列出 KVL 方程就可以了，使方程数目减少为 $b-(n-1)$ 个。电路的变量——网孔电流也是 $b-(n-1)$ 个。

注意： 用网孔法列写 KVL 方程时，有些电阻中会有几个网孔电流同时流过，应该把各网孔电流引起的电压降都计算进去。通常，选取网孔的绕行方向与网孔电流的参考方向一致。于是，对于图 2-4-2 所示电路，有

$$\begin{cases} R_1 I_{m1} + R_2 I_{m1} - R_2 I_{m2} = U_{s1} - U_{s2} \\ R_2 I_{m2} - R_2 I_{m1} + R_3 I_{m2} = U_{s2} - U_{s3} \end{cases}$$

经过整理后，得

$$\begin{cases} (R_1 + R_2)I_{m1} - R_2 I_{m2} = U_{s1} - U_{s2} \\ -R_2 I_{m1} + (R_2 + R_3)I_{m2} = U_{s2} - U_{s3} \end{cases} \tag{2-4-5}$$

这就是以网孔电流为未知量时列写的 KVL 方程，称为网孔方程。

方程组（2-4-5）可以进一步写成

$$\begin{cases} R_{11}I_{m1}+R_{12}I_{m2}=U_{s11} \\ R_{21}I_{m1}+R_{22}I_{m2}=U_{s22} \end{cases} \qquad (2-4-6)$$

式(2-4-6)就是当电路具有两个网孔时网孔方程的一般形式。

式(2-4-6)中，$R_{11}=R_1+R_2$、$R_{22}=R_2+R_3$ 分别是网孔 1 与网孔 2 的电阻之和，称为各网孔的自电阻。因为选取自电阻的电压与电流为关联参考方向，所以自电阻都取正号。

$R_{12}=R_{21}=-R_2$ 是网孔 1 与网孔 2 公共支路的电阻，称为相邻网孔的互电阻。互电阻可以是正号，也可以是负号。当流过互电阻的两个相邻网孔电流的参考方向一致时，互电阻取正号，反之取负号。本例中，由于各网孔电流的参考方向都选取为顺时针方向，即流过各互电阻的两个相邻网孔电流的参考方向都相反，因而它们都取负号。

$U_{s11}=U_{s1}-U_{s2}$、$U_{s2}=U_{s2}-U_{s3}$ 分别是各网孔中电压源电压的代数和，称为网孔电源电压。凡参考方向与网孔绕行方向一致的电源电压取负号，反之取正号，这是因为将电源电压移到等式右边要变号的缘故。

式(2-4-6)也可以推广到具有 m 个网孔的平面电路，其网孔方程的规范形式为

$$\begin{cases} R_{11}I_{m1}+R_{12}I_{m2}+\cdots+R_{1m}I_{mm}=U_{s11} \\ R_{21}I_{m1}+R_{22}I_{m2}+\cdots+R_{2m}I_{mm}=U_{s22} \\ \vdots \\ R_{m1}I_{m1}+R_{m2}I_{m2}+\cdots+R_{mn}I_{mm}=U_{smn} \end{cases} \qquad (2-4-7)$$

如果电路中含有电流源与电阻并联组合，先把它们等效换成电压源与电阻的串联组合，再列写网孔方程。如果电路中含有电流源，且没有与其并联的电阻，这时可根据电路的结构形式采用下面两种方法处理：当电流源支路仅属一个网孔时，选择该网孔电流等于电流源的电流，这样可减少一个网孔方程，其余网孔方程仍按一般方法列写；在建立网孔方程时，可将电流源的电压作为一个未知量，每引入这样一个未知量，同时应增加一个网孔电流与该电流源电流之间的约束关系，从而列出一个补充方程。这样一来，独立方程数与未知量仍然相等，可解出各未知量。

【例 2-8】 用网孔法求图 2-4-3 所示电路的各支路电流。

解　(1) 选择各网孔电流的参考方向，如图 2-4-3 所示。计算各网孔的自电阻和相关网孔的互电阻及每一网孔的电源电压。

(2) 按式(2-4-7)列网孔方程组

$$R_{11}=1+2=3\ \Omega,\ R_{12}=R_{21}=-2\ \Omega$$
$$R_{22}=1+2=3\ \Omega,\ R_{23}=R_{32}=0$$
$$R_{33}=1+2=3\ \Omega,\ R_{13}=R_{31}=-1\ \Omega$$
$$U_{s11}=10\ V,\ U_{s22}=-5\ V,\ U_{s33}=5\ V$$
$$3I_{m1}-2I_{m2}-I_{m3}=10$$
$$-2I_{m1}+3I_{m2}=-5$$
$$-I_{m1}+3I_{m3}=5$$

(3) 求解网孔方程组，解之可得

$$I_{m1}=6.25\ A,\ I_{m2}=2.5\ A,\ I_{m3}=3.75\ A$$

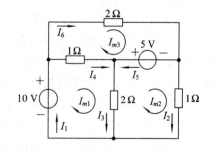

图 2-4-3　例 2-8 图

(4) 任选各支路电流的参考方向，如图 2-4-3 所示。由网孔电流求出各支路电流分

别为

$$I_1 = I_{m1} = 6.25\,\text{A}, \ I_2 = I_{m2} = 2.5\,\text{A}$$

$$I_3 = I_{m1} - I_{m2} = 3.75\,\text{A}, \ I_4 = I_{m1} - I_{m2} = 2.5\,\text{A}$$

$$I_5 = I_{m3} - I_{m2} = 1.25\,\text{A}, \ I_6 = I_{m3} = 3.75\,\text{A}$$

【例 2 - 9】 用网孔法求图 2 - 4 - 4 所示电路各支路电流及电流源的电压。

解(1)选取各网孔电流的参考方向及电流源电压的参考方向,如图 2 - 4 - 4 所示。

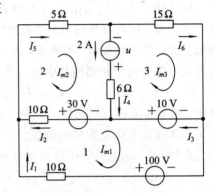

(2)列网孔方程组:

$$(10 + 10)I_{m1} - 10I_{m2} = 100 - 30 - 10$$

$$-10I_{m1} + (10 + 5 + 6)I_{m2} - 6I_{m3} = 30 + U$$

$$-6I_{m2} + (6 + 15)I_{m3} = 10 - U$$

补充方程:

$$I_{m2} - I_{m3} = 2$$

(3)解方程组,得

$$I_{m1} = 5\,\text{A}, \ I_{m2} = 4\,\text{A}$$

$$I_{m3} = 2\,\text{A}, \ U = -8\,\text{V}$$

图 2 - 4 - 4 例 2 - 9 图

(4)见取各支路电流的参考方向如图 2 - 4 - 4 所示,各支路电流分别为

$$I_1 = I_{m1} = 5\,\text{A}, \ I_2 = I_{m2} - I_{m1} = -1\,\text{A}$$

$$I_3 = I_{m3} - I_{m1} = -3\,\text{A}, \ I_4 = 2\,\text{A}$$

$$I_5 = I_{m2} = 4\,\text{A}, \ I_6 = I_{m3} = 2\,\text{A}$$

2.5 节 点 电 压 法

节点电压法是以电路的节点电压为未知量来分析电路的一种方法,它不仅适用于平面电路,同时也适用于非平面电路。鉴于这一优点,在计算机辅助电路分析中,一般也采用节点电压法求解电路。

在电路的 n 个节点中,任选一个为参考点,把其余 $n-1$ 个节点对参考点的电压叫作该节点的节点电压。电路中所有支路电压都可以用节点电压来表示。电路中的支路分成两种:一种接在独立节点和参考节点之间,它的支路电压就是节点电压;另一种接在各独立节点之间,它的支路电压则是两个节点电压之差。

如能求出各节点电压,就能求出各支路电压及其他待求量。要求 $n-1$ 个节点电压,需列 $n-1$ 个独立方程。用节点电压代替支路电压,已经满足 KVL 的约束,只需列 KCL 的约束方程即可,而所能列出的独立的 KCL 方程正好是 $n-1$ 个。

以图 2 - 5 - 1 所示电路为例,独立节点数为 $n-1=2$。选取各支路电流的参考方向,如图 2 - 5 - 1 所示,对节点 1、2 分别由 KCL 列出节点电流方程:

$$\begin{cases} I_1 + I_3 + I_4 - I_{s1} - I_{s3} = 0 \\ I_2 - I_3 - I_4 - I_{s2} + I_{s3} = 0 \end{cases}$$

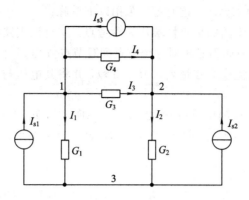

图 2-5-1

设以节点 3 为参考点，则节点 1、2 的节点电压分别为 U_1、U_2。

将支路电流用节点电压表示为

$$\begin{cases} I_1 = G_1 U_1 \\ I_2 = G_2 U_2 \\ I_3 = G_3 U_{12} = G_3(U_1 - U_2) = G_3 U_1 - G_3 U_2 \\ I_4 = G_4 U_{15} = G_4(U_1 - U_2) = G_4 U_1 - G_4 U_2 \end{cases}$$

代入两个节点电流方程中，经移项整理后得

$$\begin{cases} (G_1 + G_3 + G_4)U_1 - (G_3 + U_4)U_2 = I_{s1} + I_{s3} \\ -(G_3 + G_4)U_1 + (G_2 + G_3 + G_4)U_2 = I_{s2} - I_{s3} \end{cases} \qquad (2-5-1)$$

式 $(2-5-1)$ 就是图 $2-5-1$ 所示电路以节点电压 U_1、U_2 为未知变量列出的节点电压方程，简称节点方程。

将式 $(2-5-1)$ 写成

$$\begin{cases} G_{11} U_1 + G_{12} U_2 = I_{s11} \\ G_{21} U_1 + G_{22} U_2 = I_{s22} \end{cases} \qquad (2-5-2)$$

这就是当电路具有三个节点时节点方程的一般形式。式 $(2-5-2)$ 中，左边 $G_{11} = G_1 + G_2 + G_3$、$G_{22} = G_2 + G_3 + G_4$ 分别是节点 1、节点 2 相连接的各支路电导之和，称为各节点的自电导，自电导总是正的；$G_{12} = G_{21} = -(G_3 + G_4)$ 是连接在节点 1 与节点 2 之间的各公共支路的电导之和的负值，称为两相邻节点的互电导，互电导总是负的。式 $(2-5-2)$ 中，右边 $I_{s11} = I_{s1} + I_{s3}$、$I_{s22} = I_{s2} - I_{s3}$ 分别是流入节点 1 和节点 2 的各电流源电流的代数和，称为节点电源电流，流入节点的取正号，流出的取负号。如果电流源支路串有电导，计算自电导时不考虑。

上述关系可推广到一般电路。对具有 n 个节点的电路，其节点方程的规范形式为

$$\begin{cases} G_{11} U_1 + G_{12} U_2 + \cdots + G_{1(n-1)} U_{n-1} = I_{s11} \\ G_{21} U_1 + G_{22} U_2 + \cdots + G_{2(n-1)} U_{n-1} = I_{s22} \\ \vdots \\ G_{(n-1)1} U_1 + G_{(n-1)2} U_2 + \cdots + G_{(n-1)(n-1)} U_{n-1} = I_{s(n-1)(n-1)} \end{cases} \qquad (2-5-3)$$

当电路中含有电压源和电阻串联组合的支路时，先把电压源和电阻串联组合变换成电流源和电阻并联组合，然后再依式 $(2-5-3)$ 列方程。

当电路中含有电压源支路时，这时可以采用以下措施：

（1）尽可能取电压源支路的负极性端作为参考点。这时该支路的另一端电压成为已知量，等于该电压源电压，因而不必再对这个节点列写节点方程。

（2）把电压源中的电流作为变量列入节点方程，并将其电压与两端节点电压的关系作为补充方程一并求解。

对于只有一个独立节点的电路（如图 $2-5-2$(a)所示），可用节点电压法直接求出独立节点的电压。先把图 $2-5-2$(a)中电压源和电阻串联组合变为电流源和电阻并联组合，如图 $2-5-2$(b)所示，则

$$U_{10} = \frac{\dfrac{U_{s1}}{R_1} - \dfrac{U_{s2}}{R_2} + \dfrac{U_{s3}}{R_3}}{\dfrac{1}{R_1} + \dfrac{1}{R_2} + \dfrac{1}{R_3} + \dfrac{1}{R_4}} = \frac{G_1 U_{s1} - G_2 U_{s2} + G_3 U_{s3}}{G_1 + G_2 + G_3 + G_4}$$

写成一般形式

$$U_{10} = \frac{\sum (G_k U_{sk})}{\sum G_k} \qquad\qquad (2-5-4)$$

式($2-5-4$)称为**弥尔曼定理。**

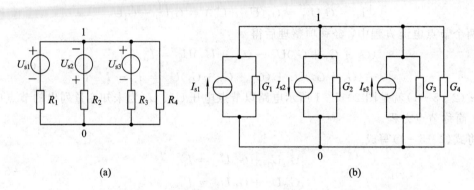

(a)　　　　　　　　　(b)

图 $2-5-2$　弥尔曼定理举例

代数和 $\sum (G_k U_{sk})$ 中，当电压源的正极性端接到节点 1 时，$G_k U_{sk}$ 前取"＋"号，反之取"－"号。

如果图 $2-5-2$(a)含有电流源，则式($2-5-4$)还应包括电流源，改为

$$U_{10} = \frac{\sum (G_k U_{sk} + I_{sk})}{\sum G_k}$$

电流流入节点 I_{sk} 取"＋"号，电流流出节点 I_{sk} 取"－"号，如果电流源支路串有电导，则分子和分母都不考虑，即电流源支路串接电导不起作用。

【例 $2-10$】　试用节点电压法求图 $2-5-3$ 所示电路中的各支路电流。

解　取节点 0 为参考节点，节点 1、2 的节点电压为 U_1、U_2，按式($2-5-3$)得

$$\left(\frac{1}{1} + \frac{1}{2}\right)U_1 - \frac{1}{2}U_2 = 3$$

$$-\frac{1}{2}U_1 + \left(\frac{1}{2} + \frac{1}{3}\right)U_2 = 7$$

解之得

$$U_1 = 6 \text{ V}, U_2 = 12 \text{ V}$$

取各支路电流的参考方向，如图 2 - 5 - 3 所示。根据
支路电流与节点电压的关系，有

$$I_1 = \frac{U_1}{1} = \frac{6}{1} = 6 \text{ A}$$

$$I_2 = \frac{U_1 - U_2}{2} = \frac{6 - 12}{2} = -3 \text{ A}$$

$$I_3 = \frac{U_2}{3} = \frac{12}{3} = 4 \text{ A}$$

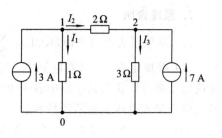

图 2 - 5 - 3　例 2 - 10 图

【例 2 - 11】　应用弥尔曼定理求图 2 - 5 - 4 所示电路中各支路电流。

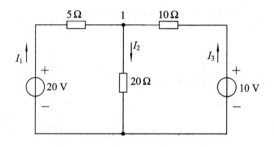

图 2 - 5 - 4　例 2 - 12 图

解　本电路只有一个独立节点，设其电压为 U_1，各支路电流为 I_1、I_2、I_3，其参考方向如图 2 - 5 - 4 所示，由式(2 - 5 - 4)得

$$U_1 = \frac{\dfrac{20}{5} + \dfrac{10}{10}}{\dfrac{1}{5} + \dfrac{1}{20} + \dfrac{1}{10}} = 14.3 \text{ V}$$

求得各支路电流分别为

$$I_1 = \frac{20 - U_1}{5} = \frac{20 - 14.3}{5} = 1.14 \text{ A}$$

$$I_2 = \frac{U_1}{20} = \frac{14.3}{20} = 0.72 \text{ A}$$

$$I_3 = \frac{10 - U_1}{10} = \frac{10 - 14.3}{10} = -0.43 \text{ A}$$

技能训练五　叠加定理验证

1. 训练目的

（1）验证基尔霍夫电流定律和叠加定理；

（2）加深对电流、电压参考方向的理解；

（3）进一步熟悉直流稳压电源、万用表的使用。

2. 原理说明

(1) 基尔霍夫电流定律(KCL):$\sum i = 0$。

(2) 叠加定理:在线性电路中,当有两个或两个以上独立电源作用时,任意支路的电流或电压都可以认为是电路中各个电源单独作用而其他电源不作用时,在该支路中产生的各电流分量或电压分量的代数和。

(3) 电压、电流的参考方向:如训练图 5 - 1 所示,设电流参考方向由 A 到 B,则当电流从电流表正极流入,从负极流出时,电流表正向偏转,电流的实际方向与参考方向一致;将电流表正负极反接交换后,读取读数,电流即为负值,电流的实际方向与参考方向相反。

电压的参考方向和测量时正负值的确定与电流类似。

训练图 5 - 1 电压、电流的参考方向

3. 训练设备

(1) 直流稳压电源(DA1718 型),1 台;

(2) 万用表(500 型),1 块;

(3) 线路板,1 块;

(4) 表笔导线若干。

4. 训练内容

(1) 按训练图 5 - 2 接线,调稳压电源电压 $U_{s1} = 9$ V(左边),$U_{s2} = 6$ V(右边),用万用表电压挡测出,然后将左右两路电源接入电路板。

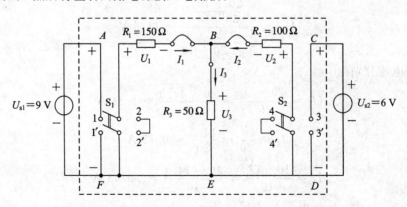

训练图 5 - 2 叠加定理训练图

(2) 两电源共同作用时,测量各电流、电压值。开关 S_1、S_2 分别合向 1 - 1′、3 - 3′,接通 U_{s1}、U_{s2},上面的接线端子用导线连接。电压挡量程取 10 V,电流挡量程取 100 mA(根据预习中计算出的电流值和电压值,选取万用表电压挡和电流挡的合适量程),根据图中电压、电流的参考方向,测量各电流、电压值,并确定正负号,记入训练表 5 - 1 中。

(3) 电源 U_{s1} 单独作用时,测量各电流、电压值。开关 S_1 合向 1 - 1′,开关 S_2 合向 4 - 4′,电源 U_{s2} 不作用,按上述方法测出 U_1'、U_2'、U_3' 和 I_1'、I_2'、I_3',并确定正负号,记入训练表 5 - 2 中。

（4）电源 U_{s2} 单独作用时，测量各电流、电压值。开关 S_1 合向 $2-2'$，开关 S_2 合向 $3-3'$，电源 U_{s1} 不作用，按上述方法测出 U_1''、U_2''、U_3'' 和 I_1''、I_2''、I_3''，并确定正负号，记入训练表 5-2 中。

训练表 5-1　电路支路电流测量和电阻元件上电压测量

电　　源	电流/mA			验证 KCL	电压/V		
	I_1	I_2	I_3	节点 B：$\sum I=$?	U_1	U_2	U_3
U_{s1} 和 U_{s2} 共同作用							

训练表 5-2　叠加定理验证

电源	电流/mA			电压/V		
U_{s1} 单独作用	I_1'	I_2'	I_3'	U_1'	U_2'	U_3'
U_{s2} 单独作用	I_1''	I_2''	I_3''	U_1''	U_2''	U_3''
验证叠加定理	$I_1=I_1'+I_1''$	$I_2=I_2'+I_2''$	$I_3=I_3'+I_3''$	$U_1=U_1'+U_1''$	$U_2=U_2'+U_2''$	$U_3=U_3'+U_3''$

5．训练注意事项

（1）用电流插头测量各支路电流时，应注意仪表的极性。

（2）注意仪表量程的及时更换。

6．思考题

（1）根据训练表 5-1 和训练表 5-2 的实验数据，验证 KCL 和叠加定理的正确性，分析产生误差的原因。

（2）训练中为什么要假定电流、电压的参考方向？与电流、电压的测量及数值正负有什么关系？

（3）用训练数据验证 R_3 上的功率是否符合叠加定理，思考叠加定理为什么不适用于功率计算。

7．训练报告

（1）用训练数据验证电路各元件上的电压、电流、功率是否符合叠加定理。

（2）用训练数据验证电路各元件上的功率是否符合叠加定理，并作解释。

2.6　叠　加　定　理

叠加定理是线性电路的一个基本定理。叠加定理可表述如下：在线性电路中，当有两个或两个以上的独立电源作用时，任意支路的电流或电压都可以认为是电路中各个电源单独作用而其他电源不作用时，在该支路中产生的各电流分量或电压分量的代数和。下面通过图 2-6-1(a)中 R_2 支路电流 I 为例说明叠加定理在线性电路中的应用。

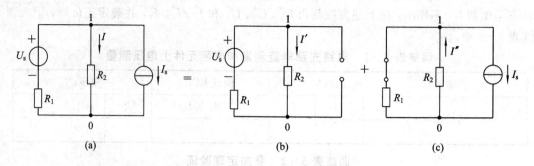

图 2-6-1 叠加定理举例

图 2-6-1(a)是一个含有两个独立源的线性电路，根据弥尔曼定理，可得这个电路两个节点间的电压为

$$U_{10} = \frac{\dfrac{U_s}{R_1} - I_s}{\dfrac{1}{R_1} + \dfrac{1}{R_2}} = \frac{R_2 U_s - R_1 R_2 I_s}{R_1 + R_2}$$

R_2 支路的电流

$$I = \frac{U_{10}}{R_2} = \frac{U_s - R_1 I_s}{R_1 + R_2} = \frac{U_s}{R_1 + R_2} - \frac{R_1}{R_1 + R_2} I_s$$

图 2-6-1(b)是电压源 U_s 单独作用下的情况。此情况下电流源的作用为零，零电流源相当于无穷大电阻（即开路）。在 U_s 单独作用下，R_2 支路电流为

$$I' = \frac{U_s}{R_1 + R_2}$$

图 2-6-1(c)是电流源 I_s 单独作用下的情况。此情况下电压源的作用为零，零电压源相当于零电阻（即短路）。在 I_s 单独作用下，R_2 支路电流为

$$I'' = \frac{R_1}{R_1 + R_2} I_s$$

求所有独立源单独作用下 R_2 支路电流的代数和，得

$$I' - I'' = \frac{U_s}{R_1 + R_2} - \frac{R_1}{R_1 + R_2} I_s = I$$

对 I' 取正号，是因为它的参考方向与 I 的参考方向一致；对 I'' 取负号，是因为它的参考方向与 I 的参考方向相反。

使用叠加定理时，应注意以下几点：

（1）只能用来计算线性电路的电流和电压，对非线性电路，叠加定理不适用。

（2）叠加时要注意电流和电压的参考方向，求其代数和。

（3）化为几个单独电源的电路来进行计算时，电压源单独作用，电流源处用开路代替，电流源单独作用，电压源处用短路代替。

（4）不能用叠加定理直接计算功率。

叠加定理在线性电路分析中起重要作用，它是分析线性电路的基础。线性电路的许多定理可从叠加定理导出。

独立电源代表外界对电路的作用，我们称其为激励。激励在电路中产生的电流和电压称为响应。由线性电路的性质得知：当电路中只有一个激励时，电路的响应与激励成正比。这个关系称为**齐性定理**。用齐性定理分析梯形电路比较方便。

【**例 2 - 12**】　图 2 - 6 - 2(a)所示的桥形电路中 $R_1 = 2\ \Omega$，$R_2 = 1\ \Omega$，$R_3 = 3\ \Omega$，$R_4 = 0.5\ \Omega$，$U_s = 4.5\ \text{V}$，$I_s = 1\ \text{A}$。试用叠加定理求电压源的电流 I 和电流源的端电压 U。

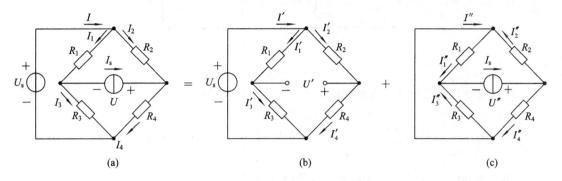

图 2 - 6 - 2　例 2 - 12 图

解　(1) 当电压源单独作用时，电流源开路，如图 2 - 6 - 2(b)所示，各支路电流分别为

$$I_1' = I_3' = \frac{U_s}{R_1 + R_3} = \frac{4.5}{2+3} = 0.9\ \text{A}$$

$$I_2' = I_4' = \frac{U_s}{R_2 + R_4} = \frac{4.5}{1+0.5} = 3\ \text{A}$$

$$I' = I_1' + I_2' = 0.9 + 3 = 3.9\ \text{A}$$

电流源支路的端电压 U' 为

$$U' = R_4 I_4' - R_3 I_3' = 0.5 \times 3 - 3 \times 0.9 = -1.2\ \text{V}$$

(2) 当电流源单独作用时，电压源短路，如图 2 - 6 - 2(c)所示，各支路电流为

$$I_1'' = \frac{R_3}{R_1 + R_3} I_s = \frac{3}{2+3} \times 1 = 0.6\ \text{A}$$

$$I_2'' = \frac{R_4}{R_2 + R_4} I_s = \frac{0.5}{1+0.5} \times 1 = 0.333\ \text{A}$$

$$I'' = I_1'' - I_2'' = 0.6 - 0.333 = 0.267\ \text{A}$$

电流源的端电压为

$$U'' = R_1 I_1'' + R_2 I_2'' = 2 \times 0.6 + 1 \times 0.333 = 1.533\ \text{V}$$

(3) 两个独立源共同作用时，电压源的电流为

$$I = I' + I'' = 3.9 + 0.267 = 4.167\ \text{A}$$

电流源的端电压为

$$U = U' + U'' = -1.2 + 1.533 = 0.333\ \text{V}$$

【**例 2 - 13**】　求图 2 - 6 - 3 所示梯形电路中支路电流 I_5。

解　此电路是简单电路，可以用电阻串并联的方法化简，但这样很繁琐。为此，可应用齐性定理采用"倒推法"来计算。

先给出 I_5 一个假定值，用 I_5' 表示。

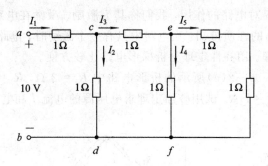

图 2-6-3 例 2-13 图

依次推算出其他电压、电流的假定值，设 $I_5' = 1$ A，则

$$U_{ef}' = 2 \text{ V}, \ I_3' = I_4' + I_5' = 3 \text{ A}$$

$$U_{cd}' = U_{ce}' + U_{ef}' = 5 \text{ V}, \ I_1' = I_2' + I_3' = 8 \text{ A}$$

$$U_{ab}' = U_{ac}' + U_{cd}' = 13 \text{ V}$$

由于实际电压为 10 V，根据齐性定理可计算得

$$I_5 = 1 \times \frac{10}{13} = 0.769 \text{ A}$$

技能训练六　有源二端网络的研究

1. 训练目的

(1) 用实验方法验证戴维南定理；

(2) 掌握有源二端网络开路电压 U_{oc} 和输入端等效电阻 R_i 的测定方法；

(3) 理解负载获最大功率的阻抗匹配条件。

2. 原理说明

1) 戴维南定理

含独立源的线性二端电阻网络，对其外部而言，都可以用电压源和电阻串联组合等效代替，该电压源的电压等于网络的开路电压，该电阻等于网络内部所有独立源作用为零的情况下网络的等效电阻。这就是戴维南定理。

2) 开路电压 U_{oc} 的测定方法

(1) 直接测量：有源二端网络输入端等效电阻 R_i 与电压表内阻 R_V 相比可忽略不记时，用电压表直接测量开路电压 U_{oc}（如训练图 6-1）。

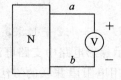

训练图 6-1　直接测量

（2）补偿法：当输入端等效电阻 R_i 较大时，用电压表直接测量误差较大，采用补偿法测 U_{oc} 较准确。训练图 6-2 中，U_{s1} 为另一直流电压源，可变电阻 R 接成分压器使用，调节可变电阻，使检流计指示为 0，电压表的读数即为开路电压 U_{oc}。

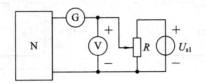

训练图 6-2 补偿法

3）输入端等效电阻 R_i 的测定方法

（1）外加电压源：使有源二端网络内独立源作用为 0，端钮上外加电源电压 U，测量端钮电流 I，如训练图 6-3 所示，则 $R_i = \dfrac{U}{I}$。

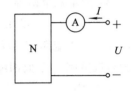

训练图 6-3 外加电压源

（2）开路短路法：分别测量有源二端网络的开路电压 U_{oc} 和短路电流 I_{sc}，则 $R_i = \dfrac{U_{oc}}{I_{sc}}$。

（3）半偏法：先测出有源二端网络的开路电压 U_{oc}，再按训练图 6-4 接线，R_L 为电阻箱电阻，调 R_L 使其端电压 U_{R_L} 即电压表的读数为开路电压 U_{oc} 的一半，即 $U_{R_L} = \dfrac{1}{2}U_{oc}$，此时 $R_L = R_i$。本次实验测 R_i 即采用半偏法。

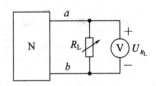

训练图 6-4 半偏法

（4）当负载电阻等于等效电源内阻，即 $R_L = R_i$ 时，负载 R_L 将获得最大功率，此时称负载阻抗匹配。

3．训练设备

（1）直流稳压电源；

（2）万用表；

（3）电压表；

（4）线路板；

（5）电阻箱。

4．训练内容

（1）测量有源二端网络的开路电压 U_{oc} 和输入端等效电阻 R_i。

调节直流稳压电源 $U_s = 10$ V（用电压表测出），然后与电路板相连接组成有源二端网络，如训练图 6-5 所示。用直接测量法测出 ab 端开路电压 U_{oc}，然后在 ab 端接电阻箱，采用半偏法调电阻箱电阻，使其两端电压表电压为 $\dfrac{1}{2}U_{oc}$，则电阻箱电阻即为入端电阻 R_i（训练如图 6-6 所示）。将 U_{oc} 和 R_i 的数据记入训练表 6-1 中。

（2）测定有源二端网络的外特性。

在有源二端网络的 ab 端钮上按训练图 6-7 接线，取电阻箱电阻 R_L 为训练表 6-1 中所列各值,用电压表和电流表测出相应的电压和电流并记入训练表 6-1 中。

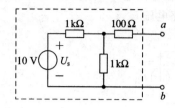 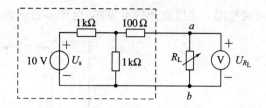

训练图 6-5　有源二端网络的开路电压的测量　　训练图 6-6　有源二端网络的入端等效电压的测量

（3）测定戴维南等效电路的外特性。

按训练图 6-8 接线,图中 U_{oc} 和 R_i 即为训练内容（1）中有源二端网络的开路电压 U_{oc} 和输入端等效电阻 R_i,U_{oc} 从直流稳压电源取得,R_i 从电阻箱取得。a、b 端接另一电阻箱作为负载电阻 R_L,取训练表 6-1 中所列各电阻值,测出相应的端电压 U 和电流 I,记入训练表 6-1 中。

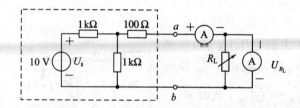 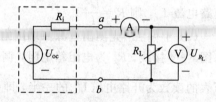

训练图 6-7　有源二端网络的外特性的测量　　训练图 6-8　戴维南等效电路的外特性的测量

训练表 6-1　有源二端网络的研究

有源二端网络		开路电压 $U_{oc}=$		V				入端等效电阻 $R_i=$				Ω
负载电阻 R_L/Ω		0	100	200	300	400	450	500	600	700	800	900
有源二端网络	U/V											
	I/mA											
	$P=I^2R_L/W$											
戴维南等效电路	U/V											
	I/mA											
	$P=I^2R_L/W$											

5. 训练注意事项

（1）测量时,注意电流表量程的更换。

（2）改接线路时,要关掉电源。

6. 思考题

（1）如何测量电路开路电压?

（2）如何测量电路短路电流?

（3）如何测量电路等效电源内阻？

（4）为什么当负载电阻等于等效电源内阻，即 $R_L = R_i$ 时，负载 R_L 将获得最大功率？

7. 训练报告

（1）根据训练表 6-1 的实验数据，绘出有源二端网络和戴维南等效电路的外特性即 $U-I$ 曲线。根据特性曲线说明两个电路等效的意义。

（2）根据训练表 6-1 的实验数据，绘出有源二端网络的负载功率与负载电阻 R_L 的关系曲线[$P = f(R_L)$]，在曲线上找出负载功率的最大值点，该点是否符合 $R_L = R_i$ 的条件？

2.7　戴维南定理与诺顿定理

在某些情况下，我们只需计算复杂电路中某一特定支路的电流或电压，为了使计算简便，可不必如前面所述对复杂电路进行全面求解来算出这一支路的电流或电压值，这就要用到戴维南定理与诺顿定理。

任何一个具有两个端钮的网络，不管其内部结构如何，都称为二端网络，也称为单口网络。网络内部若含有独立电源（电压源或电流源），则称为有源二端网络，否则称为无源二端网络。

2.7.1　戴维南定理

对于任意线性有源二端网络，对外电路的作用可以用一个理想电压源和电阻串联组合来等效代替，其中电压源的电压等于该二端网络的开路电压 U_{oc}，电阻 R_i 等于有源二端网络除去电源（理想电压源短路，理想电流源开路）后所得无源二端网络的等效电阻，这就是戴维南定理。

戴维南定理可用图 2-7-1 所示图形描述。

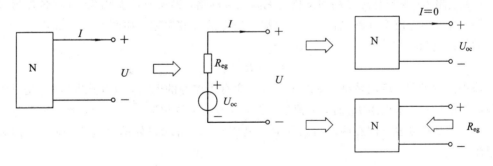

图 2-7-1　戴维南定理

在实际应用中，戴维南定理常用来分析和计算复杂电路中某一支路的电流（或电压）。方法是：先将待求支路断开，则待求支路以外的部分就是一个有源二端网络，这时先应用戴维南定理求出该有源二端网络的开路电压 U_{oc} 和电阻 R_{eq}，然后接上待求支路，即可求得待求量。

图 2-7-2(a) 所示为含源二端网络（虚线内部的电路）与外电路电阻 R 串联的电路。根据戴维南定理，含源二端网络（图 2-7-2(a) 中虚线内部的电路）对外电路的作用可用图

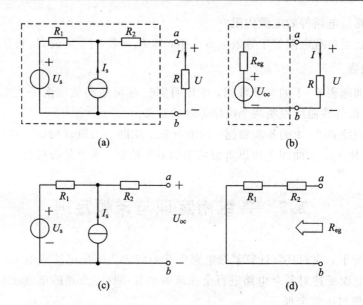

图 2-7-2　戴维南定理的应用

2-7-2(b)中虚线内部的电路来等效。所谓等效，是对外部电路而言的，即变换前后该网络的端口电压 U 和电流 I 保持不变。

图 2-7-2(b)的等效电路是一个简单电路，其中电流可由下式计算：

$$I = \frac{U_{oc}}{R_{eq} + R} \qquad (2-7-1)$$

等效电压源电压 U_{oc} 和电阻 R_{eq} 可通过下述方法计算：

(1)电压 U_{oc} 在数值上等于把外电路断开后 a、b 两端之间的电压，即二端网络的开路电压。如图 2-7-2(c)所示，该电路的开路电压为

$$U_{oc} = I_s R_1 + U_s$$

(2)电阻 R_{eq} 等于有源二端网络化为无源二端网络，即所有电源均除去(将各理想电压源短路，将理想电流源开路)后从 a、b 两端看进去的等效电阻。如图 2-7-2(d)所示，该电路的等效电阻为

$$R_{eq} = R_1 + R_2$$

值得注意的是，应用戴维南定理时，遇到含有受控源的电路，求开路电压 U_{oc} 是对含受控源电路的计算。求电阻 R_{eq} 时，去掉独立源，受控源要同电阻一样保留，此时等效电阻的计算采用外加电源法，即在两端口处外加一电压 U，求得端口处的电流 I，则 U/I 即为等效电阻 R_{eq}。

【例 2-14】　求图 2-7-3(a)所示电路的戴维南等效电路。

解　先求开路电压 U_{oc}，如图 2-7-3(a)所示：

$$I_1 = \frac{2.5}{0.2 + 0.4} = 4.2 \text{ mA}$$

$$I_2 = 5 \text{ mA}$$

$$U_{oc} = -1.8 I_2 + 0.4 I_1 = -1.8 \times 5 + 0.4 \times 4.2 = -7.32 \text{ V}$$

然后求等效电阻 R_{eq}，如图 2-7-3(b)所示：

$$R_{eq} = 1.8 + \frac{0.2 \times 0.4}{0.2 + 0.4} = 1.93 \text{ k}\Omega$$

画出戴维南等效电路，如图 2-7-3(c)所示。

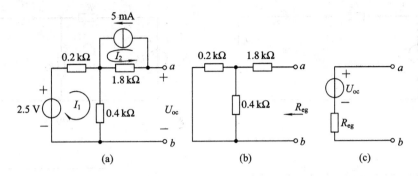

图 2-7-3 例 2-14 图

【例 2-15】 图 2-7-4(a)所示为一不平衡电桥电路，试求检流计的电流 I。

解 将检流计从 a、b 处断开，余下的部分是有源二端网络，利用戴维南定理求解：

$$U_{oc} = 5I_1 - 5I_2 = 5 \times \frac{12}{5+5} - 5 \times \frac{12}{10+5} = 2 \text{ V}$$

$$R_{eq} = \frac{5 \times 5}{5+5} + \frac{10 \times 5}{10+5} = 5.83 \ \Omega$$

$$I = \frac{U_{oc}}{R_{eq} + R_g} = \frac{2}{5.83 + 10} = 0.126 \text{ A}$$

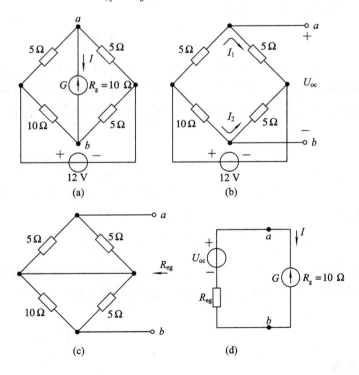

图 2-7-4 例 2-15 图

【例 2 - 16】 图 $2-7-5$(a)所示电路中，已知 $R_1 = 6\ \Omega$，$R_2 = 4\ \Omega$，$U_s = 10$ V，$I_s = 4$ A，$r = 10\ \Omega$，用戴维南定理求电流源的端电压 U_3。

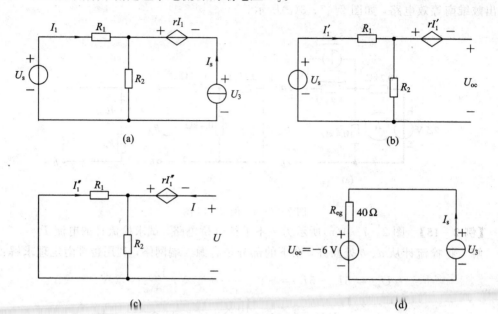

图 $2-7-5$　例 $2-16$ 图

解　将待求支路断开，即将电流源从原电路中断开移去，如图 $2-7-5$(b)所示，求开路电压 U_{oc}。因为端钮电流为零，所以有

$$I'_1 = \frac{U_s}{R_1 + R_2} = \frac{10}{6+4} = 1\ \text{A}$$

$$U_{oc} = -rI'_1 + I'_1 R_2 = -10 \times 1 + 1 \times 4 = -6\ \text{V}$$

做出相应的无源二端网络，如图 $2-7-5$(c)所示。注意该图中仅将原网络中的电压源看作短路，而保留了受控电压源，利用外加电源法，在端钮间外加一电压 U，端钮处电流为 I，则

$$I''_1 = -\frac{R_1 + R_2}{R_2}I = -\frac{4+6}{4}I = -2.5I$$

$$U = -rI''_1 - R_1 I''_1 = -10 \times (-2.5I) - 6 \times (-2.5I) = 40I$$

所以其等效电阻为

$$R_{eq} = \frac{U}{I} = 40\ \Omega$$

做出戴维南等效电路并与待求支路相连，如图 $2-7-5$(d)所示。因为计算出的 $U_{oc} = -6$ V，因而图(a)所示电路中的等效电压源的实际极性为上负下正。由图 $2-7-5$(d)可求得

$$U_3 = I_s R_{eq} + U_{oc} = 4 \times 40 - 6 = 154\ \text{V}$$

2.7.2 诺顿定理

在戴维南定理中等效电源是用电压源来表示的，根据前面所述，一个电源除了可以用

理想电压源和电阻串联的电源模型表示外，还可以用理想电流源和电阻并联的电源模型来等效。

诺顿定理的内容是：任何一个线性有源二端网络，对外电路来说，可以用一个理想电流源和电阻并联组合来等效代替，其中理想电流源的电流 I_s 等于二端网络的短路电流 I_{sc}（即将两端钮短接后其中的电流），电阻 R_{eq} 等于有源二端网络中所有电源均除去（理想电压源短路，理想电流源开路）后所得无源二端网络的等效电阻。

【例 2 - 17】　如图 2 - 7 - 6(a)所示电路，用诺顿定理求电阻 R_3 上的电流 I_3。

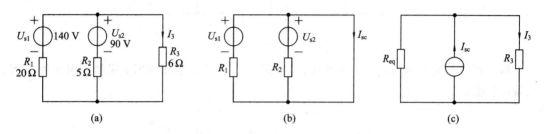

图 2 - 7 - 6　例 2 - 17 图

解　将 R_3 电阻支路短路，电路的其余部分构成一个有源二端网络，求此网络的短路电流 I_{sc}，电路如图 2 - 7 - 6(b)所示，计算如下：

$$I_{sc} = \frac{U_{s1}}{R_1} + \frac{U_{s2}}{R_2} = \frac{140}{20} + \frac{90}{5} = 25 \text{ A}$$

无源二端网络等效电阻为

$$R_{eq} = \frac{R_1 R_2}{R_1 + R_2} = \frac{20 \times 5}{20 + 5} = 4 \text{ } \Omega$$

化简后的等效电路如图 2 - 7 - 6(c)所示。由分流公式得 R_3 上的电流为

$$I_3 = \frac{R_{eq}}{R_{eq} + R_3} I_{sc} = \frac{4}{4 + 6} \times 25 = 10 \text{ A}$$

2.7.3　含受控源电路的分析

以上介绍的各种方法和定理都可用来计算有受控源的电路，下面简要介绍含受控源电路的特点。

（1）受控电压源和电阻串联组合与受控电流源和电阻并联组合之间，像独立源一样可以进行等效变换。但在变换过程中，必须保留控制变量的所在支路。

（2）应用网络方程法分析和计算含受控源的电路时，受控源按独立源一样对待和处理，但在网络方程中，要将受控源的控制量用电路变量来表示，即在节点方程中受控源的控制量用节点电压表示，在网孔方程中受控源的控制量用网孔电流表示。

（3）用叠加定理求每个独立源单独作用下的响应时，受控源要像电阻那样全部保留。同样，用戴维南定理求网络除源后的等效电阻时，受控源也要全部保留。

（4）含受控源的二端电阻网络，其等效电阻可能为负值，这表明该网络向外部电路发出能量。

【例 2 - 18】　电路如图 2 - 7 - 7 所示。已知 $g = 2$ S，求节点电压和受控电流源发出的功率。

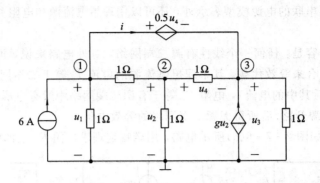

图 2-7-7 例 2-18 图

解 首先把受控源当独立电源处理,当电路中存在受控电压源时,应增加电压源电流变量 i 来建立节点方程:

$$(1+1)u_1 - 1 \cdot u_2 = 6 - i$$
$$-1 \cdot u_1 + (1+1+1)u_2 - 1 \cdot u_3 = 0$$
$$-1 \cdot u_2 + (1+1)u_3 = gu_2 + i$$

补充方程

$$u_1 - u_3 = 0.5u_4 = 0.5(u_2 - u_3)$$

代入 $g=2\ \text{S}$,消去电流 i,经整理得到以下节点方程:

$$2u_1 - 4u_2 + 2u_3 = 6$$
$$-u_1 + 3u_2 - u_3 = 0$$
$$u_1 - 0.5u_2 - 0.5u_3 = 0$$

求解可得

$$u_1 = 4\ \text{V},\ u_2 = 3\ \text{V},\ u_3 = 5\ \text{V}$$

受控电流源发出的功率为

$$p = u_3(gu_2) = 5 \times 2 \times 3 = 30\ \text{W}$$

注意:如问吸收的功率,则计算公式要加负号。

2.8 最大功率传输定理

在测量、电子和信息工程的电子设备设计中,常常遇到电阻负载如何从电路获得最大功率的问题。这类问题可以抽象为图 2-8-1(a)所示的电路模型来分析。

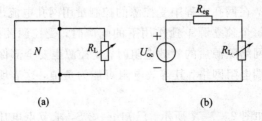

(a)   (b)

图 2-8-1 最大功率传输定理

网络 N 表示供给电阻负载能量的含源线性电阻单口网络，它可用戴维南等效电路来代替，如图 $2-8-1$(b)所示。电阻 R_L 表示获得能量的负载。此处要讨论的问题是电阻 R_L 为何值时，可以从单口网络获得最大功率。写出负载 R_L 吸收功率的表达式

$$p = R_L i^2 = \frac{R_L u_{oc}^2}{(R_{eq} + R_L)^2}$$

欲求 p 的最大值，应满足 $\mathrm{d}p/\mathrm{d}R_L = 0$，即

$$\frac{\mathrm{d}p}{\mathrm{d}R_L} = \frac{(R_{eq} - R_L)u_{oc}^2}{(R_{eq} + R_L)^3} = 0$$

由此式求得 p 为极大值或极小值的条件是

$$R_L = R_{eq} \qquad\qquad (2-8-1)$$

由于

$$\left.\frac{\mathrm{d}^2 p}{\mathrm{d}R_L^2}\right|_{R_L = P_{eq}} = \left.\frac{u_{oc}^2}{8R_{eq}^3}\right|_{R_{eq}>0} < 0$$

由此可知，当 $R_{eq} > 0$ 且 $R_L = R_{eq}$ 时，负载电阻 R_L 从单口网络获得最大功率。

最大功率传输定理：含源线性电阻单口网络($R_{eq} > 0$)向可变电阻负载 R_L 传输最大功率的条件是：负载电阻 R_L 与单口网络的输出电阻 R_{eq} 相等。满足 $R_L = R_{eq}$ 条件时，称为最大功率匹配，此时负载电阻 R_L 获得的最大功率为

$$p_{max} = \frac{u_{oc}^2}{4R_{eq}} \qquad\qquad (2-8-2)$$

若用诺顿等效电路，则可表示为

$$p_{max} = \frac{R_{eq} i_{sc}^2}{4} \qquad\qquad (2-8-3)$$

满足最大功率匹配条件($R_L = R_{eq} > 0$)时，R_{eq} 吸收功率与 R_L 吸收功率相等，对电压源 u_{oc} 而言，功率传输效率 $\eta = 50\%$，对单口网络 N 中的独立源而言，效率可能更低。电力系统要求尽可能提高效率，以便更充分地利用能源，而不能采用功率匹配条件。但是在测量、电子与信息工程中，常常着眼于从微弱信号中获得最大功率，而不看重效率的高低。

【例 2-19】　电路如图 $2-8-2$(a)所示。试求：

(1) R_L 为何值时获得最大功率；

(2) R_L 获得的最大功率；

(3) 10 V 电压源的功率传输效率。

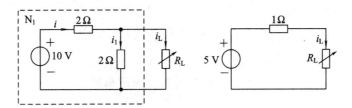

图 $2-8-2$　例 $2-19$

解　(1) 断开负载 R_L，求得单口网络 N_1 的戴维南等效电路参数为

$$u_{oc} = \frac{2}{2+2} \times 10 \text{ V} = 5 \text{ V} \qquad R_{eq} = \frac{2 \times 2}{2+2} \Omega = 1 \Omega$$

如图 2-8-2(b)所示,由此可知当 $R_L = R_{eq} = 1\ \Omega$ 时可获得最大功率。

(2) 由式(2-8-2)求得 R_L 获得的最大功率:

$$p_{max} = \frac{u_{oc}^2}{4R_{eq}} = \frac{25}{4 \times 1} = 6.25\ \text{W}$$

(3) 计算 10 V 电压源发出的功率。当 $R_L = 1\ \Omega$ 时,有

$$i_L = \frac{u_{oc}}{R_{eq} + R_L} = 2.5\ \text{A}$$

$$u_L = R_L i_L = 2.5\ \text{V}$$

$$i = i_1 + i_L = \frac{2.5}{2} + 2.5 = 3.75\ \text{A}$$

$$p = 10 \times 3.75 = 37.5\ \text{W}$$

10 V 电压源发出 37.5 W 功率,电阻 R_L 吸收功率为 6.25 W,其功率传输效率为

$$\eta = \frac{6.25}{37.5} \approx 16.7\%$$

本 章 小 结

1. 等效变换

(1) n 个电阻串联:

等效电阻:

$$R = \sum_{k=1}^{n} R_k$$

分压公式:

$$U_j = U \frac{R_j}{R}$$

(2) n 个电导并联:

等效电导:

$$G = \sum_{k=1}^{n} G_k$$

分流公式:

$$I_j = I \frac{G_j}{G}$$

(3) △-Y 电阻网络的等效变换:

$$R_Y = \frac{\triangle\,形相邻两电阻的乘积}{\triangle\,形电阻之和}$$

$$R_\triangle = \frac{Y\,形相邻两电阻的乘积之和}{Y\,形不对应电阻}$$

三个电阻相等时,$R_Y = \frac{1}{3}R_\triangle$ 或 $R_\triangle = 3R_Y$。

(4) 两种电源模型的等效互换条件:

$$I_s = \frac{U_s}{R} \text{ 或 } U_s = RI_s$$

R 的大小不变，只是连接位置改变。

电流源与任何线性元件串联都可以等效成电流源本身；电压源与任何线性元件并联都可以等效成电压源本身。

实际电压源可以看成是电压源 U_s 与电阻 R 的串联电路；实际电流源可以看成是电流源 I_s 与电阻 R_i' 的并联电路。

实际受控源的等效变换方法与实际电源的等效变换方法一致。

2. 网络方程法

（1）支路电流法。支路电流法以 b 个支路的电流为未知数，列 $n-1$ 个节点电流方程，用支路电流表示电阻电压，列 $m=b-(n-1)$ 个网孔回路电压方程，共列 b 个方程联立求解。

（2）网孔电流法。网孔电流法只适用于平面电路，以 m 个网孔电流为未知数，用网孔电流表示支路电流、支路电压，列 m 个网孔电压方程联立求解。

（3）节点电压法。节点电压法以 $n-1$ 个节点电压为未知数，用节点电压表示支路电压、支路电流，列 $n-1$ 个节点电流方程联立求解。

3. 网络定理

（1）叠加定理。线性电路中，每一支路的响应等于各独立源单独作用下在此支路所产生的响应的代数和。

（2）戴维南定理。含独立源的二端线性电阻网络，对其外部而言都可用电压源和电阻串联组合等效代替。电压源的电压等于网络的开路电压 U_{oc}，电阻 R_{eq} 等于网络除源后的等效电阻。

（3）诺顿定理。任何一个线性有源二端网络，对外电路来说，可以用一个理想电流源和电阻并联的电源模型来代替，其中理想电流源的电流 I_s 等于二端网络的短路电流 I_{sc}（即将两端钮短接后其中的电流），电阻 R_{eq} 等于有源二端网络中所有电源均除去（理想电压源短路，理想电流源开路）后所得无源二端网络的等效电阻。

在应用叠加定理、戴维南定理和诺顿定理时，受控源要与电阻一样对待。

4. 最大功率传输定理

含源线性电阻单口网络（$R_{eq} > 0$）向可变电阻负载 R_L 传输最大功率的条件是：负载电阻 R_L 与单口网络的输出电阻 R_{eq} 相等。满足 $R_L = R_o$ 条件时，称为最大功率匹配，此时负载电阻 R_L 获得的最大功率为

$$P_{max} = \frac{u_{oc}^2}{4R_{eq}}$$

习　题　二

2-1　电路及参数如题 2-1 图所示。

（1）求各支路电流 I_1 和 I_2。

（2）分析计算电路中各元件的功率，并说明是发出功率还是吸收功率。

（3）电路的功率是否平衡？

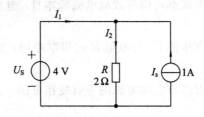

题 2-1 图

2-2 电阻 R_1、R_2 串联后接在电压为 36 V 的电源上，电流为 4 A；并联后接在同一电源上，电流为 18 A。

（1）求电阻 R_1 和 R_2。

（2）并联时，每个电阻吸收的功率为串联时的几倍？

2-3 试等效简化题 2-3 图所示的各网络。

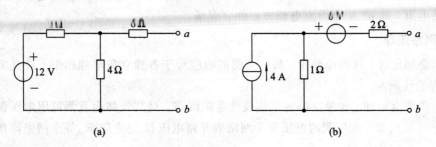

(a)　　　　　　　　　(b)

题 2-3 图

2-4 电路如题 2-4 图所示，求 R_L 分别等于 1 Ω、2 Ω、4 Ω 时负载获得的功率。

2-5 求题 2-5 图所示桥形电路的总电阻 R_{ab}。

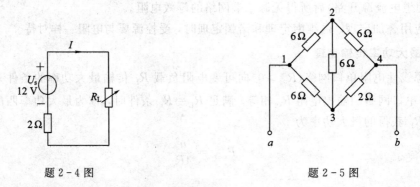

题 2-4 图　　　　　　　题 2-5 图

2-6 求题 2-6 图所示各电路的等效电阻 R_{ab}。

2-7 一个内阻 R_g 为 1 kΩ、电流灵敏度 I_g 为 10 μA 的表头，今欲将其改变装成量程为 100 mA 的电流表，需并联一个多大电阻？

2-8 试求题 2-8 图所示电路中的电流 I。

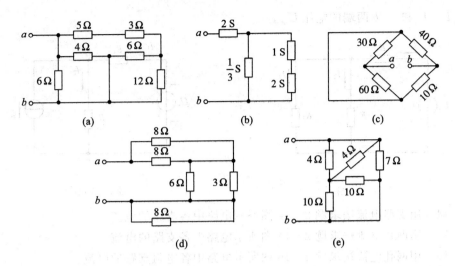

题 2 - 6 图

2 - 9　电路如题 2 - 9 图所示，已知 $R_1 = 12\ \Omega$，$R_2 = 6\ \Omega$，$R_3 = 4\ \Omega$，电源电压 $U = 24$ V，求各支路电流 I_1、I_2、I_3。

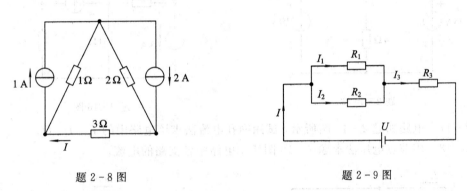

题 2 - 8 图　　　　　　　　　　　　题 2 - 9 图

2 - 10　电路如题 2 - 10 图所示，$R_1 = 2\ \Omega$，$R_2 = 4\ \Omega$，$R_3 = 10\ \Omega$，$U_1 = 18$ V，$U_2 = 6$ V，$U_3 = 4$ V，用支路电流法求出各支路的电流。

2 - 11　电路如题 2 - 11 图所示，用支路电流法求电路各支路的电流。

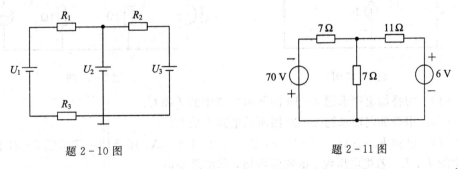

题 2 - 10 图　　　　　　　　　　题 2 - 11 图

2 - 12　电路如题 2 - 12 图所示，已知 $R_1 = 1\ \Omega$，$R_2 = 3\ \Omega$，$R_3 = 6\ \Omega$，$U_s = 9$ V，求支路电流 I_1、I_2、I_3。

2 - 13　电路如题 2 - 13 图所示，已知 $R_1 = 2\ \Omega$，$R_2 = 2\ \Omega$，$U_s = 12$ V，$I_s = 2$ A，求支

路电流 I_1、I_2 和 a、b 两端的电压 U_{ab}。

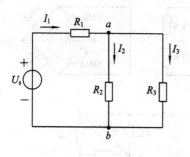

题 2-12 图　　　　　　　　题 2-13 图

2-14　用支路电流法求题 2-14 图所示电路中各支路的电流。

2-15　用网孔电流法求题 2-14 图所示电路中各支路的电流。

2-16　用网孔电流法求题 2-16 图所示电路中各电阻支路的电流。

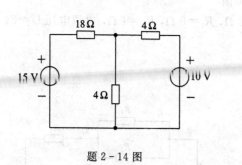

题 2-14 图　　　　　　　　题 2-16 图

2-17　电路如题 2-17 图所示，试用网孔电流法求该电路中的 I_1、I_2、U。

2-18　用节点电压法求题 2-18 图所示电路中各支路的电流。

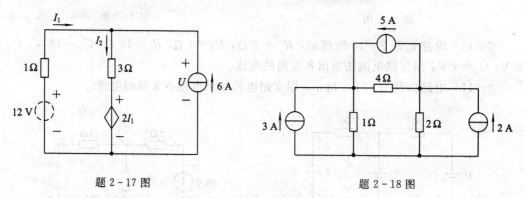

题 2-17 图　　　　　　　　题 2-18 图

2-19　用叠加定理求题 2-19 图所示电路中的 I 和 U。

2-20　用叠加定理求题 2-20 图所示电路中的 U。

2-21　已知 $R_1 = 6\ \Omega$，$U_s = 10\ \text{V}$，$R_2 = 4\ \Omega$，$I_s = 4\ \text{A}$，用叠加定理求题 2-21 图所示电路中的 I_1、I_2，若把电压源、电流源增倍，其结果如何？

2-22　电路如题 2-22 图所示，用戴维南定理求图中支路电流 I 的值。

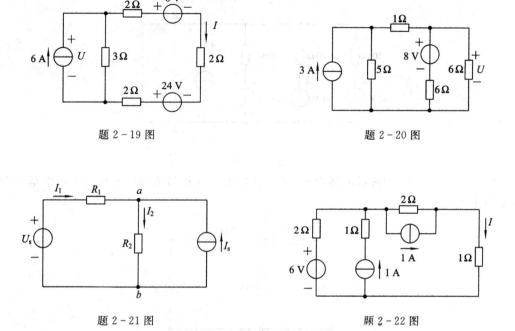

题 2 - 19 图　　　　　　　　　　　　　题 2 - 20 图

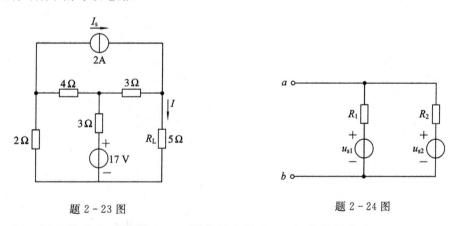

题 2 - 21 图　　　　　　　　　　　　　题 2 - 22 图

2 - 23　电路如题 2 - 23 图所示，求负载电阻 R_L 上消耗的功率 P_L。

2 - 24　电路如题 2 - 24 图所示，已知 $u_{s1} = 80$ V，$u_{s2} = 40$ V，$R_1 = 4\,\Omega$，$R_2 = 16\,\Omega$。求 a、b 两端的戴维南等效电路。

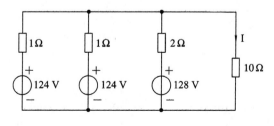

题 2 - 23 图　　　　　　　　　　　　　题 2 - 24 图

2 - 25　用戴维南定理求题 2 - 25 图所示电路中 10 Ω 电阻的电流 I。

题 2 - 25 图

2 - 26 求题 2 - 26 图所示电路的诺顿等效电路。

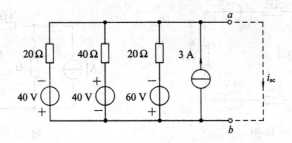

题 2 - 26 图

2 - 27 题 2 - 27 图所示电路中 R_L 为何值时它可获得最大功率？其最大功率是多少？传输效率是多少？

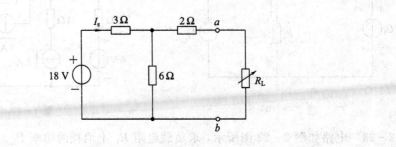

题 2 - 27 图

第三章　线性动态电路分析

【学习目标】

- 掌握动态电路的相关概念。
- 掌握动态电路的分析方法。

技能训练七　*RC* 一阶电路的零输入响应研究

1. 训练目的

(1) 加深对一阶电路动态过程的理解。

(2) 掌握用示波器等仪器测试一阶电路动态过程的方法。

(3) 学习测定一阶电路时间常数的方法。

2. 原理说明

1) 零输入响应

技能训练电路如训练图 7-1 所示，当电容充电至电压 U_s 时，将开关 S 合至 2（计时开始，$t=0$），*RC* 电路便短接放电。电容电压 u_C 和放电电流 i 分别为

$$u_C = U_s e^{-\frac{t}{\tau}}, \quad i = -\frac{U_s}{R} e^{-\frac{t}{\tau}}$$

它们的曲线如训练图 7-2 所示。i 的实际方向与训练图 7-1 中箭头所标的方向相反。

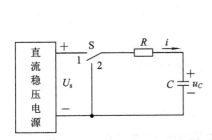

训练图 7-1　*RC* 充、放电电路

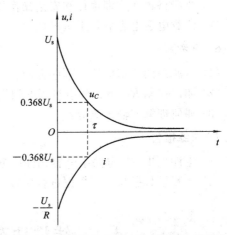

训练图 7-2　一阶零输入响应的电压和电流变化曲线

2) 时间常数的测定

在电容充电过程中，$t=\tau$ 时，$u_C = 0.632U_s$；在电容放电过程中，$t=\tau$ 时，$u_C =$

$0.368U_s$。故由充、放电过程 u_C 的曲线可测得时间常数 τ。改变 R 和 C 的数值，也就改变了 τ。若增大 τ，充、放电过程变慢，过渡过程的时间增长；反之，则缩短。

3. 训练设备

（1）RC 电路板 1 块；

（2）双踪示波器 1 台；

（3）方波发生器 1 台；

（4）单刀双掷开关 1 只。

4. 训练内容

（1）技能训练电路如训练图 7-3 所示。选择方波的频率为 1 kHz，幅值为 4 V，电路参数为 $R=5$ kΩ、$C=0.02$ μF、$r=1$ Ω，使方波的半周期 $T/2$ 与时间常数 RC 保持约 5：1 的关系。

（2）调节示波器的有关旋钮，使屏幕上显示稳定的 u_C 和 i 的波形，并把波形描绘出来，确认 RC 放电过程。

（3）改变电路的参数，使 R 分别等于 500 Ω 和 50 kΩ，即分别使 $\dfrac{T}{2} \gg 5\tau$ 及 $\dfrac{T}{2} \ll 5\tau$，观察 u_C 和 i 的波形。

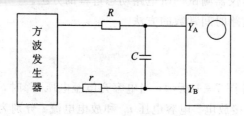

训练图 7-3　技能训练电路

5. 训练注意事项

（1）要严格遵守实训规程和安全操作规程。

（2）注意电解电容器的正负极性。

6. 思考题

（1）示波器的使用应注意哪些方面？

（2）如何控制 RC 电路放电过程的快慢？

（3）如何理解零输入响应？

7. 训练报告

（1）定性画出 RC 电路中电容元件放电过程电压、电流波形。

（2）将测量数据与计算数据进行比较。

3.1　线性动态电路及换路定律

由于电路包含电感、电容等储能元件，因此在电路状态发生改变时，电路中的电流和电压的改变有一定的规律。本章介绍有关动态电路的一些基本概念，即零输入响应、零状态响应、全响应、瞬态和稳态、时间常数等，并在此基础上研究由 RC、RL 组成的一阶电路，总结出分析一阶电路的一般方法——三要素法。

3.1.1　线性电路动态分析

含有动态元件的电路称为动态电路。动态元件是指描述其端口上电压、电流关系的方程是微分方程或积分方程的元件，前面学过的电容元件和电感元件及后面即将学习的耦合电感元件等都是动态元件。

动态元件的一个特征就是当电路的结构或元件的参数发生变化（例如电路中电源或无源元件的断开或接入、信号的突然注入等）时可能使电路改变原来的工作状态，转变到另一个工作状态，这种转变往往需要经历一个过程，在工程上称为过渡过程。上述电路结构或参数变化引起的电路变化统称为换路。

动态电路与电阻电路的重要区别在于：电阻电路不存在过渡过程，而动态电路存在过渡过程。如图 3-1-1 所示，当闭合开关 S 时，会发现电阻支路的灯泡 L_1 立即发光，且亮度不再变化，这说明这一支路没有经历过渡过程，立即进入了新的稳态；电感支路的灯泡 L_2 由暗渐渐变亮，最后达到稳定，这说明电感支路经历了过渡过程；电容支路的灯泡 L_3 由亮变暗直到熄灭，这说明电容支路也经历了过渡过程。

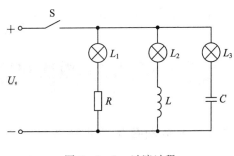

图 3-1-1　过渡过程

这是因为动态（储能）元件换路时能量的储存和释放需要一定时间来完成，表现在：

（1）要满足电荷守恒，即换路瞬间，若电容电流保持为有限值，则电容电压（电荷）在换路前后保持不变；

（2）要满足磁链守恒，即换路瞬间，若电感电压保持有限值，则电感电流（磁链）在换路前后保持不变。

3.1.2　换路定律

通常我们认为换路是在 $t=0$ 时刻进行的。为了叙述方便，把换路前的最终时刻记为 $t=0_-$，把换路后的最初时刻记为 $t=0_+$，换路经历的时间为 0_- 到 0_+。

1. 具有电感的电路

从能量的角度出发，由于电感电路换路瞬间，能量不能发生跃变，即 $t=0_+$ 时刻，电感元件所储存的能量 $\frac{1}{2}Li_L^2(0_+)$ 与 $t=0_-$ 时刻电感元件所储存的能量 $\frac{1}{2}Li_L^2(0_-)$ 相等，因此有：

$$i_L(0_+) = i_L(0_-) \tag{3-1-1}$$

结论：在换路的一瞬间，电感中的电流应保持换路前一瞬间的原有值而不能跃变。

等效原则：在换路的一瞬间，流过电感的电流 $i_L(0_+)=i_L(0_-)=0$，电感相当于开路；$i_L(0_+)=i_L(0_-)\neq0$，电感相当于直流电流源，其电流大小和方向与电感换路瞬间的电流一致。

2. 具有电容的电路

从能量的角度出发，由于电容电路换路的瞬间，能量不能发生跃变，即 $t=0_+$ 时刻，电容元件所储存的能量 $\frac{1}{2}Cu_C^2(0_+)$ 与 $t=0_-$ 时刻电容元件所储存的能量 $\frac{1}{2}Cu_C^2(0_-)$ 相等，因此有：

$$u_C(0_+) = u_C(0_-) \tag{3-1-2}$$

结论：在换路的一瞬间，电容的两端电压应保持换路前一瞬间的原有值而不能跃变。

等效原则：在换路的一瞬间，电容两端电压 $u_C(0_+)=u_C(0_-)=0$，电容相当于短路；$u_C(0_+)=u_C(0_-)\neq0$，电容相当于直流电压源，其电压大小和方向与电容换路瞬间的电压一致。

3. 换路定律

在换路瞬间，电感中的电流不发生跃变，电容中的电压不发生跃变。

3.2　电路初始值与稳态值的计算

3.2.1　电路初始值及其计算

换路后的最初一瞬间（即 $t=0_+$ 时刻）的电流、电压值统称为初始值。研究线性电路的过渡过程时，电容电压的初始值 $u_C(0_+)$ 及电感电流的初始值 $i_L(0_+)$ 可按换路定律来确定。其他可以跃变的量的初始值要根据 $u_C(0_+)$、$i_L(0_+)$ 和应用 KVL、KCL 及欧姆定律来确定。其确定初始值的步骤如下：

（1）根据换路前的电路，确定 $u_C(0_-)$、$i_L(0_-)$；

（2）根据换路定则确定 $u_C(0_+)$、$i_L(0_+)$；

（3）根据已求得的 $u_C(0_+)$ 和 $i_L(0_+)$，并根据前述的等效原则，画出 $t=0_+$ 时刻的等效电路；

（4）根据等效电路，运用 KVL、KCL 及欧姆定律来确定其他跃变的量的初始条件。

【例 3-1】　如图 3-2-1(a)所示的电路，在开关闭合前 $t=0_-$ 时刻处于稳态，$t=0$ 时刻开关闭合。求初始值 $i_L(0_+)$、$u_C(0_+)$、$u_1(0_+)$、$u_L(0_+)$、$i_C(0_+)$。

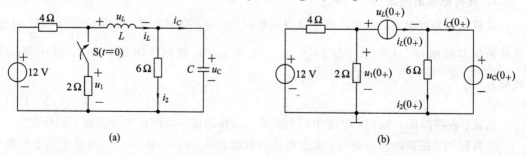

(a)　　　　　　　　(b)

图 3-2-1　例 3-1 图

解　(1) 开关闭合前 $t=0_-$ 时刻，电路是直流稳态，于是求得

$$i_L(0_-) = \frac{12}{4+6} = 1.2 \text{ A}, \quad u_C(0_-) = 6 \times i_L(0_-) = 7.2 \text{ V}$$

(2) 开关闭合时 $t=0_-$ 时刻，由换路定律得

$$i_L(0_+) = i_L(0_-) = 1.2 \text{ A}, \quad u_C(0_+) = u_C(0_-) = 7.2 \text{ V}$$

(3) 根据上述结果，$t=0_+$ 时的等效电路如图 3-2-1(b) 所示，其节点电压方程为

$$\left(\frac{1}{4} + \frac{1}{2}\right)u_1(0_+) = \frac{12}{4} - i_L(0_+)$$

将 $i_L(0_+) = 1.2$ A 带入上式，求得：

$$u_1(0_+) = 2.4 \text{ V}$$

根据 KVL、KCL 求得：

$$u_L(0_+) = u_1(0_+) - u_C(0_+) = 2.4 - 7.2 = -4.8 \text{ V}$$

$$i_C(0_+) = i_L(0_+) - i_2(0_+) = i_L(0_+) - \frac{u_C(0_+)}{6} = 1.2 - \frac{7.2}{6} = 1.2 - 1.2 = 0$$

3.2.2　电路稳态值及其计算

换路后的最后时刻（即 $t=\infty$ 时刻）的电流、电压值统称为稳态值。如果外施激励是直流量，则稳态值也是直流量，可将电容代之以开路，将电感代之以短路，按电阻性电路计算。确定稳态值的步骤如下：

(1) 做出换路后电路达稳态时的等效电路（将电容代之以开路，将电感代之以短路）。

(2) 按电阻性电路的计算方法计算各稳态值。

【例 3-2】　图 3-2-2(a) 所示电路中，直流电压源的电压 $U_s=6$ V，直流电流源的电流 $I_s=2$ A，$R_1=2\ \Omega$，$R_2=R_3=1\ \Omega$，$L=0.1$H。求换路后的 $i(\infty)$ 和 $u(\infty)$。

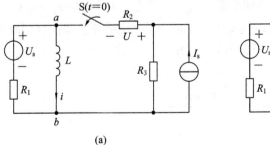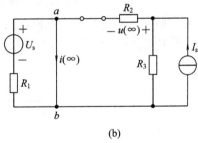

(a)　　　　　　　　　　　　　　　　　(b)

图 3-2-2　例 3-2 图

解　做出换路后电路达稳态时的等效电路，如图 3-2-2(b) 所示。根据电路可得

$$i_{(\infty)} = \frac{U_s}{R_1} + I_s \frac{R_3}{R_2 + R_3}$$

$$= \frac{6}{2} + 2 \times \frac{1}{1+1}$$

$$= 4 \text{ A}$$

$$u_{(\infty)} = I_s \frac{R_2 R_3}{R_2 + R_3} = 2 \times \frac{1 \times 1}{1+1} = 1 \text{ V}$$

【例 3 - 3】 图 3 - 2 - 3(a)所示电路中，$U_s = 9$ V，$R_1 = 2$ kΩ，$R_2 = 3$ kΩ，$R_3 = 4$ kΩ，开关闭合时，电路处于稳定状态，在 $t = 0$ 时将开关断开，求换路后的 $u_C(\infty)$。

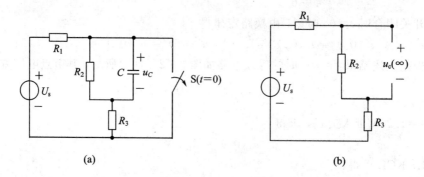

图 3 - 2 - 3　例 3 - 3 图

解　做出换路后电路达稳态时的等效电路，如图 3 - 2 - 3(b)所示。由该电路可得

$$u_c(\infty) = \frac{U_s}{R_1 + R_2 + R_3} \times R_2 = \frac{9}{2 + 3 + 4} \times 3 = 3 \text{ V}$$

3.3　一阶电路的零输入响应

只含有一个动态(储能)元件的电路称为一阶动态电路。动态电路中无外施激励电源，仅由动态(储能)元件初始储能的释放所产生的响应，称为动态电路的零输入响应。

3.3.1　RC 电路的零输入响应

在图 3 - 3 - 1 所示电路中，开关 S 闭合前，电容 C 已充电，其电压 $u_c = u_c(0_-)$。开关闭合后，电容储存的能量将通过电阻以热能形式释放出来。现把开关动作时刻取为计时起点($t = 0$)。开关闭合后，即 $t \geqslant 0_+$ 时，根据 KVL 可得

$$u_R - u_c = 0 \tag{3 - 3 - 1}$$

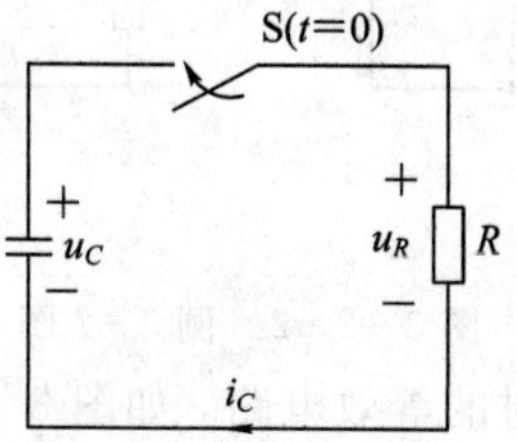

图 3 - 3 - 1　RC 电路的零输入响应

由于电流 i_C 与 u_C 的参考方向为非关联参考方向，则 $i_C = -C\dfrac{\mathrm{d}u_C(t)}{\mathrm{d}t}$，又 $u_R = Ri_C$，代入上述方程，有

$$RC\frac{\mathrm{d}u_C(t)}{\mathrm{d}t} + u_c = 0 \tag{3 - 3 - 2}$$

这是一阶齐次微分方程，$t=0_+$ 时，$u_C = u_C(0_+) = u_C(0_-)$，求得满足初始值的微分方程的解为

$$u_C(t) = u_C(0_+) e^{-\frac{t}{RC}} \tag{3-3-3}$$

这就是放电过程中电容电压 u_C 的表达式。

电容电流为

$$i_C = -C \frac{\mathrm{d} u_C(t)}{\mathrm{d} t} = -C \frac{\mathrm{d}}{\mathrm{d} t} \left[u_C(0_+) e^{-\frac{t}{RC}} \right]$$

$$= -C \left(-\frac{1}{RC} \right) u_C(0_+) e^{-\frac{t}{RC}}$$

$$= \frac{u_C(0_+)}{R} e^{-\frac{t}{RC}} \tag{3-3-4}$$

从以上表达式可以看出，电容电压 u_C、电流 i_C 都是按照同样的指数规律衰减的。电压 u_C、电流 i_C 随时间变化的规律如图 3-3-2 所示。

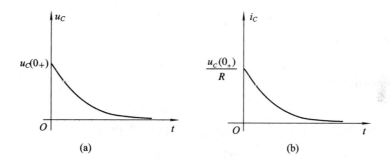

图 3-3-2　RC 电路的零输入响应波形

u_C、i_C 随时间衰减的快慢取决于指数中 $\frac{1}{RC}$ 的大小。令

$$\tau = RC \tag{3-3-5}$$

式中，τ 称为 RC 电路的时间常数，当电阻的单位为欧姆（Ω），电容的单位为法（F）时，τ 的单位为秒（s）。

引入时间常数 τ 后，电容电压 u_C 和电流 i_C 可以分别表示为

$$u_C(t) = u_C(0_+) e^{-\frac{t}{\tau}} \tag{3-3-6}$$

$$i_C(t) = \frac{u_C(0_+)}{R} e^{-\frac{t}{\tau}} \tag{3-3-7}$$

时间常数 τ 的大小反映了一阶电路过渡过程的进展速度，它是反映过渡过程特征的一个重要参数。通过计算可以得到表 3-1。

表 3-1　电容电压随时间变化的规律

t	0	τ	3τ	5τ	...	∞
$u_C(t)$	$u_C(0_+)$	$0.368 u_C(0_+)$	$0.05 u_C(0_+)$	$0.0067 u_C(0_+)$	...	0

由表 3-1 可见，经过一个时间常数 τ 后，电容电压 u_C 衰减了 63.2%，或为原值的 36.8%。在理论上要经历无限长的时间 u_C 才能衰减到零值。但工程上一般认为换路后，经过 $3\tau \sim 5\tau$ 时间过渡过程基本结束。

时间常数 $\tau = RC$ 仅由电路的参数决定。在一定的 $u_C(0_+)$ 下，R 越大，电路放电电流就越小，放电时间就越长；C 越大，储存的电荷就越多，放大时间就越长。实际中常合理选择 R、C 的值来控制放电时间的长短。

【例 3 - 4】 供电局向某一企业供电电压为 10 kV，在切断电源瞬间，电网上遗留电压有 $10\sqrt{2}$ kV。已知送电线路长 $L = 30$ km，电网对地绝缘电阻为 500 MΩ，电网的分布每千米电容为 $C_0 = 0.08$ μF/km，问：

(1) 拉闸后 1 分钟，电网对地的残余电压为多少？

(2) 拉闸后 10 分钟，电网对地的残余电压为多少？

解　电网拉闸后，储存在电网电容上的电能逐渐通过对地绝缘电阻放电，这是一个 RC 串联电路零输入响应问题。

由题意知，长 30 km 的电网的总电容量为

$$C = C_0 L = 0.08 \times 30 = 2.4 \ \mu\text{F} = 2.4 \times 10^{-6} \ \text{F}$$

放电电阻为

$$R = 500 \ \text{M}\Omega = 5 \times 10^8 \ \Omega$$

时间常数为

$$\tau = RC = 5 \times 10^8 \times 2.4 \times 10^{-6} = 1200 \ \text{s}$$

电容上的初始电压为

$$u_C(0_+) = 10\sqrt{2} \ \text{kV} = 10\sqrt{2} \times 10^3 \ \text{V}$$

在电容放电过程中，电容电压（即电网电压）的变化规律为

$$u_C(t) = u_C(0_+)\text{e}^{-\frac{t}{\tau}}$$

故

$$u_C(60\text{s}) = 10\sqrt{2} \times 10^3 \times \text{e}^{-\frac{60}{1200}} \approx 13.5 \ \text{kV}$$

$$u_C(600\text{s}) = 10\sqrt{2} \times 10^3 \times \text{e}^{-\frac{600}{1200}} \approx 8.6 \ \text{kV}$$

由此可见，电网断电，电压并不是立即消失，此电网断电经历了 1 分钟，仍有 13.5 kV 的高压，当 $t = 5\tau = 5 \times 120 = 600$ s 时，即在断电 10 分钟时电网上仍有 8.6 kV 的电压。

3.3.2　RL 电路的零输入响应

在图 3-3-3 所示电路中，开关 S 闭合前，电感中的电流已经恒定不变，其电流 $i_L = i_L(0_-)$。开关闭合后，电感储存的能量将通过电阻以热能形式释放出来。现把开关动作时刻取为计时起点($t = 0$)。开关闭合后，即 $t \geqslant 0_+$ 时，根据 KVL 可得：

$$u_R - u_L = 0 \tag{3-3-8}$$

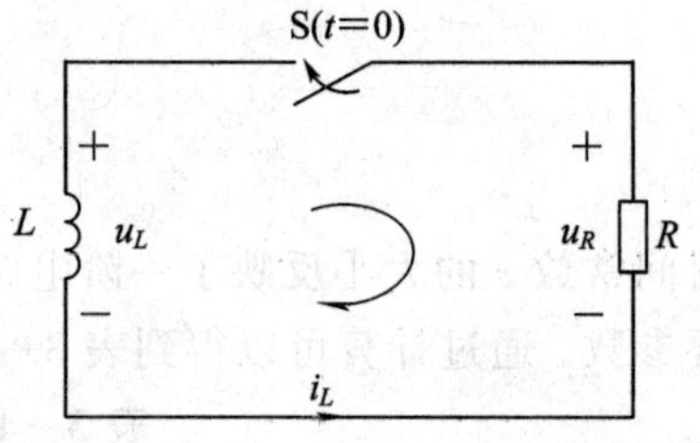

由于电流 i_L 与 u_L 的参考方向为关联参考方向，因此

图 3-3-3　RL 电路的零输入响应

$u_L = L\dfrac{\text{d}i_L(t)}{\text{d}t}$，又 $u_R = -Ri_L$，代入上述方程，有

$$L\frac{\text{d}i_L(t)}{\text{d}t} + Ri_L = 0 \tag{3-3-9}$$

这是一阶齐次微分方程，$t = 0_+$ 时，$i_L = i_L(0_+) = i_L(0_-)$，求得满足初始值的微分方程

的解为

$$i_L(t) = i_L(0_+) e^{-\frac{R}{L}t} \qquad (3-3-10)$$

这就是放电过程中电感电流 i_L 的表达式。

电感电压为

$$u_L = L\frac{\mathrm{d}i_L(t)}{\mathrm{d}t} = L\frac{\mathrm{d}}{\mathrm{d}t}\left[i_L(0_+) e^{-\frac{R}{L}t}\right]$$

$$= L\left(-\frac{R}{L}\right)i_L(0_+) e^{-\frac{R}{L}t}$$

$$= -Ri_L(0_+) e^{-\frac{R}{L}t} \qquad (3-3-11)$$

从以上表达式可以看出，电感电压 u_L、电流 i_L 都是按照同样的指数规律变化的，它们衰减得快慢取决于指数中 $\frac{R}{L}$ 的大小。

令

$$\tau = \frac{L}{R} \qquad (3-3-12)$$

τ 称为 RL 电路的时间常数，式(3-3-10)和式(3-3-11)可以写为

$$i_L(t) = i_l(0_+) e^{-\frac{t}{\tau}} \qquad (3-3-13)$$

$$u_L(t) = -Ri_L(0_+) e^{-\frac{t}{\tau}} \qquad (3-3-14)$$

电感电压 u_L、电流 i_L 随时间变化的曲线如图 3-3-4 所示。

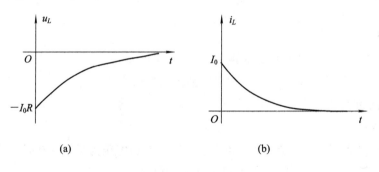

图 3-3-4 RL 电路的零输入响应波形

【例 3-5】 图 3-3-5 所示是一台 300 kW 汽轮发电机的励磁回路。已知励磁绕组的电阻 $R=0.189\ \Omega$，电感 $L=0.398\ \mathrm{H}$，直流电压 $U=35\ \mathrm{V}$，电压表的量程为 50 V，内阻 $R_\mathrm{V}=5\ \mathrm{k}\Omega$。开关未断开时，电路中电流已经恒定不变。在 $t=0$ 时，断开开关。求：

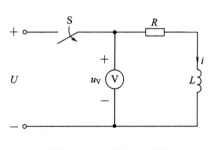

图 3-3-5 例 3-5 图

（1）电阻、电感回路的时间常数；

（2）电流 i 的初始值；

（3）电流 i 和电压表处的电压 u_V；

（4）开关断开时电压表处的电压。

解 （1）时间常数为

$$\tau = \frac{L}{R+R_\mathrm{v}} = \frac{0.398}{0.189 + 5 \times 10^3} = 79.6 \ \mu\mathrm{s}$$

（2）开关断开前，由于电流已恒定不变，电感 L 两端电压为零，故

$$i = \frac{U}{R} = \frac{35}{0.189} = 185.2 \ \mathrm{A}$$

由于电感中电流不能跃变，因此，电流的初始值 $i_L(0_+) = i_L(0_-) = 185.2 \ \mathrm{A}$。

（3）按 $i_L(t) = i_L(0_+)\mathrm{e}^{-\frac{t}{\tau}}$ 可得

$$i = 185.2\mathrm{e}^{-12560t} \ \mathrm{A}$$

电压表处的电压为

$$u_\mathrm{v} = -R_\mathrm{v}i = -5 \times 10^3 \times 185.2\mathrm{e}^{-12560t} = -926\mathrm{e}^{-12560t} \ \mathrm{kV}$$

（4）开关断开时，电压表处的电压为

$$u_\mathrm{v}(0+) = -926 \ \mathrm{kV}$$

在这个时刻电压表要承受很高的电压，其绝对值将远大于直流电源的电压 U，而且初始瞬间的电流也很大，可能损坏电压表。由此可见，切断电感电流时必须考虑磁场能量的释放。如果磁场能量较大，而又必须在短时间内完成电流的切断，则必须考虑如何熄灭因此而出现电弧（一般出现在开关处）的问题。

技能训练八　RC 一阶电路的零状态响应研究

1. 训练目的

（1）加深对一阶电路动态过程的理解。

（2）掌握用示波器等仪器测试一阶电路动态过程的方法。

2. 原理说明

1）零状态响应

训练图 8 - 1 所示为 RC 充、放电电路。电容的初始电压为零，$t=0$ 时，开关 S 合至 1，电源向电容充电，则电容电压 u_C 和充电电流 i 分别为

$$u_C = U_\mathrm{s}(1 - \mathrm{e}^{-\frac{t}{\tau}})$$

$$i = \frac{U_\mathrm{s}}{R}\mathrm{e}^{-\frac{t}{\tau}}$$

其中，$\tau = RC$。

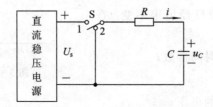

训练图 8 - 1　RC 充、放电电路

u_C 和 i 随时间变化的一阶零状态响应曲线如训练图 8-2 所示。$t = 4.6\tau$ 时，$u_C = 99\% U_s$，$i = 1\% \dfrac{U_s}{R}$，可认为充电过程已结束，电路进入稳定状态。

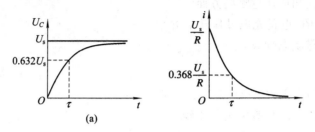

(a)

训练图 8-2　一阶零状态响应曲线

2）RC 电路的矩形脉冲响应

将训练图 8-3 所示的矩形脉冲电压接到 RC 电路两端，在 $0 < t < \dfrac{T}{2}$ 内，$u = U$，电路的工作情况相当于在 $t = 0$ 时 RC 电路接通直流电源的充电过程。在 $\dfrac{T}{2} < t < T$ 内，$u = 0$，电路的工作情况相当于 $t = \dfrac{T}{2}$ 时的放电过程。如果 $\tau =$

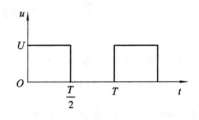

训练图 8-3　RC 电路输入方波的波形

$RC \ll T$，则电容的充电和放电过程均在半个周期的时间内全部完成，以后出现的是多次重复的连续过程，用示波器可以将 u_C 连续变化的波形显示出来。

3. 训练设备

（1）电路板 1 块；

（2）双束示波器 1 台；

（3）方波发生器 1 台；

（4）单刀双掷开关 1 只。

4. 训练内容

（1）实训电路如训练图 8-4 所示。选择方波的频率为 1 kHz，幅值为 4 V，电路参数为 $R = 5$ kΩ、$C = 0.02$ μF、$r = 1$ Ω。使方波的半周期 $T/2$ 与时间常数 RC 保持约 5 ∶ 1 的关系。

（2）调节示波器的有关旋钮，使屏幕上显示稳定的 u_C 和 i 的波形，并把波形描绘出来，确认 RC 充电过程。

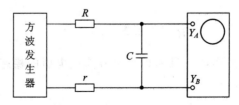

训练图 8-4　RC 电路的矩形脉冲响应电路

5. 训练注意事项

（1）要严格遵守实训规程和安全操作规程。

（2）注意电解电容器的正负极性。

6. 思考题

（1）示波器的使用应注意哪些方面？

（2）如何判断 RC 电路充电过程已结束？

（3）如何理解零状态响应？

7. 训练报告

（1）定性画出电路充电、放电波形。

（2）将测量数据与计算数据进行比较。

3.4 一阶电路的零状态响应

零状态响应就是电路在零初始状态下（此时动态元件初始储能为零）由外施激励引起的响应。

3.4.1 RC 电路的零状态响应

在图 3-4-1 所示电路中，开关 S 闭合前，电路处于零初始状态，电容电压 $u_C = u_C(0_-) = 0$。开关 S 闭合后，电路接入直流电压源 U_s。现把开关动作时刻取为计时起点（$t=0$）。开关闭合后，即 $t \geq 0_+$ 时，根据 KVL 可得

$$u_R + u_C = U_s \qquad (3-4-1)$$

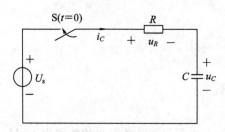

图 3-4-1 RC 电路

由于电流 i_C 与 u_C 的参考方向为关联参考方向，则 $i_C = C\dfrac{\mathrm{d}u_C(t)}{\mathrm{d}t}$，又 $u_R = Ri_C$，代入式（3-4-1）有

$$RC\frac{\mathrm{d}u_C(t)}{\mathrm{d}t} + u_C = U_s \qquad (3-4-2)$$

这是一阶非齐次微分方程，U_s 其实也是电容充满电后的稳态电压的 $u_C(\infty)$，求得的微分方程的解为

$$u_C(t) = U_s(1 - \mathrm{e}^{-\frac{t}{\tau}}) = u_C(\infty)(1 - \mathrm{e}^{-\frac{t}{\tau}}) \qquad (3-4-3)$$

这就是充电过程中电容电压 u_C 的表达式，其中，$\tau = RC$。

电容电流为

$$i_C(t) = C\frac{\mathrm{d}u_C(t)}{\mathrm{d}t} = C\frac{\mathrm{d}}{\mathrm{d}t}\big[u_C(\infty)(1 - \mathrm{e}^{-\frac{t}{\tau}})\big]$$

$$= C\Big(\frac{1}{RC}\Big)u_C(\infty)\mathrm{e}^{-\frac{t}{\tau}} = \frac{u_C(\infty)}{R}\mathrm{e}^{-\frac{t}{\tau}} \tag{3-4-4}$$

u_C、i_C 随时间变化的曲线如图 3 - 4 - 2 所示。

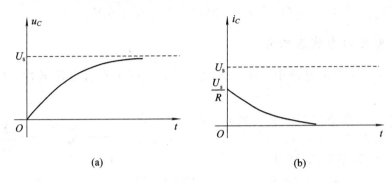

(a)　　　　　　　　　　　　　(b)

图 3 - 4 - 2 　 *RC* 电路的零状态响应波形

RC 电路接通直流电压源的过程也就是电源通过电阻对电容充电的过程。在充电过程中，电源供给的能量一部分转换成电场能量储存于电容中，一部分被电阻转变为热能消耗掉。电阻消耗的电能为

$$W_R = \int_0^\infty i_C^2 R\,\mathrm{d}t = \int_0^\infty \Big(\frac{u_C(\infty)}{R}\mathrm{e}^{-\frac{t}{\tau}}\Big)^2 R\,\mathrm{d}t$$

$$= \frac{u_C(\infty)}{R}\Big(-\frac{RC}{2}\Big)\mathrm{e}^{-\frac{2}{RC}t}\Big|_0^\infty = \frac{1}{2}Cu_C^2(\infty)$$

从上式可见，不论电路中电容 C 和电阻 R 的数值为多少，在充电过程中，电源提供的能量只有一半转变成电场能量储存于电容中，另一半则为电阻所消耗，也就是说，充电效率只有 50%。

【例 3 - 6】 图 3 - 4 - 1 所示电路中，已知 $U_s = 220$ V，$R = 200$ Ω，$C = 1$ μF，电容事先未充电，在 $t = 0$ 时合上开关 S。

(1) 求时间常数和最大充电电流；

(2) 求 u_C、u_R 和 i_C 的表达式及各自 1 ms 时的值。

解 (1) 时间常数为

$$\tau = RC = 200 \times 1 \times 10^{-6} = 200 \ \mu\mathrm{s}$$

最大充电电流为

$$i_{\max} = \frac{u_C(\infty)}{R} = \frac{220}{200} = 1.1 \text{ A}$$

电路稳定时有

$$u_C(\infty) = U_s = 220 \text{ V}$$

(2) u_C、u_R 和 i_C 的表达式：

$$u_C(\infty) = U_s = 220 \text{ V}$$

$$u_C(t) = u_C(\infty)(1 - \mathrm{e}^{-\frac{t}{\tau}}) = 220(1 - \mathrm{e}^{-\frac{t}{2\times10^{-4}}}) = 220(1 - \mathrm{e}^{-5\times10^3 t}) \text{ V}$$

$$u_C(10^{-3}\mathrm{s}) = 220(1 - \mathrm{e}^{-5\times10^3\times10^{-3}}) = 218.5 \text{ V}$$

$$i_C(t) = \frac{u_C(\infty)}{R}e^{-\frac{t}{\tau}} = \frac{220}{200}e^{-\frac{t}{2\times10^{-4}}} = 1.1e^{-5\times10^3 t}\text{A}$$

$$i_C(10^{-3}\text{s}) = 1.1e^{-5\times10^3\times10^{-3}} = 0.0074\ \text{A}$$

$$u_R(t) = i_C R = \frac{u_C(\infty)}{R}e^{-\frac{t}{\tau}}R = 220e^{-\frac{t}{2\times10^{-4}}} = 220e^{-5\times10^3 t}\ \text{V}$$

$$u_R(10^{-3}\text{s}) = 220e^{-5\times10^3\times10^{-3}} \approx 1.5\ \text{V}$$

3.4.2　*RL* 电路的零状态响应

在图 3-4-3 所示电路中，开关 S 闭合前，电感中没有电流通过，其电流 $i_L = i_L(0_-)=0$。

开关闭合后，电感中的电流逐渐增大到一个恒定值。现把开关动作时刻取为计时起点（$t=0$）。开关闭合后，即 $t\geqslant 0_+$ 时，根据 KVL 可得

$$u_R + u_L = U_s \qquad (3-4-5)$$

由于电流 i_L 与 u_L 的参考方向为关联参考方向，则 $u_L = L\dfrac{\mathrm{d}i_L(t)}{\mathrm{d}t}$，又 $u_R = Ri_L$，代入上述方程，有

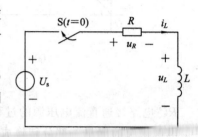

图 3-4-3　*RL* 电路的零状态响应

$$L\frac{\mathrm{d}i_L(t)}{\mathrm{d}t} + Ri_L = U_s \qquad (3-4-6)$$

这是一阶非齐次微分方程。U_s/R 其实也是电感充满电后的稳态电流 $i_L(\infty)$。该微分方程的解为

$$i_L(t) = \frac{U_s}{R}(1 - e^{-\frac{t}{\tau}}) = i_L(\infty)(1 - e^{-\frac{t}{\tau}}) \qquad (3-4-7)$$

这就是充电过程中电感电流 i_L 的表达式，其中 $\tau = L/R$。

电感电压为

$$u_L(t) = L\frac{\mathrm{d}i_L(t)}{\mathrm{d}t} = L\frac{\mathrm{d}}{\mathrm{d}t}\left[i_L(\infty)e^{-\frac{t}{\tau}}\right] = L\left(\frac{R}{L}\right)i_L(\infty)e^{-\frac{t}{\tau}}$$

$$= Ri_L(\infty)e^{-\frac{t}{\tau}} = U_s e^{-\frac{t}{\tau}} \qquad (3-4-8)$$

i_L、u_L 随时间变化的曲线如图 3-4-4 所示。

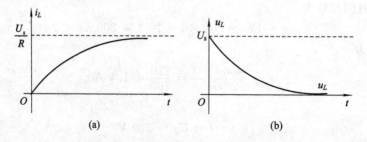

(a)　　　　　　　　　　　　　(b)

图 3-4-4　*RL* 电路的零状态响应波形

【例 3-7】　图 3-4-5 所示电路中为一直流发电机电路简图，已知励磁绕组 $R = 20\ \Omega$，励磁电感 $L = 20\ \text{H}$，外加电压为 $U_s = 200\ \text{V}$。

（1）试求当 S 闭合后，励磁电流的变化规律和达到稳态值所需要的时间；

（2）如果将电源电压提高到 250 V，求励磁电流达到额定值所需要的时间。

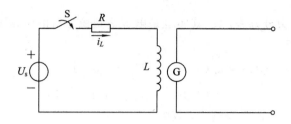

图 3 - 4 - 5　例 3 - 7 图

解　（1）这是一个 RL 串联零状态响应的问题，可求得 $\tau = L/R = 20/20 = 1$ s，则

$$i_L(t) = \frac{U_s}{R}(1 - \mathrm{e}^{-\frac{t}{\tau}}) = \frac{200}{20}(1 - \mathrm{e}^{-\frac{t}{\tau}}) = 10(1 - \mathrm{e}^{-t}) \text{ A}$$

一般认为当 $t = (3 \sim 5)\tau$ 时过渡过程基本结束，取 $t = 5\tau = 5$ s，则合上开关 S 后，电流达到稳态所需要的时间为 5 s，即认为励磁绕组的额定电流就等于其稳态值 10 A。

（2）由上述计算知，励磁电流达到稳态需要 5 s。为缩短励磁时间常采用"强迫励磁法"，就是在励磁开始时提高电源电压，当电流达到额定值后，再将电压调回到额定值。这种强迫励磁所需要的时间 t 的计算如下：

$$i_L(t) = \frac{250}{20}(1 - \mathrm{e}^{-\frac{t}{\tau}}) = 12.5(1 - \mathrm{e}^{-t}) \text{ A}$$

由额定电流值相等，得

$$10 = 12.5(1 - \mathrm{e}^{-t})$$

解上式得

$$t = 1.6 \text{ s}$$

由此可见，采用 250 V 电压对励磁绕组进行励磁要比电压为 200 V 时所需的时间短，这样就缩短了起励时间，有利于发电机尽快进入到正常工作状态。

3.5　一阶电路的全响应和三要素法

3.5.1　一阶电路的全响应

当一个非零初始状态的一阶电路受到激励时，电路的响应称为一阶电路的全响应。

在图 3 - 5 - 1 所示电路中，开关 S 闭合前，电容已充电，其电压 $u_C = u_C(0_-) \neq 0$。开关 S 闭合后，电路接入直流电压源 U_s。现把开关动作时刻取为计时起点（$t = 0$）。开关闭合后，即 $t \geqslant 0_+$ 时，根据 KVL 可得

$$u_R + u_C = U_s \qquad (3-5-1)$$

由于电流 i_C 与 u_C 的参考方向为关联参考方向，则

$$i_C = C\frac{\mathrm{d}u_C(t)}{\mathrm{d}t}，又 u_R = Ri_C，代入式（3-5-1），有$$

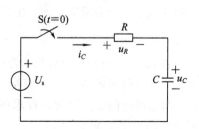

图 3 - 5 - 1　一阶电路的全响应

$$RC\frac{du_C(t)}{dt} + u_C = U_s \qquad (3-5-2)$$

这是一阶非齐次微分方程，U_s 其实也是电容达到稳态后的电压 $u_C(\infty)$，求得的微分方程的解为

$$u_C(t) = u_C(0_+)e^{-\frac{t}{\tau}} + U_s(1 - e^{-\frac{t}{\tau}})$$

$$= u_C(0_+)e^{-\frac{t}{\tau}} + u_C(\infty)(1 - e^{-\frac{t}{\tau}}) \qquad (3-5-3)$$

这就是电容电压在 $t \geqslant 0_+$ 时的全响应，其中 $\tau = RC$。

可以看出，式(3-5-3)右边的第一项是电路的零输入响应，右边的第二项则是电路的零状态响应，这说明全响应是零输入响应和零状态响应的叠加，即

全响应 ＝ 零输入响应 ＋ 零状态响应

将图 3-5-1 所示的一阶电路全响应分解成零输入响应和零状态响应后，电路如图 3-5-2 所示。

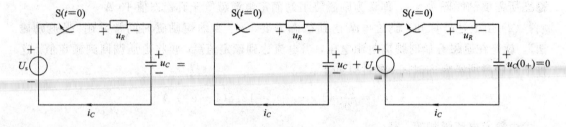

图 3-5-2　一阶电路全响应的分解

对式(3-5-3)稍作变形，还可进一步转化为

$$u_C(t) = U_C(\infty) + [u_C(0_+) - U_C(\infty)]e^{-\frac{t}{\tau}} \qquad (3-5-4)$$

可以看出，式(3-5-4)右边的第一项是恒定值，大小等于直流电压源电压，是换路后电容电压达到稳态后的量，右边的第二项取决于电路参数 τ，随着时间的增长按指数规律逐渐衰减到零，是电容电压瞬态的量，所以又常将全响应看作是稳态分量和瞬态分量的叠加，即

全响应 ＝ 稳态分量 ＋ 瞬态分量

3.5.2　一阶电路的三要素法

无论是把全响应分解为零状态响应和零输入响应，还是分解为稳态分量和瞬态分量，都不过是从不同的角度去分析全响应，而全响应总是由初始值 $f(0_+)$、稳态分量 $f(\infty)$、时间常数 τ 三个要素决定的。在直流电源激励下，仿照式(3-5-4)，全响应 $f(t)$ 可写为

$$f(t) = f(\infty) + [f(0_+) - f(\infty)]e^{-\frac{t}{\tau}} \qquad (3-5-5)$$

由式(3-5-5)可以看出，若已知初始值 $f(0_+)$、稳态分量 $f(\infty)$、时间常数 τ 三个要素，就可以根据式(3-5-5)直接写出直流激励下一阶电路的全响应，这种方法称为三要素法。前面讲述的通过微分方程求解的方式求得储能元件响应函数的方法称为经典法。这两种方法的对比见表 3-2。

表 3 - 2　经典法与三要素法对比

名　　称	经典法（微分方程求解）	三要素法
RC 电路的零输入响应	$u_C(t) = u_C(0_+)e^{-\frac{t}{\tau}}$ $i_C(t) = \dfrac{u_C(0_+)}{R}e^{-\frac{t}{\tau}}$	$f(t) = f(0_+)e^{-\frac{t}{\tau}}$
RC 电路的零状态响应	$u_C(t) = u_C(\infty)(1 - e^{-\frac{t}{\tau}})$ $i_C(t) = \dfrac{U_s}{R}e^{-\frac{t}{\tau}}$	$f(t) = f(\infty)(1 - e^{-\frac{t}{\tau}})$ $f(t) = f(0_+)e^{-\frac{t}{\tau}}$
RL 电路的零输入响应	$i_L(t) = i_L(0_+)e^{-\frac{t}{\tau}}$ $u_L(t) = -Ri_L(0_+)e^{-\frac{t}{\tau}}$	$f(t) = f(0_+)e^{-\frac{t}{\tau}}$
RL 电路的零状态响应	$i_L(t) = i_L(\infty)(1 - e^{-\frac{t}{\tau}})$ $u_L(t) = u_L(0_+)e^{-\frac{t}{\tau}}$	$f(t) = f(\infty)(1 - e^{-\frac{t}{\tau}})$ $f(t) = f(0_+)e^{-\frac{t}{\tau}}$
一阶 RC 电路的全响应	$u_C(t) = U_s + [u_C(0_+) - U_s]e^{-\frac{t}{\tau}}$ $i_C(t) = \dfrac{U_s - u_C(0_+)}{R}e^{-\frac{t}{\tau}}$	$f(t) = f(\infty) + [f(0_+) - f(\infty)]e^{-\frac{t}{\tau}}$ $f(t) = f(0_+)e^{-\frac{t}{\tau}}$

三要素法简单易算，特别是对于求解复杂的一阶电路尤为方便。下面归纳出用三要素法解题的一般步骤：

（1）画出换路前（$t = 0_-$）的等效电路，求出电容电压 $u_C(0_-)$ 或电感电流 $i_L(0_-)$。

（2）根据换路定律 $u_C(0_+) = u_C(0_-)$，$i_L(0_+) = i_L(0_-)$，求出响应电压 $u(0_+)$ 或电流 $i(0_+)$ 的初始值，即 $f(0_+)$。

（3）画出 $t = \infty$ 时的稳态电路（稳态时电容相当于开路，电感元件相当于短路），求出稳态下电压响应 $u(\infty)$ 或电流 $i(\infty)$，即 $f(\infty)$。

（4）求出电路的时间常数 τ。$\tau = RC$ 或 L/R，其中 R 值是换路后断开储能元件 C 或 L，直流电压源相当于短路，直流电流源相当于断路，由储能元件两端看进去，用戴维南等效电路求得的等效内阻。

【**例 3 - 8**】　图 3 - 5 - 3 所示电路中，开关 S 断开前电路处于稳态。已知 $U_s = 20$ V，$R_1 = R_2 = 1$ kΩ，$C = 1$ μF。求开关打开后，u_C 和 i_C 的解析式，并画出其曲线。

解　选定各电流电压的参考方向如图 3 - 5 - 3 所示。

因为换路前电容上电流 $i_C(0_-) = 0$，故有

$$i_1(0_-) = i_2(0_-) = \frac{U_s}{R_1 + R_2} = \frac{20}{10^3 + 10^3}$$

$$= 10 \times 10^{-3} \text{ A} = 10 \text{ mA}$$

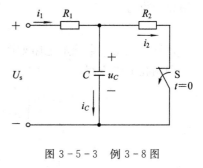

图 3 - 5 - 3　例 3 - 8 图

换路前电容上电压为

$$u_C(0_-) = i_2(0_-)R_2 = 10 \times 10^{-3} \times 1 \times 10^3 = 10 \text{ V}$$

由于 $u_C(0-) < U_s$，因此换路后电容将继续充电，其充电时间常数为

$$\tau = R_1 C = 1 \times 10^3 \times 1 \times 10^{-6} = 10^{-3}\,\mathrm{s} = 1\,\mathrm{ms}$$

电容充满电后的稳态电压 $u_C(\infty) = U_s = 20\,\mathrm{V}$，将上述数据代入式(3-5-4)，得

$$u_C = u_C(\infty) + \left[(u_C(0_+) - u_C(\infty)\right]\mathrm{e}^{-\frac{t}{\tau}} = 20 + (10 - 20)\mathrm{e}^{-\frac{t}{10^{-3}}} = 20 - 10\mathrm{e}^{-1000t}\,\mathrm{V}$$

$$i_C(t) = C\frac{\mathrm{d}u_C}{\mathrm{d}t} = \frac{u_C(\infty) - u_C(0_+)}{R_1}\mathrm{e}^{-\frac{t}{\tau}} = \frac{20 - 10}{1000}\mathrm{e}^{-\frac{t}{10^{-3}}} = 0.01\mathrm{e}^{-1000t}\,\mathrm{A} = 10\mathrm{e}^{-1000t}\,\mathrm{mA}$$

u_C、i_C 随时间变化的曲线如图 3-5-4 所示。

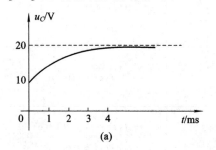 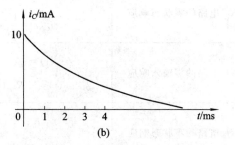

图 3-5-4　u_C、i_C 随时间变化的曲线

【例 3-9】　图 3-5-5(a)所示电路中，$t = 0_-$ 时处于稳态，设 $U_{s1} = 38\,\mathrm{V}$，$U_{s2} = 20\,\mathrm{V}$，$R_1 = 20\,\Omega$，$R_2 = 5\,\Omega$，$R_3 = 6\,\Omega$，$L = 0.2\,\mathrm{H}$。求 $t \geqslant 0$ 时电流 i_L。

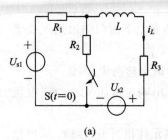 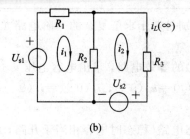 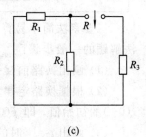

图 3-5-5　例 3-9 图

解　由图 3-5-5(a)计算换路前的电感电流：

$$i_L(0_-) = \frac{U_{s1} - U_{s2}}{R_1 + R_3} = 1\,\mathrm{A}$$

由换路定律得

$$i_L(0_+) = i_L(0_-) = 1\,\mathrm{A}$$

计算直流稳态电流的电路如图 3-5-5(b)所示。

列网孔电流方程：

$$\begin{cases} (R_1 + R_2)i_1 - R_2 i_2 = U_{s1} \\ -R_2 i_1 + (R_2 + R_3)i_2 = -U_{s2} \end{cases}$$

求得

$$i_2 = i_L(\infty) = 0.44\,\mathrm{A}$$

令 $U_{s1} = U_{s2} = 0$，即直流电压源等效为短路，而电感元件相当于短路，根据戴维南等效电路的原则画出等效电阻 R_{eq} 的电路如图 3-5-5(c)所示，其计算式为

$$R_{eq} = \frac{R_1 R_2}{R_1 + R_2} + R_3 = 10\,\Omega$$

则

$$\tau = \frac{L}{R_{eq}} = 0.02 \text{ s}$$

由三要素法公式，得

$$i_L(t) = i_L(\infty) + [i_L(0_+) - i_L(\infty)]e^{-\frac{t}{\tau}} = (0.44 + 0.56e^{-50t})\text{A}$$

【例 3 - 10】 电路如图 3 - 5 - 6 所示，$U_{s1} = 12$ V，$U_{s2} = 10$ V，$R_1 = 2$ kΩ，$R_2 = 2$ kΩ，$C = 10 \ \mu$F，开关 S 合在 1 端，电路处于稳态，在 $t = 0$ 时刻，开关 S 由 1 端合到 2 端，求换路后电路中各量的初始值及电容电压的响应 $u_C(t)$。

解 （1）求初始值。当开关 S 合在 1 端时：

$$u_C(0_-) = \frac{U_{s1}}{R_1 + R_2} \times R_2 = 6 \text{ V}$$

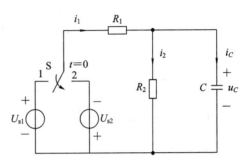

根据换路定律，当 S 合到 2 端瞬间时，有

$$u_C(0_+) = u_C(0_-) = 6 \text{ V}$$

$$u_{R_2}(0_+) = u_C(0_+) = 6 \text{ V}$$

则

$$i_2(0_+) = \frac{u_C(0_+)}{R_2} = \frac{6}{2 \times 10^3} = 3 \text{ mA}$$

图 3 - 5 - 6 例 3 - 10 图

由基尔霍夫电压定律可得

$$i_1(0_+)R_1 + u_C(0_+) + U_{s2} = 0$$

则

$$i_1(0_+) = -\frac{U_{s2} + u_C(0_+)}{R_1} = -\frac{10 + 6}{2 \times 10^3} = -8 \text{ mA}$$

$$u_{R_1}(0_+) = i_1(0_+)R_1 = -8 \times 2 = -16 \text{ V}$$

$$i_C(0_+) = i_1(0_+) - i_2(0_+) = -8 - 3 = -11 \text{ mA}$$

（2）求稳态值。当开关合到 2 端后，电路达到稳态时 C 相当于开路，则

$$u_C(\infty) = -\frac{U_{s2}}{R_1 + R_2} \times R_2 = -\frac{10}{2+2} \times 2 = -5 \text{ V}$$

（3）求时间常数。电阻 R 为从 C 两端看进去的无源二端网络的等效电阻，则

$$R = R_1 \ /\!/ \ R_2 = \frac{2 \times 2}{2+2} = 1 \text{ kΩ}$$

则时间常数为

$$\tau = RC = 1 \times 10^3 \times 10 \times 10^{-6} = 0.01 \text{ s}$$

则由一阶电路的三要素法可得

$$u_C(t) = -5 + [6 - (-5)]e^{-\frac{t}{\tau}} = -5 + 11e^{-100t} \text{ V}$$

3.6 微分电路与积分电路

　　微分电路和积分电路是由电阻 R 和电容 C 构成的两个重要电路，这两种电路的处理信号多为脉冲信号，通过选择合适的时间常数可进行脉冲整形和产生脉冲信号。

3.6.1 微分电路

微分电路即为输出信号与输入信号的微分成正比关系的电路，一般可用于电子开关加速电路、整形电路和触发信号电路中。电路如图 3-6-1 所示，当 R、C 参数选择合适时可以满足微分电路的条件。

根据基尔霍夫电压定律列出方程：

$$u_i = u_C + u_o$$

$$u_o = iR$$

$$i = C \frac{du_C}{dt}$$

则

$$u_o = RC \frac{du_C}{dt}$$

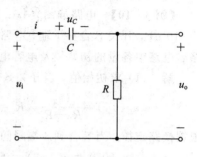

图 3-6-1 RC 微分电路

当 $\frac{1}{\omega C} \gg R$ 时，周期 $T = \frac{2\pi}{\omega} = 2\pi \frac{1}{\omega C} C \gg RC = \tau$，$u_C \gg u_o$，此时有

$$u_i = u_C + u_o \approx u_C$$

$$u_o = RC \frac{du_i}{dt} \tag{3-6-1}$$

即输出与输入的微分成正比，其条件为 $\tau \ll T$（即要求电路的时间常数 τ 远小于方波信号的脉冲宽度 T）。

微分电路可将如图 3-6-2(a) 所示的矩形波转化为如图 3-6-2(b) 所示的尖脉冲。尖脉冲常用作触发器或晶闸管的触发信号。

用微分电路构成的放大器加速电容电路可以加快三极管的导通和截止的转换速度。

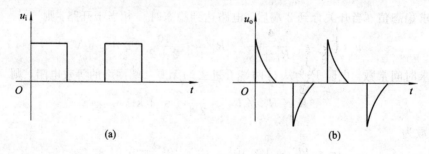

(a)　　　　　　　　　　　　　　　　(b)

图 3-6-2 微分电路的波形变换

3.6.2 积分电路

积分电路即为输出与输入的积分成正比的电路，这种电路可用于电视机的扫描电路中。

对如图 3-6-3 所示电路，根据基尔霍夫电压定律可列方程：

$$u_i = u_R + u_o$$

其中

$$u_R = iR, \quad i = C\frac{\mathrm{d}u_o}{\mathrm{d}t}$$

则

$$u_R = RC\frac{\mathrm{d}u_o}{\mathrm{d}t}$$

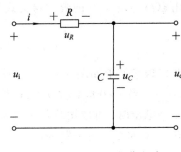

图 3-6-3　RC 积分电路

当 $R \gg \dfrac{1}{\omega C}$ 时，周期 $T = \dfrac{2\pi}{\omega} = 2\pi\,\dfrac{1}{\omega C}C \ll RC = \tau$，$u_R \gg$ u_o，此时

$$u_i = u_R + u_o \approx u_R$$

$$u_i = RC\frac{\mathrm{d}u_o}{\mathrm{d}t}$$

则

$$u_o \approx \frac{1}{RC}\int u_i\ \mathrm{d}t \tag{3-6-2}$$

该电路为积分电路，即输出与输入的积分成正比。其条件为 $\tau \gg T$，电路的时间常数 τ 远大于方波脉冲的宽度 T。积分电路可以将矩形波转化为如图 3-6-4 所示的锯齿波和三角波。

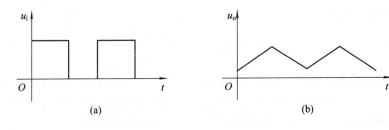

图 3-6-4　积分电路的波形变换

积分电路可构成电视机场扫描电路中的场积分电路，此电路可在混合的同步信号中取出场脉冲信号。

微分电路与积分电路总结对比如下：

(1) 微分电路与积分电路在电路形式上与前面介绍的电阻分压电路相似，但是电路的工作原理和分析方法是不同的。

(2) 微分电路的输出信号取自电阻 R，而积分电路的输出信号取自电容 C。

(3) 微分电路中，要求 RC 电路的时间常数远小于脉冲宽度，而积分电路则要求 RC 电路的时间常数远大于脉冲宽度。

*3.7　一阶电路的阶跃响应

3.7.1　阶跃函数

阶跃函数是动态电路分析中常用的函数。用 $u(t)$ 表示单位阶跃函数（通常单位阶跃函

数用 $\varepsilon(t)$ 表示），它的数学定义式为

$$u(t) = \begin{cases} 0 & t \leqslant 0_- \\ 1 & t \geqslant 0_+ \end{cases} \qquad (3-7-1)$$

阶跃函数的波形如图 $3-7-1$(a)所示，在 $t=0_-$ 到 $t=0_+$ 之间发生了单位阶跃。当 $t<0$ 时，$u(t)=0$；当 $t>0$ 时，$u(t)=1$；当 $t=0$ 时，$u(t)$ 从 0 跃变到 1。当跃变量不是一个单位，而是 k 个单位时，可以用阶跃函数 $ku(t)$ 来表示，其波形如图 $3-7-1$(b)所示。当跃变不是发生在 $t=0$ 时刻，而是发生在 $t=t_0$ 时，可以用延迟阶跃函数 $u(t-t_0)$ 来表示，其波形如图 $3-7-1$(c)所示。

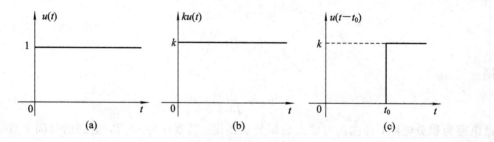

图 $3-7-1$　阶跃函数

$u(t-t_0)$ 的数学式为

$$u(t-t_0) = \begin{cases} 0 & t \leqslant t_{0-} \\ 1 & t \geqslant t_{0+} \end{cases} \qquad (3-7-2)$$

阶跃函数可以用来描述开关的动作。如图 $3-7-2$(a)所示，用阶跃函数代替开关来表示在 $t=0$ 时开关的作用，即可以用阶跃函数表示电路接到直流电压源上；图 $3-7-2$(b)则用延时的阶跃函数来表示在 $t=t_0$ 时把电路接通 1 A 的直流电流源。

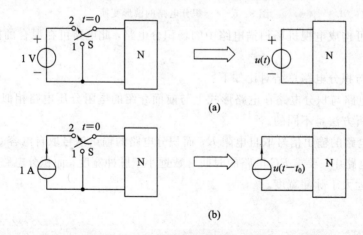

图 $3-7-2$　阶跃函数的开关作用

单位阶跃函数还可以方便地表示分段函数，起到截取波形的作用。如图 $3-7-3$(a)所示，从 $t=0$ 起始的波形可以用阶跃函数表示为

$$f(t)u(t) = \begin{cases} f(t) & t \geqslant 0_+ \\ 0 & t \leqslant 0_- \end{cases} \qquad (3-7-3)$$

若只需取 $f(t)$ 的 $t > t_0$ 部分，可用式（3－7－3）得到如图 3－7－3(b)所示的波形，则

$$f(t)u(t-t_0) = \begin{cases} f(t) & t \geqslant t_{0+} \\ 0 & t \leqslant t_{0-} \end{cases} \qquad (3-7-4)$$

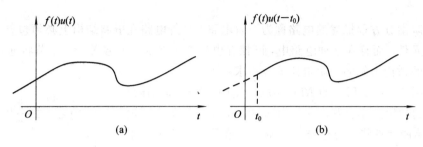

图 3－7－3　单位阶跃函数截取波形的作用

3.7.2　一阶电路的阶跃响应

电路在（单位）阶跃电压或电流激励下的零状态响应，称为（单位）阶跃响应，用符号 $s(t)$ 表示，它可以利用三要素法计算出来。

对于图 3－7－4(a)所示的 RC 串联电路，其初始值 $u_C(0_+)=0$ V，稳态值 $u_C(\infty)=1$ V，时间常数 $\tau = RC$。用三要素公式得到电容电压 $u_C(t)$ 的阶跃响应为 $s(t)=(1-\mathrm{e}^{-\frac{t}{RC}})u(t)$。

对于图 3－7－4(b)所示的 RL 并联电路，其初始值 $i_L(0_+)=0$，稳态值 $i_L(\infty)=1$ A，时间常数 $\tau = L/R$。利用三要素公式得到电感电流 $i_L(t)$ 的阶跃响应为 $s(t)=(1-\mathrm{e}^{-t/\frac{L}{R}})u(t)$。

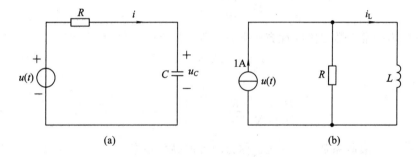

图 3－7－4　RC 串联电路和 RL 并联电路的阶跃响应

RC 串联电路和 RL 并联电路的阶跃响应可以用一个表达式表示为

$$s(t) = (1 - \mathrm{e}^{-\frac{t}{\tau}})u(t) \qquad (3-7-5)$$

式中，时间常数 $\tau = RC$ 或 $\tau = L/R$。

如果阶跃激励不是在 $t=0$ 而是在 $t=t_0$ 时施加的，则将电路阶跃响应中的 t 改为 $t-t_0$，即得到电路的阶跃延迟响应。例如，上述 RC 电路的阶跃延迟响应为

$$u_C(t) = (1 - \mathrm{e}^{-\frac{t-t_0}{RC}})u(t-t_0)$$

$$i_C(t) = \frac{1}{R}\mathrm{e}^{-\frac{t-t_0}{RC}}u(t-t_0)$$

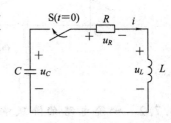

*3.8　二阶电路的响应

由二阶微分方程描述的电路称为二阶电路。二阶电路在电路结构上必须包含有两种独立的储能元件，而且在这种电路中，既储存电场能量又储存磁场能量。本节将通过对 RLC 串联电路的讨论来阐明二阶电路的分析求解方法。

在如图 3-8-1 所示的 RLC 串联电路中，若电容电压及电感电流的初始值分别为 $u_C(0_+)$ 和 $i_L(0_+)$，开关 S 在 $t=0$ 时闭合，则储能元件将通过电路进行放电。这是一个零输入响应电路。下面对电路的响应情况进行分析。依 KVL，得

$$u_R + u_L - u_c = 0$$

按图中标定的电压、电流参考方向有

$$i = -C\frac{\mathrm{d}u_C}{\mathrm{d}t}$$

图 3-8-1　二阶电路的响应

$$u_R = Ri = -RC\frac{\mathrm{d}u_C}{\mathrm{d}t}$$

$$u_L = L\frac{\mathrm{d}i}{\mathrm{d}t} = -LC\frac{\mathrm{d}^2 u_C}{\mathrm{d}t^2}$$

将以上各式代入 KVL 方程，便可以得出以 u_c 为响应变量的微分方程：

$$LC\frac{\mathrm{d}^2 u_C}{\mathrm{d}t^2} + RC\frac{\mathrm{d}u_C}{\mathrm{d}t} + u_C = 0 \qquad (t \geqslant 0) \qquad (3-8-1)$$

式(3-8-1)为一常系数二阶线性齐次微分方程，其特征方程为

$$LCp^2 + RCp + 1 = 0$$

其特征根为

$$p_{1,2} = -\frac{R}{2L} \pm \sqrt{\left(\frac{R}{2L}\right)^2 - \frac{1}{LC}} = -\delta \pm \sqrt{\delta^2 - \omega_0^2} \qquad (3-8-2)$$

式中，$\delta = \dfrac{R}{2L}$ 称为衰减系数，$\omega_0 = \dfrac{1}{\sqrt{LC}}$ 称为固有振荡角频率。

由式(3-8-2)可见，特征根由电路本身的参数 R、L、C 的数值来确定，反映了电路本身的固有特性。根据电路参数 R、L、C 数值的不同，特征根 p_1、p_2 可能出现如下四种情况。

(1) 当 $\left(\dfrac{R}{2L}\right)^2 > \dfrac{1}{LC}$ 时，p_1、p_2 为不相等的负实根，称为过阻尼情况。特征根为

$$p_{1,2} = -\delta \pm \sqrt{\delta^2 - \omega_0^2}$$

微分方程的通解为

$$u_C(t) = A_1 \mathrm{e}^{p_1 t} + A_2 \mathrm{e}^{p_2 t} \qquad (3-8-3)$$

式中，待定常数 A_1、A_2 由初始条件来确定，其方法是当 $t=0_+$ 时刻，由式(3-8-3)可得

$$u_C(0_+) = A_1 + A_2 \qquad (3-8-4)$$

对式(3-8-3)求导，可得 $t=0_+$ 时刻 $u_C(t)$ 对 t 的导数的初始值为

$$u'_C(0_+) = \frac{\mathrm{d}u_C(t)}{\mathrm{d}t}\bigg|_{t=0_+} = A_1 p_1 + A_2 p_2 = -\frac{i(0_+)}{C} \qquad (3-8-5)$$

联立求解式$(3-8-4)$和式$(3-8-5)$，便可以解出A_1、A_2。

根据式$(3-8-3)$可见，零输入响应$u_C(t)$是随时间按指数规律衰减的，没有振荡性质。$u_C(t)$的波形如图$3-8-2$所示。

(2) 当$\left(\dfrac{R}{2L}\right)^2 = \dfrac{1}{LC}$时，$p_1$、$p_2$为相等的负实根，称为临界阻尼情况。特征根为

$$p_1 = p_2 = -\delta$$

微分方程的通解为

$$u_C(t) = (A_1 + A_2 t)\mathrm{e}^{-pt} \qquad (3-8-6)$$

式中，常数A_1、A_2由初始条件$u_C(0_+)$和$u'_C(0_+)$来确定。

根据式$(3-8-6)$可知，这种情况的响应也是非振荡的。$u_C(t)$的波形如图$3-8-3$所示。

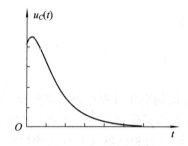

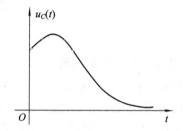

图$3-8-2$　过阻尼时$u_C(t)$的波形　　　　图$3-8-3$　临界阻尼时$u_C(t)$的波形

(3) 当$\left(\dfrac{R}{2L}\right)^2 < \dfrac{1}{LC}$时，$p_1$、$p_2$为具有负实部的共轭复根，称为欠阻尼情况。特征根为

$$p_{1,2} = -\frac{R}{2L} \pm \mathrm{j}\sqrt{\frac{1}{LC} - \left(\frac{R}{2L}\right)^2} = -\delta \pm \mathrm{j}\omega_\mathrm{d}$$

式中：

$$\omega_\mathrm{d} = \sqrt{\frac{1}{LC} - \left(\frac{R}{2L}\right)^2} = \sqrt{\omega_0^2 - \delta^2} \qquad (3-8-7)$$

称为阻尼振荡角频率。微分方程的通解为

$$u_C(t) = A\mathrm{e}^{-\delta t}\sin(\omega_\mathrm{d} t + \varphi) \qquad (3-8-8)$$

式中，常数A和φ由初始条件确定。

根据式$(3-8-8)$可知，u_C随时间变化的规律具有衰减的振荡特性，它的振幅$A\mathrm{e}^{-\delta t}$随时间按指数规律衰减，衰减的快慢取决于衰减系数δ的大小，δ越大，则衰减越快。衰减振荡的角频率为ω_d，ω_d越大，则振荡周期$t = 2\pi/\omega_\mathrm{d}$越小。$u_C(t)$的波形图如图$3-8-4$所示。

(4) 当$R = 0$时，p_1、p_2为一对共轭虚根，称为无阻尼情况。特征根为

$$p_{1,2} = \pm\mathrm{j}\omega_0$$

响应的表达式为

$$u_C(t) = A\sin(\omega_0 t + \varphi) \qquad (3-8-9)$$

A 和 φ 可以直接由初始条件确定。$u_C(t)$ 的波形如图 $3-8-5$ 所示。

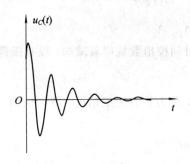

图 $3-8-4$　欠阻尼时的 $u_C(t)$ 波形

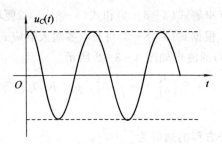

图 $3-8-5$　无阻尼等振幅振荡时的 $u_C(t)$ 波形

由式($3-8-9$)和 $u_C(t)$ 的波形图可见，电路的零输入响应是不衰减的正弦振荡，其角频率为 ω_0。由于电路电阻为零，故称为无阻尼等幅振荡情况。

本 章 小 结

1. 过渡过程产生的原因

电路从一种稳定状态变化到另一种稳定状态所经历的中间过程称为过渡过程。产生过渡过程的内因是电路含有储能元件，外因是换路。其实质是能量不能跃变而只能做连续的变化。因此，凡是含有储能元件的电路，在涉及与电场能量和磁场能量有关的物理量发生变化时都要产生过渡过程。

2. 换路定律

若向储能元件提供的能量为有限值，则各储能元件的能量不能跃变。具体表现在电容两端的电压不能跃变，电感中的电流也不能跃变，这个规律称为换路定律，即

$$\begin{cases} u_C(0_+) = u_C(0_-) \\ i_L(0_+) = i_L(0_-) \end{cases}$$

3. 一阶电路的零输入响应

RC 电路：

$$u_C = u_C(0_+) e^{-\frac{t}{\tau}}$$

RL 电路：

$$i_L = i_L(0_+) e^{-\frac{t}{\tau}}$$

4. 一阶电路的零状态响应

RC 电路：
$$u_C = u_C(\infty)(1 - e^{-\frac{t}{\tau}})$$

RL 电路：
$$i_L = i_L(\infty)(1 - e^{-\frac{t}{\tau}})$$

5. 一阶电路的全响应

$$全响应＝稳态分量＋暂态分量$$

或 全响应＝零输入响应＋零状态响应

以上两个表达式反映了线性电路的叠加定理。

6. 三要素法

三要素法是基于经典法的一种求解过渡过程的简便方法。对于直流电源激励的一阶电路，可用三要素法求解。三要素的一般公式可以表示为

$$f(t) = f(\infty) + [f(0_+) - f(\infty)]e^{-\frac{t}{\tau}}$$

式中，$f(0_+)$ 为待求量的初始值，$f(\infty)$ 为待求量的稳态值，τ 为电路的时间常数。

7. 积分与微分电路

积分电路： $$u_i = RC\frac{\mathrm{d}u_o}{\mathrm{d}t}$$

微分电路： $$u_o = RC\frac{\mathrm{d}u_i}{\mathrm{d}t}$$

8. 一阶电路的阶跃响应

一阶电路对阶跃激励的零状态响应称为一阶电路的阶跃响应。

9. 二阶电路的响应

特征根 p_1、p_2 取值不同，二阶电路的响应分为过阻尼、临界阻尼、欠阻尼和无阻尼。

习 题 三

3-1 题 3-1 图所示电路中，已知 $U_s = 12$ V，$R_1 = 4$ kΩ，$R_2 = 8$ kΩ，$C = 1$ μF，$t = 0$ 时，闭合开关 S。试求初始值 $i_C(0_+)$、$i_1(0_+)$、$i_2(0_+)$ 和 $u_C(0_+)$。

3-2 题 3-2 图所示电路中，已知 $U_s = 60$ V，$R_1 = 20$ Ω，$R_2 = 30$ Ω，电路原先已达稳态，$t = 0$ 时，闭合开关 S。试求初始值 $i_C(0_+)$、$i_1(0_+)$ 和 $i(0_+)$。

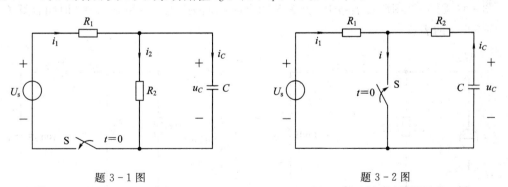

题 3-1 图　　　　　　　　　题 3-2 图

3-3 题 3-3 图所示电路中，已知 $U_s = 10$ V，$R_1 = 2$ Ω，$R_2 = R_3 = 4$ kΩ，$L = 200$ mH，开关 S 打开前电路已达稳态。求开关断开后的 i_1、i_2、i_3 和 u_L。

3-4 一个 $C = 2$ μF 的电容元件和 $R = 5$ Ω 的电阻元件串联组成无分支电路，在 $t = 0$ 时与一个 $U_s = 100$ V 的直流电压源接通，求 $t \geqslant 0$ 时 i 的表达式。

3-5 题 3-5 图所示电路中，电路原先已达稳态，$t = 0$ 时闭合开关 S。试求初始值

$i_L(0_+)$、$u_L(0_+)$ 及稳态值 $u_L(\infty)$、$i_L(\infty)$。

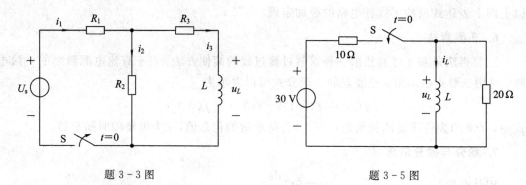

题 3-3 图   题 3-5 图

3-6 题 3-6 图所示电路中，已知 $U_s = 10$ V，$R_1 = R_2 = 10$ Ω，电路原先已达稳态，$t = 0$ 时闭合开关 S。试求初始值 $i_L(0_+)$、$u_L(0_+)$ 及稳态值 $u_L(\infty)$、$i_L(\infty)$。

3-7 题 3-7 图所示电路中，电路原先已达稳态，$t = 0$ 时打开开关 S。试求初始值 $i_C(0_+)$、$u_C(0_+)$，稳态值 $u_C(\infty)$、$i_C(\infty)$ 及时间常数 τ。

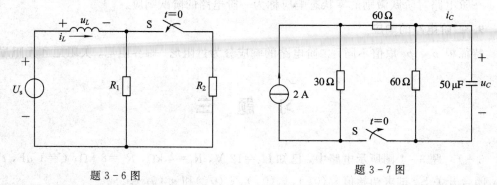

题 3-6 图   题 3-7 图

3-8 题 3-8 图所示电路中，开关 S 闭合前，电路原先已达稳态，$t = 0$ 时闭合开关 S。求 $t \geqslant 0$ 时电感电流 i_L、电感电压 u_L 的表达式。

3-9 题 3-9 图所示电路中，开关 S 闭合前，电路原先已达稳态，$t = 0$ 时闭合开关 S。求 $t \geqslant 0$ 时 i 的表达式。

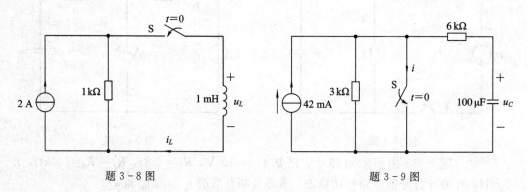

题 3-8 图   题 3-9 图

3-10 题 3-10 图所示电路中，已知 $U_s = 6$ V，$R_1 = 10$ Ω，$R_2 = 20$ Ω，$C = 1000$ pF，且原先未储能，试用三要素法求开关闭合后 R_2 两端的电压 u_{R_2}。

3-11 题 3-11 图所示电路中，已知 $U_s = 100$ V，$R_1 = 6$ Ω，$R_2 = 4$ Ω，$L = 20$ mH，

$t=0$ 时闭合开关 S。试用三要素法求换路后的 i 和 u_L 的表达式。

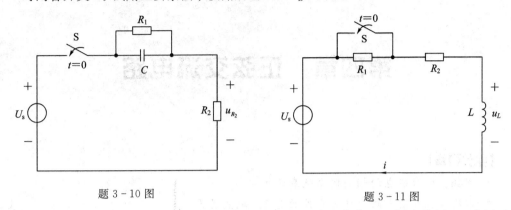

题 3-10 图　　　　　　　　　　　　　题 3-11 图

3-12　题 3-12 图所示电路原已稳定，$t=0$ 时开关 S 由位置 1 扳向位置 2，求经过多长时间 u_C 等于零。

3-13　题 3-13 图所示电路原已稳定，$t=0$ 时开关 S 闭合，应用三要素法求电路的全响应 i_L 和 u_L。

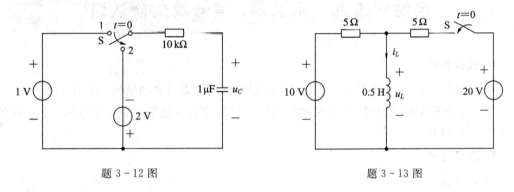

题 3-12 图　　　　　　　　　　　　　题 3-13 图

第四章 正弦交流电路

【学习目标】

• 掌握正弦交流电的相关概念及表示方法。

• 掌握正弦交流电路中相关元件的电压、电流关系。

• 掌握正弦交流电路的基本分析方法。

• 掌握提高功率因数的方法。

技能训练九　示波器、信号发生器认识

1. 训练目的

（1）通过本训练，熟悉信号发生器、示波器等常用仪器设备的结构、使用方法。

（2）通过本训练，能够使用常用的仪器仪表测量交直流电流、交直流电压、非正弦波的波形及峰-峰值（U_{p-p}）等。

2. 原理说明

1）示波器

示波器是利用电子示波管的特性，将人眼无法直接观测的交变电信号转换成图像，显示在荧光屏上以便测量的电子测量仪器，它是观察数字电路实验现象、分析实验中的问题、测量实验结果必不可少的重要仪器。示波器由示波管和电源系统、同步系统、X 轴系统、Y 轴系统、Z 轴系统、延迟扫描系统、标准信号源组成，如训练图 9-1 所示。

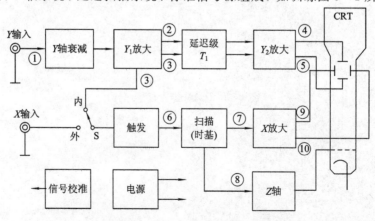

训练图 9-1　示波器组成框图

示波器在使用前应注意：

（1）检查电源电压应适应 $220 \times (1 \pm 10\%)\text{V}$。

（2）使用环境温度为 $0℃ \sim +40℃$，湿度 $\leqslant 90\%（+40℃）$，工作环境无强烈的电磁场干扰。

（3）输入端不应输入超过技术参数所规定的电压。

（4）显示光点的辉度不宜过亮，以免损坏屏幕。

下面介绍双踪示波器的主要用途。

（1）电压测量。用示波器可以对被测波形进行电压测量，正确的测量方法虽可根据不同的测试波形有所差异，但测量的基本原理是相同的。在一般情况下，多数测试波形同时含有交流和直流分量，测量时也经常需要测量两种分量复合或单独的数值。

（2）时间测量。用示波器来测量各种信号的时间参数可以取得比较精确的效果，这是因为本机在荧光屏 X 方向上每个 div 的扫描速度是定量的。

（3）相位测量。对于两个同频率信号间的相位差，可以用示波器的双迹功能来进行，这种相位差的测量会用到垂直系统的频率极限，可用下列步骤来进行相位比较。

① 预置仪器控制件获得光迹基线，然后将垂直方式开关置于"ALT"（频率低时可用"CHOP"），触发源置于"垂直"。

② 根据耦合要求，两个"耦合方式"开关应置于相同位置。

③ 用两根具有相同时间延迟的探极或同轴电缆，将已知两个信号输入到 CH_1 和 CH_2 端，并使波形稳定。

④ 调整 CH_1 和 CH_2 的信号，使两个波形均移到上下对称于 $0-0'$ 轴，读出 A、B，则相位差角 $\varphi = (A/B) \times 360°$，如训练图 $9-2$ 所示。

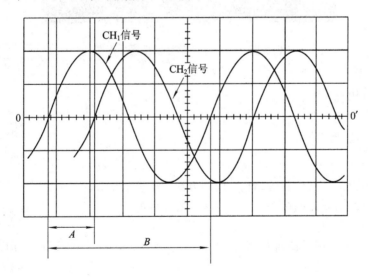

训练图 $9-2$　相位测试图

2）函数信号发生器

函数信号发生器面板如训练图 $9-3$ 所示，其使用方法如下：

（1）打开电源开关（LINE），函数信号发生器开始工作，数码管显示屏（LED）显示当前状态下发生器的输出信号的频率。注意：显示的频率单位是 kHz。

（2）将波形选择开关打到欲使用的波形的位置（正弦波、三角波、方波可选）。

（3）将频率调节旋钮和挡位选择开关组合起来进行频率调节。如果挡位开关打在 10 Hz 挡位上，那么调节上面的频率调节旋钮（FREQ），可以得到 $2 \times 10 \sim 22 \times 10$ Hz 的频率范围。在不同的挡位，得到的频率范围也不同。

（4）用幅值调节旋钮（AMP）进行输出信号幅值的调节，信号最大输出电压为空载 20 V。

（5）右下角的信号衰减开关一般情况下放在"0"的位置上。当开关打到"20"或"40"位置上时，输出信号的幅值衰减 20 dB 或 40 dB。

（6）占空比调节旋钮仅在产生方波时才起作用。

（7）函数信号发生器下端的三个端子：VCO 为压控振荡器的输入，TTL 为信号同步输出，OUTPUT 为信号输出。

（8）函数信号发生器在使用过程中，要注意避免输出端短路，并且在改变信号输出频率的同时，也应检测信号的幅值是否发生变化，若有变化应调到要求的数值。

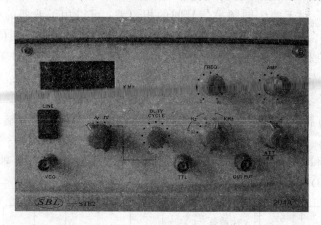

训练图 9-3　函数信号发生器外形图

3. 训练设备

（1）数字万用表；

（2）函数信号发生器；

（3）双踪示波器。

4. 训练内容

（1）了解函数信号发生器的结构、使用方法、注意事项。

（2）了解双踪示波器的结构、使用方法、注意事项。

（3）进行如下练习：

① 调出一个信号用示波器观察（正弦波，$U_{\text{p-p}} = 500$ mV，$f = 1$ kHz），用万用表测其电压的有效值。

② 调出一个信号用示波器观察（方波，$U_{\text{p-p}} = 100$ mV，$f = 5$ Hz，占空比为 25%）。

③ 调出一个信号用示波器观察（三角波，$U_{\text{p-p}} = 2$ V，$f = 10$ kHz），用示波器读出其周期，与计算值进行比较。

5. 训练注意事项

示波器为新机或久置复用时，应用机器内部校准信号进行自身检查。

6. 思考题

(1) 在使用函数信号发生器与双踪示波器的信号探头的两个夹子(或一钩一夹)时应注意什么？

(2) 分析在示波器上观察不到波形的原因。

7. 训练报告

(1) 整理训练数据，分析误差产生的原因。

(2) 画出由双踪示波器上看到的各波形图。

技能训练十　交流电路元件(R、L、C)电压与电流关系测试

1. 训练目的

(1) 掌握交流电压表、交流电流表、单相调压器的使用。

(2) 测定电感、电阻、电容元件的伏安特性。

2. 原理说明

(1) 在交流电路中，通过元件的电流其有效值和加于该元件两端的电压的有效值之间的关系 $U=f(I)$ 称为交流伏安特性。交流伏安特性应在固定的电源频率下测定。实验中用的是电压为 220 V、频率为 50 Hz 的交流电源，经过单相调压器输出可调电压进行测量。

(2) 当元件的参数为常数时称线性元件，如电阻元件、电容元件、空心电感线圈等。线性元件的交流伏安特性曲线是通过坐标原点的一条直线。

(3) 具有铁芯的线圈(如交流电磁铁、变压器)，由于铁磁材料的磁化特性，当线圈中通过电流时，铁芯中将产生很强的附加磁场，其磁感应强度(B)和磁通(Φ)均大大增强，根据电感定义，$L=\Psi/I=N\Phi/I$。可见，具有铁芯线圈的电感将大于空芯线圈的电感。同时由于铁芯材料具有磁饱和特性，因此其磁化曲线 $B=f(H)$ 如训练图 10-1 所示。因为铁芯线圈的电流 I 和磁通 Φ 之间必须满足铁芯的磁化曲线所确定的关系，而且铁芯线圈的外加电压的有效值 U 和磁通最大值 ΦM 是成正比的，所以铁芯线圈的伏安特性曲线与磁化特性曲线一样，呈饱和特性，如训练图 10-2 所示。可见，铁芯线圈的电感量并非常数，它与通过线圈的电流大小有关，是非线性元件。

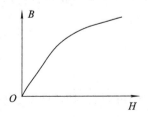

训练图 10-1　磁化曲线图

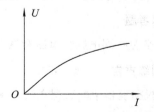

训练图 10-2　伏安关系曲线

3. 训练设备

(1) 单相调压器，R600 型；

(2) 交流电压表，T_{19} - V 型；

(3) 交流电流表，T25 - A 型；

(4) 滑线变阻器，BX7 - 13 型；

(5) 电容元件，$C = 10\ \mu F$；

(6) 电感元件(镇流器)；

(7) 空心电感。

4. 训练内容

按训练图 10 - 3 接线，分别测出电阻、空芯线圈(内阻 55 Ω)、铁芯线圈(内阻 50 Ω)和电容元件上的电压和电流。

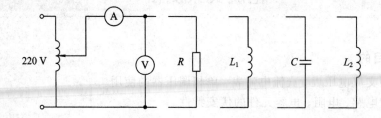

训练图 10 - 3　接线图

(1) 电阻性电路：调节调压器的输出电压分别为 30 V、35 V、40 V、45 V、50 V，测出电阻两端的电压和通过电阻支路的电流，分别记入自拟表格中。

(2) 空芯线圈电感性电路：调节调压器的输出电压分别为 30 V、35 V、40 V、45 V、50 V，测出电感两端的电压和通过电感支路的电流，分别记入自拟表格中。

(3) 铁芯线圈电感性电路：先用万用表的欧姆挡测出电感线圈内阻，再调节调压器的输出电压分别为 100 V、150 V、200 V、220 V、250 V，测出电感两端的电压和通过电感支路的电流，分别记入自拟表格中。

(4) 电容性电路：调节调压器的输出电压分别为 100 V、150 V、200 V、220 V、250 V，测出电容两端的电压和通过电容支路的电流，分别记入自拟表格中。

5. 训练注意事项

数据测量完毕后，应切断电源，但不要急于拆除线路。首先检查有无遗漏和分析操作是否正确，然后将测量数据送于老师，经老师检查无误后方可拆除线路进行整理工作。

6. 思考题

比较空芯线圈电感性电路和铁芯线圈电感性电路的不同。

7. 训练报告

(1) 根据表格中的数据在同一坐标系作出 R、L、C 元件的伏安特性即 $U = f(I)$ 曲线。

(2) 根据表格中的数据计算 R、X_L、X_C。

(3) 分析并总结实验结果。

4.1　正弦交流电的基本概念

前面已介绍了直流电路，直流电路中的电压和电流的大小和方向都不随时间变化，但实际生产中广泛应用的是一种大小和方向随时间按一定规律周期性变化且在一个周期内的平均值为零的周期电流或电压，叫作交变电流或电压，简称交流。如果电路中电流或电压随时间按正弦规律变化，叫作正弦交流电路。

正弦交流电容易进行电压变换，便于远距离输电和安全用电，所以在实际中得到了广泛的应用。工程中一般所说的交流电，通常都指正弦交流电。

本章的主要内容有：正弦量的基本概念及表示，交流电路中基本元件的特性，一般交流电路的分析，交流电路的功率，功率因数的提高等。

4.1.1　正弦交流电的特征参数

1. 交流电的函数表示和波形图

大小随时间按一定规律作周期性变化且在一个周期内平均值为零的电流（电压、电动势）称为交流电。交流电的变化形式是多种多样的。随时间按正弦规律变化的电流（电压、电动势）称为正弦电量，或称为正弦交流电（简称交流电）。如图 4-1-1 所示，其波形图对应的数学表达式为

$$i = I_m \sin(\omega t + \varphi) \tag{4-1-1}$$

式(4-1-1)是时间函数，任一时间所对应正弦量 i 的数值称为该正弦交流电流的瞬时值。正弦量的数学表达式和波形图是正弦量的两种最基本的表示形式。

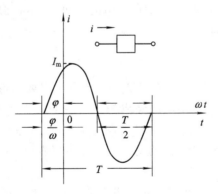

图 4-1-1　正弦交流电流波形

2. 交流电的参数

以电流为例，图 4-1-1 为正弦电流的波形，它表示了电流的大小和方向随时间作周期性变化的情况。

1）最大值

正弦交流电在周期性变化过程中，出现的最大的瞬时值称为交流电的最大值。从正弦波的波形上看，最大值为波幅的最高点，所以也称幅值，如图 4-1-1 所示，即为表达式中

的 I_m。正弦量的一个周期内两次达到同样的最大值，只是方向不同。

2）周期

所谓周期，就是交流电完成一个循环所需要的时间，用字母 T 表示，单位为秒，如图 4-1-1 所示。单位时间内交流电变化所完成的循环数称为频率，用 f 表示。据此定义，频率与周期值互为倒数，即

$$f = \frac{1}{T} \qquad\qquad (4-1-2)$$

频率的单位为 1/秒，又称为赫兹［Hz］。工程实际中常用的单位还有 kHz、MHz 及 GHz 等，它们的关系为 1 kHz(千赫)＝10^3 Hz，1 MHz(兆赫)＝10^6 Hz，1 GHz(吉赫)＝10^9 Hz。相应的周期单位为 ms(毫秒)、μs(微秒)、ns(纳秒)。工程实际中，往往也以频率区分电路，例如高频电路、低频电路。我国和世界上大多数国家电力工业的标准频率即所谓的"工频"是 50 Hz，其周期为 0.02 s，少数国家(如美国、日本)的工频为 60 Hz。在其他技术领域中也用到各种不同的频率。声音信号的频率约为 20～20000 Hz，广播中波段载波频率为 535～1605 Hz，电视用的频率以 MHz 计，高频炉的频率为 200～300 kHz，中频炉的频率是 500～8000 Hz。

正弦量解析式中的角度 $\omega t + \varphi$ 叫作正弦量的相位角，简称相位。正弦量在不同的瞬间 t，有着不同的相位，对应的值(包括大小和正负)也不同，随着时间的推移，相位逐渐增加。相位每增加 2π rad(弧度)，正弦量经历一个周期，又重复原先的变化规律。为了简明，在电路分析中 $i(t)$、$u(t)$ 常用 i、u 表示。

正弦量相位变化的速率

$$\frac{\mathrm{d}}{\mathrm{d}t}(\omega t + \varphi) = \omega \qquad\qquad (4-1-3)$$

叫作正弦量的角频率，其单位为 rad/s(弧度)。

因为正弦量每经历一个周期 T 的时间，相位增加 2π rad，所以正弦量的角频率 ω、周期 T 和频率 f 三者的关系为

$$\omega = \frac{2\pi}{T} = 2\pi f \qquad\qquad (4-1-4)$$

ω、T、f 三者都反映正弦量变化的快慢，三个量中只要知道一个，其他两个物理量就可以求得。例如，我国工业和民用电的频率为 $f = 50$ Hz(称为工频)，其周期 $T = 1/50 = 0.02$ s，角频率 $\omega = 314$ rad/s。ω 越大，即 f 越大或 T 越小，正弦量循环变化越快；ω 越小，即 f 越小或 T 越大，正弦量循环变化越慢。直流量可以看成 $\omega = 0$(即 $f = 0$，$T = \infty$)。

3）初相位

$t = 0$ 时正弦量的相位叫作正弦量的初相位，简称初相，用 φ 表示。计时起点选择不同，正弦量的初相不同。一般规定 $-\pi < \varphi < \pi$，即其绝对值不超过 π。例如，$\varphi = 320°$，可化为 $\varphi = 320° - 360° = -40°$。$t = 0$ 时正弦量的值为 $i(0) = I_m \sin\varphi_i$。

综上所述，如果知道一个正弦量的最大值、角频率(频率)和初相位，就可完全确定该正弦电量，即可用数学表达式或用波形图将它表示出来，所以称这三个量为正弦量的三要素。

4）相位差

两个同频率正弦量：

$$u = U_{\mathrm{m}} \sin(\omega t + \varphi_u)$$
$$i = I_{\mathrm{m}} \sin(\omega t + \varphi_i)$$

相位分别为 $\omega t + \varphi_u$、$\omega t + \varphi_i$，相位差 $\Delta\varphi = (\omega t + \varphi_u) - (\omega t + \varphi_i) = \varphi_u - \varphi_i$，即它们的初相位之差。注意：只有两个同频率的正弦量才能比较相位差。

　　初相相等的两个正弦量的相位差为零，这样的两个正弦量叫作同相。同相的两个正弦量同时达到零值，同时达到最大值。相位差为 π 的两个正弦量叫作反相。反相的两个正弦量各瞬间的值都是异号的，并同时为零。如图 4-1-2 所示，i_1 与 i_2 为同相，i_2 与 i_3 为反相。

　　两个正弦量的初相不等，相位差就不为零。例如，$\varphi_{ui} = \varphi_u - \varphi_i = 60°$，我们就称 u 比 i 超前 $60°$（或者 i 比 u 滞后 $60°$）。超前的时间为

$$\frac{\varphi_{ui}}{\omega} = \frac{60°}{\omega} = \frac{1}{6}T$$

　　应当注意，当两个同频率正弦量的计时起点改变时，它们的初相跟着改变，初始值也改变，但是两者的相位差保持不变，即相位差与计时起点的选择无关。习惯上，规定相位差的绝对值不超过 π。上述 u 与 i 的波形如图 4-1-3 所示，起点不同，初相位不同。

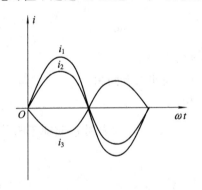

图 4-1-2　同相与反相的电流

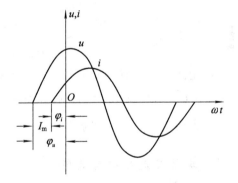

图 4-1-3　$u(t)$ 与 $i(t)$ 的初相位不同

　　【例 4-1】　一正弦交流电的最大值为 311 V，$t=0$ 时的瞬时值为 269 V，频率为 50 Hz，写出其解析式。

　　解　设该正弦电压的解析式为

$$u = U_{\mathrm{m}} \sin(\omega t + \varphi)$$

　　因为 $\omega = 2\pi f = 2\pi \times 50 = 314$ rad/s，又已知 $t=0$ 时，$u(0) = 269$ V 和 $U_{\mathrm{m}} = 311$ V，即

$$269 = 311 \sin\varphi$$
$$\sin\varphi = 0.866$$

所以 $\varphi = 60°$ 或 $\varphi = 120°$，故解析式为

$$u = 311 \sin(314t + 60°)\,\mathrm{V}$$

或

$$u = 311 \sin(314t + 120°)\,\mathrm{V}$$

　　【例 4-2】　分别写出图 4-1-4 中各电流 i_1、i_2 的相位差，并说明 i_1 与 i_2 的相位关系。

　　解　(a) 由图 4-1-4(a)知 $\varphi_1 = 0$，$\varphi_2 = 90°$，$\varphi_{12} = \varphi_1 - \varphi_2 = -90°$，表明 i_1 滞后于 i_2 $90°$。

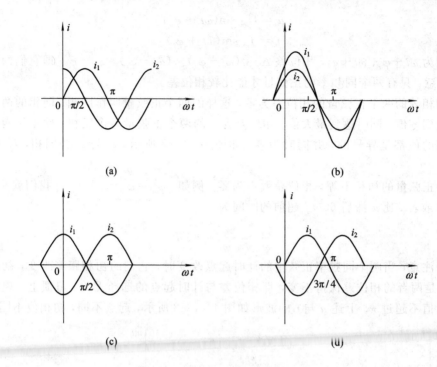

图 4 - 1 - 4　例 4 - 2 图

(b) 由图 4 - 1 - 4(b)知 $\varphi_1 = \varphi_2$，$\varphi_{12} = \varphi_1 - \varphi_2 = 0°$，表明二者同相。

(c) 由图 4 - 1 - 4(c)知 $\varphi_1 - \varphi_2 = \pi$，表明二者反相。

(d) 由图 4 - 1 - 4(d)知 $\varphi_1 = 0$，$\varphi_2 = -\dfrac{3\pi}{4}$，$\varphi_{12} = \varphi_1 - \varphi_2 = \dfrac{3\pi}{4}$，表明 i_1 超前于 i_2 $\dfrac{3\pi}{4}$。

4.1.2　正弦交流电的有效值

前面已介绍了正弦量的瞬时值和最大值，它们都不能确切反映在能量转换方面的效果，为此引入有效值。在日常生活和生产中提到的 220 V、380 V，常用于测量交流电压和交流电流的各种仪表所指示的数值以及电气设备上的额定值都指的是交流电的有效值。交流电的有效值是根据它的热效应而定义的。

对于同一电阻元件 R，周期电流 i 在其一个周期 T 秒内流过该电阻产生的热量与某一直流电流在同一时间 T 内流过该电阻产生的热量相等，则这个周期电流的有效值在数值上等于这个直流量的大小，用大写字母表示，如 I、U 等。

一个周期内直流电流通过电阻 R 所产生的热量为

$$Q = I^2 RT$$

交流电流通过同样的电阻 R，在一个周期内所产生的热量为

$$Q = \int_0^T i^2 R \, \mathrm{d}t$$

根据定义，这两个电流所产生的热量相等，即

$$I^2 RT = \int_0^T i^2 R \, \mathrm{d}t \tag{4 - 1 - 5}$$

故交流电的有效值为

$$I = \sqrt{\frac{1}{T}\int_0^T i^2 R\, \mathrm{d}t} \qquad (4-1-6)$$

对于交流电压也有同样的定义，即

$$U = \sqrt{\frac{1}{T}\int_0^T u^2 R\, \mathrm{d}t} \qquad (4-1-7)$$

当电阻 R 上通一正弦交流电流 $i = I_m \sin\omega t$ 时，由有效值定义可知

$$I = \frac{I_m}{\sqrt{2}} = 0.707 I_m \qquad (4-1-8)$$

同样，正弦电压的有效值为

$$U = \frac{U_m}{\sqrt{2}} = 0.707 U_m \qquad (4-1-9)$$

因此正弦量的解析式也可以写为

$$i = I\sqrt{2}\,\sin(\omega t + \varphi_i) \qquad (4-1-10)$$

$$u = U\sqrt{2}\,\sin(\omega t + \varphi_u) \qquad (4-1-11)$$

一般电器设备上所标明的电流、电压值都是指有效值。使用交流电流表、电压表所测出的数据也是有效值。但在分析整流器的击穿电压、计算电气设备的绝缘耐压时，要按交流电压的最大值考虑。

【例 4 - 3】 一个正弦电压的初相为 $60°$，有效值为 $110\ \mathrm{V}$，试求它的解析式。

解 因为 $U = 100\ \mathrm{V}$，所以其最大值为 $110\sqrt{2}\ \mathrm{V}$，电压的解析式为

$$u = 100\sqrt{2}\sin(\omega t + 60°)$$

【例 4 - 4】 照明电源的额定电压为 $220\ \mathrm{V}$，动力电源的额定电压为 $380\ \mathrm{V}$，它们的最大值各为多少？

解 额定电压均为有效值，据式 $(4-1-9)$ 得

$$U_m = \sqrt{2}U$$

故照明电的最大值为

$$U_m = \sqrt{2} \times 220 = 311\ \mathrm{V}$$

动力电源的最大值为

$$U_m = \sqrt{2} \times 380 = 537\ \mathrm{V}$$

4.2 正弦量的相量表示法

4.2.1 复数及其运算规则

直接用正弦量的解析式或波形分析计算正弦交流电路，计算量大且比较麻烦。在线性交流电路中，所有的电流和电压与电路所施加的激励是同频率的正弦量。因此，可以用一种简便的表示方法来分析交流电路。常用的方法为相量表示法。由于相量法要涉及复数的

运算，因此下面先简单复习复数。

在数学中常用 $A=a+ib$ 表示复数。其中，i 表示虚单位，在电工技术中，为了区别于电流的符号，虚单位用 j 表示。

1. 复数的四种表示形式

（1）复数的代数形式：

$$A=a+jb$$

（2）复数的三角形式：

$$A=r\cos\theta+jr\sin\theta$$

（3）复数的指数形式：

$$A=re^{j\theta}$$

（4）复数的极坐标形式：

$$A=r\angle\theta$$

其中，a 表示实部，b 表示虚部，r 表示复数的模，θ 表示复数的辐角，它们之间的关系如下：

$$r=\sqrt{a^2+b^2}$$

$$\theta=\arctan\frac{b}{a}$$

$$a=r\cos\theta$$

$$b=r\sin\theta$$

2. 复数的运算

1）复数的加减运算

设 $A_1=a_1+jb_1=r_1\angle\theta_1$，$A_2=a_2+jb_2=r_2\angle\theta_2$，则

$$A_1\pm A_2=(a_1\pm a_2)+j(b_1\pm b_2)$$

2）复数的乘除运算

设 $A_1=r_1\angle\theta_1$，$A_2=r_2\angle\theta_2$，则

$$A_1\times A_2=r_1\times r_2\angle(\theta_1+\theta_2)$$

$$\frac{A_1}{A_2}=\frac{r_1}{r_2}\angle(\theta_1-\theta_2)$$

在电路分析时常用代数形式和极坐标形式。

【例 4-5】 已知复数 $A_1=2+j2$，$A_2=1-j\sqrt{3}$，试求 A_1+A_2、A_1-A_2、$A_1\times A_2$、$\dfrac{A_1}{A_2}$。

解　因为 $A_1=2+j2=2\sqrt{2}\angle45°$，$A_2=1-j\sqrt{3}=2\angle-60°$，所以

$$A_1+A_2=(2+1)+j(2-\sqrt{3})=3+j0.268$$

$$A_1-A_2=(2-1)+j(2+\sqrt{3})=1+j3.732$$

$$A_1\times A_2=2\sqrt{2}\times2\angle(45°-60°)=4\sqrt{2}\angle-15°$$

$$\frac{A_1}{A_2}=\frac{2\sqrt{2}}{2}\angle(45°+60°)=\sqrt{2}\angle105°$$

4.2.2 正弦量的相量表示法及其运算规则

直接用正弦量的解析式或波形分析计算正弦交流电路，计算量大且繁。在线性交流电路中，所有的电流和电压与电路所施加的激励是同频率的正弦量。因此，可以用一种简便的表示方法来分析交流电路，常用的方法为相量表示法。

用相量表示正弦交流电的方法是：在直角坐标系中画一个旋转矢量，如图 4-2-1 所示，矢量的长度等于正弦交流电的最大值，该矢量与横轴正向的夹角等于正弦交流电的初相位，矢量以角速度 ω 按逆时针方向旋转，旋转的角速度等于正弦交流电的角频率。如果将纵轴作为虚轴，横轴作为实轴，则该矢量可以表示成一个复数，这个复数称为相量，即一个旋转矢量每个瞬间在虚轴上的投影就与正弦量各瞬间的值相对应。

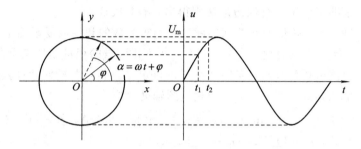

图 4-2-1 旋转矢量图

所谓相量表示法，就是用模值等于正弦量的最大值（或有效值），辐角等于正弦量的初相的复数对应地表示相应的正弦量。通常把这样的复数就叫作正弦量的相量。

相量的模等于正弦量的有效值时，叫作有效值相量，用 $\dot{I}$、$\dot{U}$ 等表示。相量的模等于正弦量的最大值时，叫最大值相量，用 $\dot{I}_{\mathrm{m}}$、$\dot{U}_{\mathrm{m}}$ 等表示。

正弦交流电流 i 和电压 u 的瞬时值表达式分别为

$$i = I_{\mathrm{m}} \sin(\omega t + \varphi_i) = I\sqrt{2}\,\sin(\omega t + \varphi_i)$$

$$u = U_{\mathrm{m}} \sin(\omega t + \varphi_u) = U\sqrt{2}\,\sin(\omega t + \varphi_u)$$

习惯上多用正弦量的有效值相量的极坐标形式，即

$$\dot{I} = I\angle\varphi_i$$

$$\dot{U} = U\angle\varphi_u$$

(4-2-1)

在进行运算时，也用到其三角式，即

$$\dot{I} = I\cos\varphi_i + \mathrm{j}I\sin\varphi_i$$

$$\dot{U} = U\cos\varphi_u + \mathrm{j}U\sin\varphi_u$$

将同频率正弦量的相量画在复平面上所得的图叫作相量图，但把不同频率的正弦量的相量画在同一复平面上是没有意义的。

【例 4-6】 已知同频率的正弦电流和电压的解析式分别为 $i = 10\sin(\omega t + 30°)$，$u = 220\sqrt{2}\,\sin(\omega t - 45°)$，写出电流和电压相量 $\dot{I}$、$\dot{U}$，并绘出相量图。

解 由解析式可得

$$\dot{I} = \frac{10}{\sqrt{2}}\angle 30° = 5\sqrt{2}\angle 30°\ \mathrm{A}$$

$$\dot{U} = \frac{220\sqrt{2}}{\sqrt{2}} \angle -45° = 220 \angle -45° \text{ V}$$

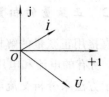

图 4-2-2　例 4-6 图

相量图如图 4-2-2 所示。

在电路的分析计算中，会碰到求正弦量的和差问题，这时可以借助于三角函数、波形来确定所得正弦量，但这样不方便且不准确。由数学可知，同频率的正弦量相加或相减所得结果仍是一个同频率的正弦量。这样就可以用相量来表示其相应的运算，即有定理：正弦量的和的相量等于正弦量的相量和。

设正弦量 i_1、i_2 的相量分别为 $\dot{I}_1$、$\dot{I}_2$，则 $i = i_1 + i_2$ 的相量

$$\dot{I} = \dot{I}_1 + \dot{I}_2$$

这个定理的证明可以按平行四边形法则得出，本书从略。

根据这个定理，求正弦量的和差问题就转化为求复数的和差或复平面上矢量的和差问题，电路中的计算问题得以简化。显然，把不同频率正弦量的相量相加是没有意义的。

一般在进行电路分析计算时，先做相量图进行定性分析，由复数计算具体结果，再转换成对应的瞬时值表达式，该种方法称为相量图辅助分析法。

【例 4-7】 已知 $i_1 = 3\sqrt{2}\ \sin\omega t\ \text{A}$，$i_2 = 4\sqrt{2}\ \sin(\omega t + 90°)\text{A}$，若 $i = i_1 + i_2$，求 $\dot{I}$ 和 i。

解　用相量计算，$\dot{I}_1 = 3\angle 0°\ \text{A}$，$\dot{I}_2 = 4\angle 90°\text{A}$，则

$$\begin{aligned}
\dot{I} &= \dot{I}_1 + \dot{I}_2 = 3\angle 0° + 4\angle 90° \\
&= 3\cos 0° + j3\sin 0° + 4\cos 90° + j4\sin 90° \\
&= 3 + j4 \\
&= 5\angle 53.1°\ \text{A}
\end{aligned}$$

所以

$$i(t) = 5\sqrt{2}\sin(\omega t + 53.1°)\ \text{A}$$

【例 4-8】 图 4-2-3 所示为交流电路中某一回路 $u_1 = 10\sqrt{2}\ \sin\omega t\ \text{V}$，$u_2 = 16\sqrt{2} \cdot \sin(\omega t + 90°)\text{V}$，求 u_3。

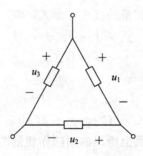

图 4-2-3　例 4-8 图

解　由 KVL 可得

$$u_1 + u_2 - u_3 = 0$$

或

$$u_3 = u_1 + u_2$$

而

$$\dot{U}_1 = 10\angle 0° = 10 \text{ V}$$
$$\dot{U}_2 = 16\angle 90° = 16\text{j V}$$

则有

$$\dot{U}_3 = \dot{U}_1 + \dot{U}_2 = 10 + 16\text{j} = 18.87\angle 57.99° \text{ V}$$

所以

$$u_3 = 18.87\sqrt{2}\,\sin(\omega t + 57.99°) \text{ V}$$

4.3　单一参数正弦交流电路的分析

4.3.1　电阻元件正弦交流电路的分析

　　在交流电路的分析中，对于元件上各量的参考方向，一般不加说明，仍遵循在直流电路中的约定，即电流和电压的方向为关联参考方向。电阻组件的关联参考方向、波形图和相量图如图 4-3-1(a)所示。

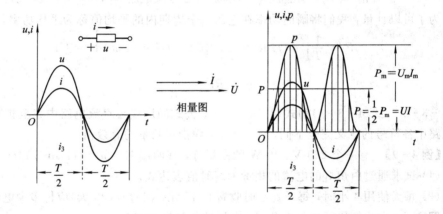

(a) 电阻元件的关联参考方向、波形图和相量图　　　(b) 电阻元件的电压、电流及功率波形

图 4-3-1　纯电阻电路

　　对于电阻元件 R，通过电流为 i，与电流关联的电压为 u，电阻元件上电压、电流的瞬时值仍遵从欧姆定律，是线性关系。根据欧姆定律可知

$$i = \frac{u}{R} \quad \text{或} \quad u = Ri \qquad\qquad (4-3-1)$$

正弦交流电路中电阻元件的分析如下：

1. 电压与电流关系

　　在交流电路中，凡是电阻起主要作用的负载如白炽灯、电烙铁、电炉、电阻器等，其电感很小，可忽略不计，则可看成纯电阻元件。仅由电阻元件构成的交流电路称为纯电阻电路。

设通过电阻元件的正弦电流为 $i = I\sqrt{2}\ \sin(\omega t + \varphi_i)$，则与该电流关联的电阻元件的电压为

$$u = Ri = RI\sqrt{2}\ \sin(\omega t + \varphi_i) = U\sqrt{2}\ \sin(\omega t + \varphi_u)$$

其中：

$$\begin{cases} U = RI \\ \varphi_u = \varphi_i \end{cases} \tag{4-3-2}$$

即电阻元件电压、电流的有效值仍遵从欧姆定律，且同相。

将式(4-3-2)写成相量式为

$$\dot{U} = R\dot{I} \tag{4-3-3}$$

由式(4-3-3)可以看出：

(1) 电阻元件的电流和电压瞬时值、最大值、有效值关系都遵从欧姆定律。

(2) 电阻元件的电流与电压同相，如图 4-3-1(a)所示。

2. 纯电阻电路的功率

电阻元件是一耗能元件，但在正弦交流电路中，其功率是随时间变化的，电阻元件在某一时刻的功率称为瞬时功率，如图 4-3-1(b)所示，设 $\varphi_i = 0$，则

$$p = ui = I\sqrt{2}\ \sin\omega t\, U\sqrt{2}\ \sin\omega t = 2UI\ \sin^2\omega t = UI - UI\ \cos2\omega t$$

为了可以计量，我们将瞬时功率在它的一个周期内的平均值称为平均功率，即

$$P = \frac{1}{T}\int_0^T p(t)\,\mathrm{d}t = \frac{1}{T}\int_0^T (UI - UI\ \cos2\omega t)\,\mathrm{d}t = UI \tag{4-3-4}$$

$$P = RI^2 = \frac{U^2}{R} \tag{4-3-5}$$

式(4-3-2)、式(4-3-4)和式(4-3-5)中，公式的形式与直流电路中完全相同，但与直流电路中各符号的意义完全不同，此处 U、I 均指正弦量的有效值。

【例 4-9】　有一个 220 V、40 W 的白炽灯，其两端电压 $u = 311\ \sin(314t + 30°)$ V。

(1) 试求通过白炽灯的电流的相量和瞬时值表达式；

(2) 每天使用 4 小时，每千瓦小时收费 0.45 元，问每月(30 天)应付多少电费？

解　(1) 白炽灯属于电阻性负载，电压的相量表达式为

$$\dot{U} = U\angle\varphi_u = \frac{311}{\sqrt{2}}\angle30° = 220\angle30°\ \text{V}$$

$$I = \frac{P}{U} = \frac{40}{220} = 0.128\ \text{A}$$

电流的相量表达式为

$$\dot{I} = 0.182\angle30°\ \text{A}$$

电流的瞬时值表达式为

$$i = \sqrt{2}I\ \sin(\omega t + \varphi_i) = 0.182\sqrt{2}\sin(314t + 30°)\ \text{A}$$

每月消耗的电能为

$$W = Pt = 40 \times 4 \times 30 = 4.8\ \text{kW} \cdot \text{h}$$

则每月应付电费为

$$4.8 \times 0.45 = 2.16\ \text{元}$$

4.3.2 电感元件连接形式及其正弦交流电路的分析

1. 电感元件连接

在电路中电感元件经常以用导线绕成的线圈形式出现。当电流通过线圈时，线圈周围就建立了磁场，根据电磁感应定律，在电压、电流关联参考方向下，线圈的端电压与电流的变化率成正比，即

$$u = L\frac{\mathrm{d}i}{\mathrm{d}t} \qquad (4-3-6)$$

式(4-3-6)说明，变化的电流流过电感时产生感应电压。在直流电路中，电流不变化，理想电感元件上的电压为零，相当于短路。

图4-3-2(a)为电感串联电路，各电压、电流参考方向关联，由电感元件的电压、电流关系知，则 $u_1 = L_1\frac{\mathrm{d}i}{\mathrm{d}t}$, $u_2 = L_2\frac{\mathrm{d}i}{\mathrm{d}t}$, $u_3 = L_3\frac{\mathrm{d}i}{\mathrm{d}t}$。

由 KVL 可知，电路端口电压为

$$u = u_1 + u_2 + u_3 = (L_1 + L_2 + L_3)\frac{\mathrm{d}i}{\mathrm{d}t} = L\frac{\mathrm{d}i}{\mathrm{d}t}$$

即电感串联后的等效电感为各串联电感之和：

$$L = L_1 + L_2 + L_3 \qquad (4-3-7)$$

图4-3-2(b)为电感并联电路，由电感元件上电压、电流关系知：

$$u = L_1\frac{\mathrm{d}i_1}{\mathrm{d}t} \quad u = L_2\frac{\mathrm{d}i_2}{\mathrm{d}t} \quad u = L_3\frac{\mathrm{d}i_3}{\mathrm{d}t}$$

由 KCL 得

$$i = i_1 + i_2 + i_3$$

端口电压：

$$u = L\frac{\mathrm{d}i}{\mathrm{d}t} = L\left(\frac{\mathrm{d}i_1}{\mathrm{d}t} + \frac{\mathrm{d}i_2}{\mathrm{d}t} + \frac{\mathrm{d}i_3}{\mathrm{d}t}\right) = uL\left(\frac{1}{L_1} + \frac{1}{L_2} + \frac{1}{L_3}\right)$$

即电感并联电路等效电感的倒数等于并联各电感倒数之和：

$$\frac{1}{L} = \frac{1}{L_1} + \frac{1}{L_2} + \frac{1}{L_3} \qquad (4-3-8)$$

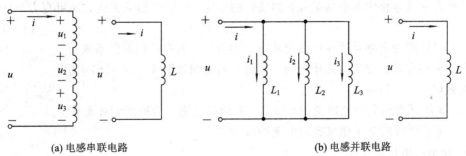

(a) 电感串联电路　　　　　　　　(b) 电感并联电路

图4-3-2　电感连接电路

2. 电压、电流关系

如图 4-3-3(a)所示，电感元件的电压、电流为关联参考方向。设通过电感元件的正弦电流为

$$i = I\sqrt{2}\ \sin(\omega t + \varphi_i)$$

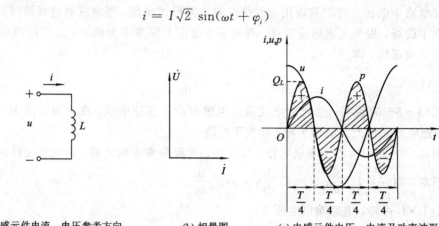

(a) 电感元件电流、电压参考方向　　　(b) 相量图　　　(c) 电感元件电压、电流及功率波形

图 4-3-3　纯电感电路

则电感元件的电压为

$$u = L\frac{\mathrm{d}}{\mathrm{d}t}\big[I\sqrt{2}\ \sin(\omega t + \varphi_i)\big] = \omega L I\sqrt{2}\ \cos(\omega t + \varphi_i)$$

$$= \omega L I\sqrt{2}\ \sin(\omega t + \varphi_i + 90°)$$

$$= U\sqrt{2}\ \sin(\omega t + \varphi_u)$$

所以

$$U = \omega L I \quad 或 \quad U_m = \omega L I_m \tag{4-3-9}$$

$$\varphi_u = \varphi_i + 90° \quad 或 \quad \varphi_{ui} = \varphi_u - \varphi_i = 90° \tag{4-3-10}$$

电压的相量表达式为

$$\dot{U} = \omega L I\angle(\varphi_i + 90°) = \mathrm{j}\omega L I\angle\varphi_i = \mathrm{j}\omega L\dot{I}$$

式中，ωL 称为电感元件的感抗，用 X_L 表示，即 $X_L = \omega L = 2\pi f L$，单位为欧姆($\Omega$)。$X_L$ 与 ω 成正比，频率愈高，X_L 愈大，在一定电压下，I 愈小；在直流情况下，$\omega = 0$，$X_L = 0$，则电感元件在交流电路中具有通低频、阻高频的特性。电压的相量表达式还可写为

$$\dot{U} = \mathrm{j}X_L\dot{I} \tag{4-3-11}$$

式(4-3-11)即为电感元件在正弦交流电路中电压、电流的相量关系式。

电感元件在正弦交流电路中电压、电流的相量图如图 4-3-3(b)所示。

由式(4-3-11)可知：

(1) 电感元件的电压和电流的最大值、有效值之间符合欧姆定律形式。

(2) 电感元件的电压相位超前电流相位 90°。

3. 纯电感电路的功率

设 $\varphi_i = 0$，纯电感电路的瞬时功率为

$$p = ui = 2UI\ \sin\Big(\omega t + \frac{\pi}{2}\Big)\ \sin\omega t = UI\ \sin 2\omega t$$

瞬时功率是以两倍于电流的频率按正弦规律变化的，最大值为 $UI = I^2 X_L$，其波形如图 4-3-3(c)所示。从瞬时功率的波形可以看出，在第一个 $\frac{T}{4}$ 和第三个 $\frac{T}{4}$ 时间内，U 与 I 同方向，p 为正，电感从外界吸收能量，线圈起负载作用；在第 2 个 $\frac{T}{4}$ 和第 4 个 $\frac{T}{4}$ 时间内，U 与 I 反向，p 为负值，电感向外释放级量，即把磁能转换为电能，放出的能量等于吸收的能量，故它是储能元件，只与外电路进行能量交换，本身不消耗能量。因此，它在一个周期内的平均功率为零，这一点可以由正弦函数的对称性利用积分的概念说明，本书从略。

为了衡量电感元件与外界交换能量的规模，引入无功功率(Q)的概念，即

$$Q_L = UI = I^2 X_L = \frac{U^2}{X_L} \tag{4-3-12}$$

这里"无功"的含义是"功率交换而不消耗"，并不是"无用"，无功功率的单位是 Var（乏）或 kVar（千乏）。与无功功率相对应，工程上还常把平均功率称为有功功率。

【例 4-10】　电路如图 4-3-4 所示，直流电压源 $U_s = 8$ V，$R_1 = 1\ \Omega$，$R_2 = R_3 = 6\ \Omega$，$L = 0.1$ H，电路已经稳定。求 L 的电流和磁场储能。

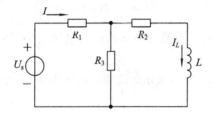

图 4-3-4　例 4-10 图

解　由于直流稳定状态时，电感相当于短路，电路总电阻为

$$R = R_1 + \frac{R_2 R_3}{R_2 + R_3} = 1 + \frac{6 \times 6}{6 + 6} = 4\ \Omega$$

则

$$I = \frac{U_s}{R} = \frac{8}{4} = 2\ \text{A}$$

电感电流为

$$I_L = \frac{R_3 I}{R_2 + R_3} = \frac{6 \times 2}{6 + 12} = 1\ \text{A}$$

电感储存的磁场能量为

$$W_L = \frac{1}{2} L I_L^{\ 2} = \frac{1}{2} \times 0.1 \times 1^2 = 0.5\ \text{J}$$

【例 4-11】　一个线圈电阻很小，可略去不计。电感 $L = 35$ mH，求该线圈在 50 Hz 和 1000 Hz 的交流电路中的感抗各为多少？若接在 $U = 220$ V，$f = 50$ Hz 的交流电路中，电流 I、有功功率 P、无功功率 Q_L 又是多少？

解　(1) $f = 50$ Hz 时，有

$$X_L = 2\pi f L = 2\pi \times 50 \times 35 \times 10^{-3} \approx 11\ \Omega$$

$f = 1000$ Hz 时，有

$$X_L = 2\pi f L = 2\pi \times 1000 \times 35 \times 10^{-3} \approx 220 \ \Omega$$

（2）当 $U=220$ V，$f=50$ Hz 时，电流：

$$I = \frac{U}{X_L} = \frac{220}{11} = 20 \ \text{A}$$

有功功率：

$$P = 0$$

无功功率：

$$Q_L = UI = 220 \times 20 = 4400 \ \text{Var}$$

4.3.3 电容元件连接形式及其正弦交流电路的分析

1. 电容元件

在电路中还经常用到另一种电路元件，称为电容器。当两个金属板中间用介质（绝缘材料）隔开时，便组成电容器。在交流电路中，由于电流方向不断发生变化，电容上存储的电荷量也跟随变化，根据电流的定义，流过的电流等于电容上电荷量的变化率，故有

$$i = \frac{dq}{dt} = \frac{d}{dt}(Cu) = C\frac{du}{dt} \tag{4-3-13}$$

式(4-3-13)说明，流过电容的电流与电容两端的电压变化率成正比。

1）电容并联电路

电容并联电路如图 4-3-5(a)所示，设端口电压为 u，每个电容的电压都为 u，它们所充的电荷量为

$$q_1 = C_1 u, \ q_2 = C_2 u, \ q_3 = C_3 u$$

它们所充的总电荷量为

$$q = q_1 + q_2 + q_3 = (C_1 + C_2 + C_3)u$$

故可得并联电容的等效电容为

$$C = \frac{q}{u} = C_1 + C_2 + C_3 \tag{4-3-14}$$

即并联电容的等效电容等于各个电容之和。

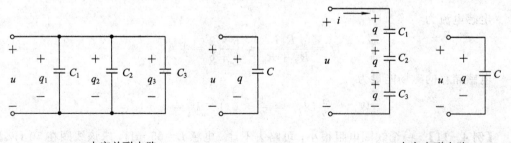

(a) 电容并联电路   (b) 电容串联电路

图 4-3-5　电容连接电路

2）电容串联电路

电容串联电路如图 4-3-5(b)所示，由电路可知：

$$u_1 = \frac{q}{C_1}, \quad u_2 = \frac{q}{C_2}, \quad u_3 = \frac{q}{C_3}$$

$$u = u_1 + u_2 + u_3 = \left(\frac{1}{C_1} + \frac{1}{C_2} + \frac{1}{C_3}\right)q$$

故得串联电容的等效电容的倒数等于并联各电容倒数之和，即

$$\frac{1}{C} = \frac{1}{C_1} + \frac{1}{C_2} + \frac{1}{C_3} \tag{4-3-15}$$

2. 电压、电流关系

如图 4-3-6(a)所示，电容元件的电压、电流为关联参考方向。

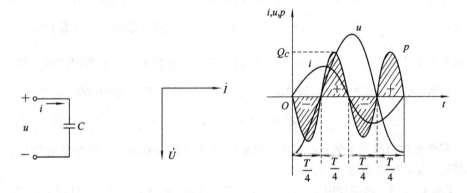

(a) 电容元件电流、电压参考方向　　(b) 相量图　　(c) 电容元件电压、电流及功率波形

图 4-3-6　纯电容电路

设电容元件两端的电压为 $u = U\sqrt{2}\,\sin(\omega t + \varphi_u)$，则电路中的电流为

$$i = C\frac{\mathrm{d}u}{\mathrm{d}t} = \omega C U \sqrt{2}\,\cos(\omega t + \varphi_u)$$

$$= \omega C U \sqrt{2}\,\sin(\omega t + \varphi_u + 90°)$$

$$= \omega C U \sqrt{2}\,\sin(\omega t + \varphi_i)$$

所以

$$I = \omega C U \quad 或 \quad I_m = \omega C U_m \tag{4-3-16}$$

$$\varphi_i = \varphi_u + 90° \quad 或 \quad \varphi_{ui} = \varphi_u - \varphi_i = -90° \tag{4-3-17}$$

电流的相量表达式为

$$\dot{I} = \omega C U \angle(\varphi_u + 90°) = \mathrm{j}\omega C U \angle\varphi_u = \mathrm{j}\omega C\dot{U}$$

式中，$\frac{1}{\omega C}$ 称为电容元件的容抗，用 X_C 表示，即 $X_C = \frac{1}{\omega C} = \frac{1}{2\pi f C}$，单位为欧姆（Ω）。$X_C$ 与 ω 成反比，频率愈高，X_C 愈小，在一定电压下，I 愈大；在直流情况下，$\omega = 0$，$X_C = \infty$，电容元件在交流电路中具有隔直通交和通高频阻低频的特性。电压的相量表达式还可写为

$$\dot{U} = -\mathrm{j}X_C\dot{I} \tag{4-3-18}$$

即为电容元件在正弦交流电路中电流、电压的相量关系式。图 4-3-6(b)为相量图（设 $\varphi_i = 0$，则 $\varphi_u = -90°$）。

由式(4-3-18)可知：

(1) 电容元件的电压和电流的最大值、有效值符合欧姆定律。

(2) 电容元件的电流相位比电压相位超前 90°。

3. 纯电容电路的功率

设 $\varphi_i = 0$，纯电容电路的瞬时功率为

$$p = ui = U_m I_m \sin\left(\omega t - \frac{\pi}{2}\right)\sin\omega t = -UI\sin2\omega t$$

与纯电感电路的瞬时功率相似，纯电容电路瞬时功率也是以电流的频率的两倍、按正弦规律变化的，最大值为 $UI = I^2 X_C$，其波形如图 4-3-6(c)所示。从瞬时功率的波形可以看出，在第一个 $\frac{T}{4}$ 和第三个 $\frac{T}{4}$ 内，u 与 i 反向，p 为负值，即电容组件释放能量，但在第二个 $\frac{T}{4}$ 和第四个 $\frac{T}{4}$ 内，u 与 i 同方向，p 为正值，即电容吸收能量。由曲线的对称性知，吸收的能量与释放的能量相同，故它是储能元件。同理，电容的平均功率为零，电容的无功功率为

$$Q_C = -UI = -I^2 X_C = -\frac{U^2}{X_C} \tag{4-3-19}$$

容性无功功率为负值，表明它与电感转换能量的过程相反，电感吸收能量的同时，电容释放能量，反之亦然。

【**例 4-12**】 电路如图 4-3-7 所示，$R_1 = 4\ \Omega$，$R_2 = R_3 = R_4 = 2\ \Omega$，$C = 0.2\mathrm{F}$，$I_s = 2\ \mathrm{A}$，电路已经稳定。求电容元件的电压及储能。

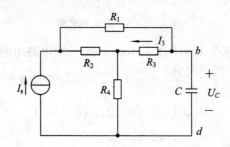

图 4-3-7　例 4-12 图

解 电容相当于开路，则

$$I_3 = \frac{R_2 I_s}{(R_1 + R_3) + R_2} = \frac{4 \times 2}{(4 + 2) + 2} = 1\ \mathrm{A}$$

电容电压为

$$U_C = U_{bd} = R_3 I_3 + R_4 I_s = 2 \times 1 + 2 \times 2 = 6\ \mathrm{V}$$

电容储存的电场能量为

$$W_C = \frac{1}{2}C U_C{}^2 = \frac{1}{2} \times 0.2 \times 36 = 3.6\ \mathrm{J}$$

【**例 4-13**】 流过 0.5F 电容的电流 $i = \sqrt{2}\sin(100t - 30°)\mathrm{A}$，求关联参考方向下，电容的电压 u、无功功率 Q_C。

解 用相量关系求解：

$$\dot{I} = 1\angle -30°$$

$$\dot{U} = -jX_C\dot{I} = -j\frac{1}{100 \times 0.5}\angle -30° = 2 \times 10^{-2}\angle -120°$$

$$u = 0.02\sqrt{2}\ \sin(100t - 120°)$$

$$Q_C = -UI = -0.02 \times 1 = -0.02\ \text{Var}$$

4.4 基尔霍夫定律的相量形式

4.4.1 基尔霍夫电压定律的相量形式

根据能量守恒定律,基尔霍夫电压定律也同样适用于交流电路的任一瞬间,即同一瞬间,电路的任一个回路中各段电压瞬时值的代数和等于零:

$$\sum u = 0$$

在正弦交流电路中,各段电压都是同频率的正弦量,所以表示一个回路中各段电压相量的代数和也等于零,即

$$\sum \dot{U} = 0 \tag{4-4-1}$$

这就是相量形式的基尔霍夫电压定律(KVL)。

4.4.2 基尔霍夫电流定律的相量形式

基尔霍夫电流定律的实质是电流的连续性原理。在交流电路中,任一瞬间电流总是连续的,因此,基尔霍夫定律也适用于交流电路的任一瞬间,即任一瞬间流过电路的一个节点(闭合面)的各电流瞬时值的代数和等于零:

$$\sum i = 0$$

正弦交流电路中各电流都是与电源同频率的正弦量,把这些同频率的正弦量用相量表示即得

$$\sum \dot{I} = 0 \tag{4-4-2}$$

电流前的正负号是由其参考方向决定的。若支路电流的参考方向流出节点取正号,流入节点取负号,则式(4-4-2)就是相量形式的基尔霍夫电流定律(KCL)。

【例4-14】 图4-4-1所示电路中,已知电流表 A_1、A_2、A_3 读数分别是 3 A、8 A、4 A,求电路中电流表 A 的读数。

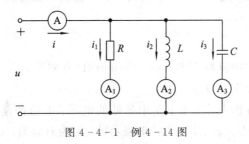

图4-4-1 例4-14图

解 设端电压 $\dot{U}=U\angle0°$ V，选定电流参考方向如图 4-4-1 所示，则

$$\dot{I}_1 = 3\angle0\ °\text{A}$$
$$\dot{I}_2 = 8\angle-90°\ \text{A}$$
$$\dot{I}_3 = 4\angle90°\ \text{A}$$

由 KCL 得

$$\dot{I} = \dot{I}_1 + \dot{I}_2 + \dot{I}_3 = 3\angle0° + 8\angle-90° + 4\angle90° = 3-8j+4j = 3-4j\ \text{A}$$

则电流表 A 的读数为 5 A。

【例 4-15】 图 4-4-2 所示电路中，电压表 V_1、V_2、V_3 的读数都是 50 V，试分别求各电路中电压表的读数。

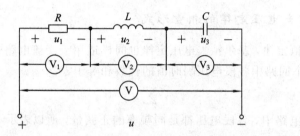

图 4-4-2 例 4-15 图

解 设电流为参考相量，即 $\dot{I}=I\angle0°$A，选定 i、u_1、u_2、u_3 的参考方向如图 4-4-2 所示，则

$$\dot{U}_1 = 50\angle0°\ \text{V}$$
$$\dot{U}_2 = 50\angle90°\ \text{V}$$
$$\dot{U}_3 = 50\angle-90°\ \text{V}$$

由 KVL 得

$$\dot{U} = \dot{U}_1 + \dot{U}_2 + \dot{U}_3 = 50\angle0° + 50\angle90° + 50\angle-90° = 50+50j-50j = 50\ \text{V}$$

则电压表 V 的读数为 50 V。

技能训练十一　RL、RC 串联电路的研究

1. 训练目的

（1）通过训练进一步理解电阻、电感、电容的频率特性；

（2）学会用双踪示波器观察电压、电流波形，并会利用波形图计算两个正弦量之间的相位差。

2. 原理说明

正弦交流电可用三角函数形式来表示，即由幅值（有效值或最大值 I_m）、频率（或角频率 $\omega=2\pi f$）和初相位三要素来决定。

在正弦稳态电路的分析中，由于电路中各处的电压、电流都是同频率的交流电，所以电流、电压可用相量 $\dot{U}=U\angle\varphi_u$、$\dot{I}=\angle\varphi_i$ 来表示（U、I 为有效值，φ_u、φ_i 为初相位）。

电路中端口电流、电压关系用阻抗 Z 描述，即 $Z=\dfrac{\dot{U}}{\dot{I}}=|Z|\angle\varphi_z=R+\mathrm{j}X$，是一个复数，所以又称为复阻抗。阻抗的模 $|Z|=\dfrac{U}{I}$，阻抗的辐角 $\varphi_z=\varphi_u-\varphi_i$ 为此端口的电压与电流的相位差。

3. 训练设备

(1) 函数信号发生器，1 台；　　　　(2) 电阻，1 个，51 Ω；

(3) 220 Ω 电位器，1 只；　　　　　(4) 电感，1 个，20 mH；

(5) 数字万用表，1 只；　　　　　　(6) 电容，1 个，1 μF；

(7) 双踪示波器，1 台；　　　　　　(8) 桥形连接插头和导线，若干。

4. 训练内容

1）RL 串联电路

(1) 按训练图 11-1 接线，调节交流信号源的输出电压，使输出 $U_s=1$ V，$f=2500$ Hz（信号电压以示波器测量为准）。

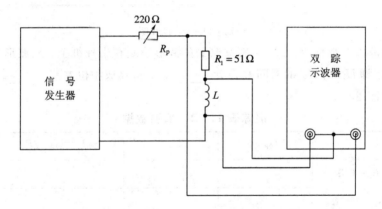

训练图 11-1　接线图

(2) 接通双踪示波器，将 Y_1 的光标定在离显示屏顶部 2 cm 处，将 Y_1 的波段开关调至 0.5 V/cm，将 Y_2 的光标定在离显示屏底部 2 cm 处，将 Y_2 的波段开关调至 0.5 V/cm。注意：凡今后实验中需要使用示波器，应首先将所需通路的光标定位。

(3) 用双踪示波器观察 U_{R_1}、U_L，将观察到的波形绘制在坐标纸上，从波形上得出：U_L 与 I 的相位差（即 U_L 与 U_{R_1} 的时间差 t）= ＿＿ms，折算成相位差 = ＿＿。将相关数据填入训练表 11-1 中。

训练表 11-1　实验数据

	$U_{R_{1m}}$	U_{L_m}	$I_m=U_{R_{1m}}/R_1$
$R_p=0$ Ω			
$R_p=220$ Ω			

注：U_{L_m}、$U_{R_{1m}}$ 及 U_{C_m} 为由示波器上读出的电感、电阻和电容上的电压最大值。

2）RC 串联电路

（1）按训练图 11-2 接线，调节交流信号源的输出电压，使输出 $U_s=1$ V，$f=2500$ Hz（信号电压以示波器测量为准）。

（2）接通双踪示波器，将 Y_1 的光标定在离显示屏顶部 2 cm 处，将 Y_1 的波段开关调至 0.5 V/cm，将 Y_2 的光标定在离显示屏底部 2 cm 处，将 Y_2 的波段开关调至 0.5 V/cm。

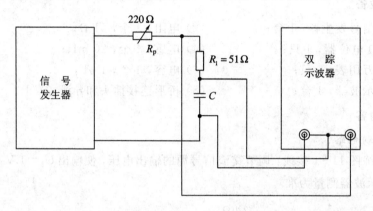

训练图 11-2 接线图

（b）在示波器上观察 U_{R_1}、U_C，将观察到的波形绘制在坐标纸上，从波形上得出：U_{C_1} 与 I 的相位差（即 U_{C_1} 与 U_{R_1} 的时间差 t）＝_____ ms，折算成相位差＝_____。将相关数据填入训练表 11-2 中。

训练表 11-2   实验数据

	$U_{R_{1m}}$	U_{C_m}	$I_m=U_{R_{1m}}/R_1$
$R_p=0$ Ω			
$R_p=220$ Ω			

5. 训练注意事项

（1）数字万用表、函数信号发生器与双踪示波器是常用电工仪器仪表，对其应达到熟练使用的程度。

（2）由示波器读出的电压是信号的峰值电压，用万用表测出的电压是信号的有效值，根据所学的知识，看一下它们之间的关系是否与实验数据一致。

6. 思考题

根据本训练中给定的电路各参数，将各计算结果与测量数据进行比较，误差大吗？考虑其原因。

7. 训练报告

（1）根据训练数据计算 L、C 的值，结果与标定值是否一致？

（2）整理训练数据，分析误差产生的原因。

（3）画出由示波器上看到的各波形图。

4.5　*RLC* 串联电路及复阻抗

4.5.1　*RLC* 串联电路

1. 电流、电压关系

如图 4-5-1(a)所示，正弦电流 i 对应的相量为 $\dot{I}=I\angle\varphi_i$，通过 *RLC* 元件，分别产生电压降为 u_R、u_L、u_C，相应的相量为 $\dot{U}_R$、$\dot{U}_L$、$\dot{U}_C$，三个元件通过相同电流，每个元件的电流、电压关系为

$$\dot{U}_R = R\dot{I}$$
$$\dot{U}_L = \mathrm{j}X_L\dot{I}$$
$$\dot{U}_C = -\mathrm{j}X_C\dot{I}$$

而端口总电压 $u=u_R+u_L+u_C$，对应的相量式为

$$\dot{U} = \dot{U}_R + \dot{U}_L + \dot{U}_C$$

整理得

$$\dot{U} = [R+\mathrm{j}(X_L - X_C)]\dot{I}$$

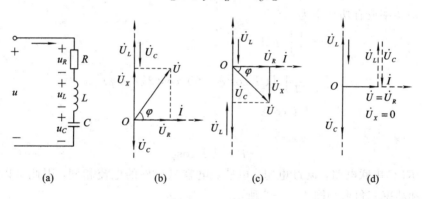

$$(a)\qquad\qquad(b)\qquad\qquad(c)\qquad\qquad(d)$$

图 4-5-1　*RLC* 串联电路

令 $\dfrac{\dot{U}}{\dot{I}}=Z$，而 $Z=R+\mathrm{j}(X_L-X_C)=R+\mathrm{j}X$ 称为电路的复阻抗，单位为欧姆(Ω)，其中 $X=X_L-X_C$ 称为电抗，单位为欧姆(Ω)，故有

$$\dot{U} = Z\dot{I} \tag{4-5-1}$$

式(4-5-1)称为相量形式的欧姆定律。*RLC* 串联电路的相量图如图 4-5-1(b)所示(设 $X_L>X_C$)。从相量图可以看出，总电压与总电流有一个相位差 φ，由图知

$$\tan\varphi = \frac{U_L - U_C}{U_R} = \frac{X_L - X_C}{R} = \frac{X}{R}$$

若 $\dot{U}=U\angle\varphi_u$，$\dot{I}=I\angle\varphi_i$，则式(4-5-1)可写为

$$Z = \frac{\dot{U}}{\dot{I}} = \frac{U}{I}\angle\varphi_u - \varphi_i = R+\mathrm{j}X = \sqrt{R^2 + X^2}\angle\arctan\frac{X}{R}$$

则

$$\begin{cases} |Z| = \sqrt{R^2 + X^2} \\ \varphi = \arctan \dfrac{X}{R} \\ R = |Z| \cos\varphi \\ X = |Z| \sin\varphi \end{cases} \qquad (4-5-2)$$

其中，$|Z|$ 称为复阻抗的阻抗值；φ 为阻抗角，也是电流与电压的相位差。

由此可以看出，通过电路的电流的频率及元件参数不同，电路所反映出的性质不同。如果频率和元件参数使得 $X_L > X_C$，则 $X > 0$，电压超前电流，电路呈感性，如图 $4-5-1$ (b)所示；相反若 $X_L < X_C$，$X < 0$，电压滞后电流，电路呈容性，如图 $4-5-1$(c)所示；若 $X_L = X_C$，$X = 0$，电压与电流同相，电路呈电阻性，如图 $4-5-1$(d)所示，此时我们也称电路发生谐振。

2. 功率

为了分析方便，取电路电流为参考正弦量，$\varphi_i = 0$，$\varphi_u = \varphi$，则瞬时功率可写为

$$\begin{aligned} p &= ui \\ &= U_m I_m \sin(\omega t + \varphi)\sin\omega t \\ &= UI[\cos\varphi - \cos(2\omega t + \varphi)] \\ &= UI \cos\varphi - UI \cos(2\omega t + \varphi) \end{aligned}$$

相应的平均功率或有功功率为

$$\begin{aligned} p &= \frac{1}{T}\int_0^T p \, \mathrm{d}t \\ &= \frac{1}{T}\int_0^T [UI\cos\varphi - UI\cos(2\omega t + \varphi)]\mathrm{d}t \\ &= UI\cos\varphi \end{aligned}$$

即

$$P = UI\cos\varphi \qquad (4-5-3(\text{a}))$$

对于 RLC 串联电路，流过电阻、电感、电容三元件的电流相同，因此可以绘制出电压、阻抗和功率三角形如图 $4-5-2$ 所示。

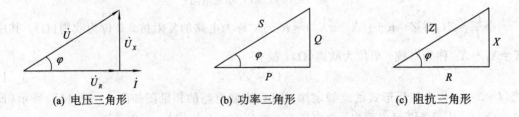

(a) 电压三角形　　　　(b) 功率三角形　　　　(c) 阻抗三角形

图 $4-5-2$　电压、阻抗和功率三角形

由功率三角形很容易得到无功功率 Q 和视在功率 S：

$$Q = UI\sin\varphi \qquad (4-5-3(\text{b}))$$

$$S = UI \qquad (4-5-3(\text{c}))$$

虽然式($4-5-3$)是由串联电路推出的，但它却是计算正弦交流电路功率的一般公式。

　　由上述可知，交流发电机输出的功率不仅与发电机的端电压及其输出电流的有效值的乘积有关，而且还与电路(负载)的参数有关。电路所具有的参数不同，电路的性质就不同，电压与电流的相位差也不同，在同样电压 U 和电流 I 之下，这时电路的有功功率和无功功率也就不同。式(4-5-3(a))中的 $\cos\varphi$ 称为功率因数。

　　视在功率也称功率容量，交流电气设备是按照规定了的额定电压 U_N 和额定电流 I_N 来设计使用的。变压器的容量就以额定电压和额定电流的乘积来表示，即 $S_N=U_N I_N$。

　　视在功率的单位是 V·A(伏安)或 kV·A(千伏安)。由功率三角形或式(4-5-3)可以得出三个功率之间的关系：

$$S = \sqrt{P^2 + Q^2} \tag{4-5-4}$$

4.5.2　复阻抗

1. 复阻抗的计算

(1) 直接计算：

$$Z = R + jX_L - jX_C = R + j(X_L - X_C) = R + jX = |Z|\angle\varphi$$

式中，R 为电阻，X 为电抗，$|Z|=\sqrt{R^2+X^2}$ 为阻抗模值，$\varphi=\arctan\dfrac{X}{R}$ 为阻抗角。

(2) 间接计算：

$$Z = \frac{\dot{U}}{\dot{I}} = \frac{U\angle\varphi_u}{I\angle\varphi_i} = \frac{U}{I}\angle(\varphi_u - \varphi_i)$$

$$= |Z|\angle\varphi \Rightarrow \begin{cases} |Z| = \dfrac{U}{I} \\ \varphi = \varphi_u - \varphi_i \end{cases}$$

即阻抗模是电压有效值与电流有效值的比，它的辐角等于电压与电流的相位差。

2. 阻抗角与电路性质

(1) 当 $\varphi>0(X_L>X_C)$ 时，电压超前电流，电路呈感性；

(2) 当 $\varphi<0(X_L<X_C)$ 时，电流超前电压，电路呈容性；

(3) 当 $\varphi=0(X_L=X_C)$ 时，电压与电流同相，电路呈电阻性。

【例 4-16】 有一 RLC 串联电路，外加电压 $u=220\sqrt{2}\,\sin(314t+60°)$V，其中 $R=30\ \Omega$，$L=382$ mH，$C=39.8\ \mu$F。

(1) 求复阻抗 Z，并确定电路性质；

(2) 求 $\dot{I}$、$\dot{U}_R$、$\dot{U}_L$、$\dot{U}_C$。

解　(1) 复阻抗：

$$Z = R + j(X_L - X_C) = R + j(\omega C - \frac{1}{\omega C})$$

$$= 30 + j\left(314 \times 0.382 - \frac{10^{-6}}{314 \times 39.8}\right)$$

$$= 30 + j40 = 50\angle53.1°\ \Omega$$

$$\varphi = 53.1° > 0$$

所以，此电路为感性。

(2)

$$\dot{I} = \frac{\dot{U}}{Z} = \frac{220\angle60°}{50\angle53.1°} = 4.4\angle6.9° \text{ A}$$

$$\dot{U}_R = \dot{I}R = 4.4\angle6.9° \times 30 = 132\angle6.9° \text{ V}$$

$$\dot{U}_L = j\dot{I}X_L = 4.4\angle6.9° \times 120\angle90° = 528\angle96.9° \text{ V}$$

$$\dot{U}_C = -j\dot{I}X_C = 4.4\angle6.9° \times 80\angle-90° = 352\angle-83.1° \text{ V}$$

【例 4 - 17】 日光灯导通后，镇流器与灯管串联，其模型为电阻与电感串联，一个日光灯电路的电阻 $R=300\ \Omega$，电感 $L=1.66\ \text{H}$，工频电源的电压为 220 V，试求灯管电流及其与电源电压的相位差、灯管电压、镇流器电压。

解　镇流器的感抗为

$$X_L = \omega L = 314 \times 1.66 = 521.5\ \Omega$$

电路的复阻抗为

$$Z = R + jX_L = 300 + j521.5 = 601.6\angle60.1°\ \Omega$$

所以，灯管电压比灯管电流超前 60.1°。灯管电流、灯管电压及镇流器电压分别为

$$I = \frac{U}{|Z|} = \frac{220}{601.6} = 0.3657\ \text{A}$$

$$U_R = RI = 300 \times 0.3657 = 109.7\ \text{V}$$

$$U_L = X_L I = 521.5 \times 0.3657 = 190.7\ \text{V}$$

4.6　*RLC* 并联电路及复导纳

4.6.1　*RLC* 并联电路

如图 4 - 6 - 1 所示，根据 KCL 可得：

$$\dot{I} = \dot{I}_R + \dot{I}_L + \dot{I}_C$$

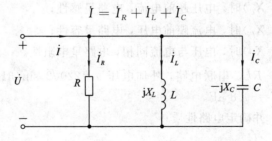

图 4 - 6 - 1　*RLC* 并联电路

由 R 、L 、C 三元件的伏安关系得

$$\dot{U}_R = \dot{I}R, \ \dot{U}_L = jX_L\dot{I}, \ \dot{U}_C = -jX_C\dot{I}$$

$$\dot{I} = \frac{\dot{U}}{R} + \frac{\dot{U}}{jX_L} + \frac{\dot{U}}{-jX_C} = (G - jB_L + jB_C)\dot{U}$$

$$= [G + j(B_C - B_L)]\dot{U} = Y\dot{U}$$

即

$$\dot{I} = Y\dot{U} \tag{4-6-1}$$

式中，$Y=G+jB_C-jB_L=G+jB$ 称为复导纳。以电压相量为参考相量，作相量图如图 4-6-2 所示。由图 4-6-2 所示的相量图可见，I、I_G、$I_B(=I_L-I_C)$ 三者组成一个直角三角形，称为电流三角形，三者之间满足：

$$I = \sqrt{I_G^2 + (I_L - I_C)^2} = \sqrt{I_G^2 + I_B^2}$$

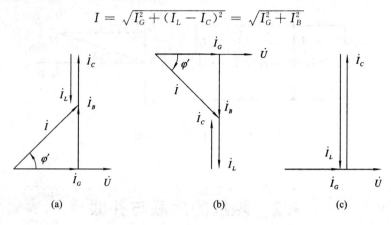

图 4-6-2　相量图

4.6.2　复导纳

1. 复导纳的计算

（1）直接计算：

$$Y = G + jB_C - jB_L = G + j(B_C - B_L) = G + jB = |Y| \angle \varphi'$$

式中，G 为电导，B 为电纳，$|Y|$ 为导纳模值，φ' 为导纳角，G、B 和 $|Y|$ 之间符合导纳三角形关系，如图 4-6-3 所示。

（2）间接计算：

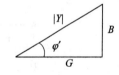

$$Y = \frac{\dot I}{\dot U} = \frac{I\angle\varphi_i}{U\angle\varphi_u} = \frac{I}{U}\angle(\varphi_i - \varphi_u)$$

图 4-6-3　导纳三角形

$$= |Y| \angle\varphi' \Rightarrow \begin{cases} |Y| = \dfrac{I}{U} \\ \varphi' = \varphi_i - \varphi_u \end{cases}$$

2. 导纳角与电路性质

（1）当 $\varphi' > 0$ 时，电流超前电压，电路呈容性；

（2）当 $\varphi' < 0$ 时，电压超前电流，电路呈感性；

（3）当 $\varphi' = 0$ 时，电压与电流同相，电路呈电阻性。

【例 4-18】　电路如图 4-6-4 所示，已知 $U=10$ V，求各支路电流，画出相量图。

解　令端电压 $\dot U$ 为参考相量，则 $\dot U = 10\angle 0°$ V。

由 $\dot I = Y\dot U$ 可得各支路电流分别为

$$\dot I_R = G\dot U = 10\angle 0° \times 0.5 = 5\angle 0° \text{ A}$$

$$\dot I_L = -jB_L\dot U = 10\angle 0° \times (-j0.2) = 2\angle -90° \text{ A}$$

$$\dot I_C = jB_C\dot U = 10\angle 0° \times j0.4 = 4\angle 90° \text{ A}$$

并联电路的复导纳为

$$Y = G - jB_L + jB_C = 0.5 - j0.2 + j0.4 = 0.5 + j0.2 = 0.54\angle 21.8° \text{ S}$$

则总电流为

$$\dot{I}_s = Y\dot{U} = 0.54\angle 21.8° \times 10\angle 0° = 5.4\angle 21.8° \text{ A}$$

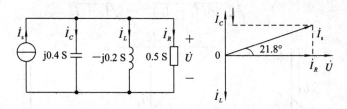

图 4 - 6 - 4　例 4 - 18 图

4.7　阻抗的串联与并联

4.7.1　阻抗的串联

图 4 - 7 - 1 是两个阻抗串联的电路，由基尔霍夫定律可写出其相量表达式

$$\dot{U} = \dot{U}_1 + \dot{U}_2 = \dot{I}Z_1 + \dot{I}Z_2 = \dot{I}(Z_1 + Z_2) = \dot{I}Z \qquad (4-7-1)$$

所以，其等效复阻抗 $Z = Z_1 + Z_2$。

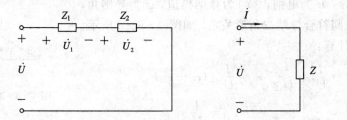

图 4 - 7 - 1　两个阻抗串联

由于 $U \neq U_1 + U_2$，即 $I|Z| \neq I|Z_1| + I|Z_2|$，所以 $|Z| \neq |Z_1| + |Z_2|$。由此可见，等效复阻抗等于各个串联复阻抗之和，而阻抗值的关系不成立。一般情况下，等效复阻抗可写为

$$Z = \sum Z_K = \sum R_K + j\sum X_K = |Z|e^{j\varphi} \qquad (4-7-2(a))$$

其中：

$$|Z| = \sqrt{\left(\sum R_K\right)^2 + \left(\sum X_K\right)^2}$$

$$\varphi = \arctan \frac{\sum X_K}{\sum R_K} \qquad (4-7-2(b))$$

复阻抗串联时，分压公式仍然成立。以两个阻抗串联为例，分压公式为

$$\dot{U}_1 = \frac{Z_1\dot{U}}{Z_1 + Z_2} \qquad \dot{U}_2 = \frac{Z_2\dot{U}}{Z_1 + Z_2} \qquad (4-7-3)$$

【例 4-19】　如图 4-7-2(a)所示电路中，$Z_1=6+j9\ \Omega$，$Z_2=2.66-j4\ \Omega$，它们串联接在 $\dot{U}=220\angle30°$ 的电源上，试计算电路中的电流和各阻抗上的电压，并作相量图。

解　由于阻抗串联，有

$$Z=Z_1+Z_2=6+j9+2.66-j4=8.66+j5=10\angle30°\ \Omega$$

所以

$$\dot{I}=\frac{\dot{U}}{Z}=\frac{220\angle30°}{10\angle30°}=22\ A$$

各阻抗上的电压分别为

$$\dot{U}_1=\dot{I}Z_1=22(6+j9)=237.97\angle56.3°\ V$$

$$\dot{U}_2=\dot{I}Z_2=22(2.66-j4)=105.68\angle-56.4°\ V$$

相量图如图 4-7-2(b)所示。

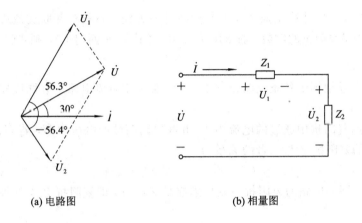

(a) 电路图　　　　　　　　　　(b) 相量图

图 4-7-2　例 4-19 图

4.7.2　阻抗的并联

图 4-7-3 是两个阻抗并联的电路，由 KCL 方程可写出它的相量表达式：

$$\dot{I}=\dot{I}_1+\dot{I}_2=\frac{\dot{U}_1}{Z_1}+\frac{\dot{U}_2}{Z_2}=\dot{U}\left(\frac{1}{Z_1}+\frac{1}{Z_2}\right)$$

而

$$\dot{I}=\frac{\dot{U}}{Z}$$

比较两式得

$$\frac{1}{Z}=\frac{1}{Z_1}+\frac{1}{Z_2}\quad\text{或}\quad Z=\frac{Z_1Z_2}{Z_1+Z_2}$$

由于 $I\neq I_1+I_2$，即 $\dfrac{U}{|Z|}\neq\dfrac{U_1}{|Z_1|}+\dfrac{U_2}{|Z_2|}$，所以 $\dfrac{1}{|Z|}\neq\dfrac{1}{|Z_1|}+\dfrac{1}{|Z_2|}$。由此可见，等效复阻抗的倒数等于各个并联复阻抗倒数之和，而阻抗值的关系不成立。一般式可写为

$$\frac{1}{Z}=\sum\frac{1}{Z_K} \tag{4-7-4}$$

复阻抗并联时，分流公式仍然成立。以两个阻抗串联为例，分流公式为

$$\dot{I}_1 = \frac{Z_2 \dot{I}}{Z_1 + Z_2}$$

$$\dot{I}_2 = \frac{Z_1 \dot{I}}{Z_1 + Z_2} \tag{4-7-5}$$

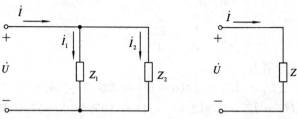

图 4 - 7 - 3   两个阻抗并联

应用式(4-7-4)计算交流电路的复阻抗并不方便，一般对并联交流电路引用复导纳来计算，复导纳是复阻抗的倒数，通常用 Y 表示，单位为 S(西门子)，则式(4-7-4)可写为

$$Y = \sum Y_K \tag{4-7-6}$$

即并联电路的总导纳等于各条支路复导纳之和，类似于直流电路中并联电路的总电导等于各支路电导之和。

某一条支路复阻抗中通过的电流为 $\dot{I}$，并联电路两端的电压为 $\dot{U}$，若 $\dot{U}$、$\dot{I}$ 参考方向关联，则该支路的复阻抗 Z 与二者的关系为

$$\dot{U} = Z\dot{I} \qquad 或 \qquad \dot{I} = Y\dot{U}$$

由以上知，同一电路的复阻抗与复导纳满足 $ZY=1$，即复阻抗 Z 与其等值复导纳 Y 互为倒数。

【例 4-20】   电路如图 4-7-4 所示，端口电压为 $\dot{U} = 127\angle 0° \text{ V}$，试求各支路电流、电压及电路的有功功率和无功功率。

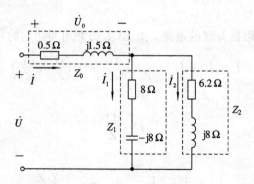

图 4 - 7 - 4   例 4 - 20 图

解   图中注明的各段电路的复阻抗为

$$Z_0 = 0.5 + j1.5 = 1.58\angle 71.6° \text{ } \Omega$$

$$Z_1 = 8 - j8 = 11.31\angle -45° \text{ } \Omega$$

$$Z_2 = 8 + j6.2 = 10.12\angle 37.8° \text{ } \Omega$$

并联部分阻抗及电路的总阻抗为

$$Z_{12} = \frac{Z_1 Z_2}{Z_1 + Z_2} = \frac{11.31\angle - 45° \times 10.12\angle 37.8°}{8 - j8 + 8 + j6.2} = 7.11\angle - 0.8° = 7.11 - j0.1 \ \Omega$$

$$Z = Z_0 + Z_{12} = 0.5 + j1.5 + 7.11 - j0.1 = 7.74\angle 10.4° \ \Omega$$

电路的总电流为

$$\dot{I} = \frac{\dot{U}}{Z} = \frac{127\angle 0°}{7.74\angle 10.4°} = 16.4\angle - 10.4° \ A$$

各支路电路电流为

$$\dot{I}_1 = \frac{Z_2 \dot{I}}{Z_1 + Z_2} = \frac{10.12\angle 37.8° \times 16.4\angle - 10.4°}{16.1\angle - 6.4°} = 10.3\angle 33.8° \ A$$

$$\dot{I}_2 = \frac{Z_1 \dot{I}}{Z_1 + Z_2} = \frac{11.31\angle - 45° \times 16.4\angle - 10.4°}{16.1\angle - 6.4°} = 11.5\angle - 49° \ A$$

各支路电压为

$$\dot{U}_1 = \dot{U}_2 = \dot{I}_1 Z_1 = \dot{I}_2 Z_2 = 11.5\angle - 49° \times 10.12\angle 37.8° = 116.5\angle - 11.2° \ V$$

$$\dot{U}_0 = \dot{I} Z_0 = 16.4\angle - 10.4° \times 1.58\angle 71.6° = 25.9\angle 61.2° \ V$$

有功功率为

$$P = UI\cos\varphi = 127 \times 16.4 \cos 10.4° = 2048.6 \ W$$

无功功率为

$$Q = UI\sin\varphi = 127 \times 16.4 \sin 10.4° = 375.9 \ Var$$

技能训练十二　感性负载功率因数的提高研究

1. 训练目的

(1) 研究提高感性负载功率因数的方法和意义。

(2) 进一步熟悉和掌握交流仪表和自耦调压器的使用。

(3) 进一步加深对相位差等概念的理解。

2. 原理说明

供电系统由电源(发电机或变压器)通过输电线路向负载供电。负载通常有电阻负载，如白炽灯、电阻加热器等，也有电感性负载，如电动机、变压器、线圈等。一般情况下，这两种负载会同时存在。由于电感性负载有较大的感抗，因而功率因数较低。

若电源向负载传送的功率 $P = UI\cos\varphi$，则当功率 P 和供电电压 U 一定时，功率因数 $\cos\varphi$ 越低，线路电流 I 就越大，从而增加了线路电压降和线路功率损耗。若线路总电阻为 R_1，则线路电压降和线路功率损耗分别为 $\Delta U_1 = IR_1$ 和 $\Delta P_1 = I^2 R_1$。另外，负载的功率因数越低，表明无功功率就越大，电源就必须用较大的容量和负载电感进行能量交换，电源向负载提供有功功率的能力就必然下降，从而降低了电源容量的利用率。因而，要提高供电系统的经济效益和供电质量，必须采取措施以提高电感性负载的功率因数。

提高电感性负载功率因数的方法，通常是在负载两端并联适当数量的电容器，使负载的总无功功率 $Q = Q_L - Q_C$ 减小，在传送的有功功率 P 不变时，使得功率因数提高，线路电流减小。当并联电容器的 $Q_C = Q_L$ 时，总无功功率 $Q = 0$，此时功率因数 $\cos\varphi = 1$，线路电

流 I 最小。若继续并联电容器，将导致功率因数下降，线路电流增大，这种现象称为过补偿。

负载功率因数可以用三表法测量电源电压 U、负载电流 I 和功率 P，用公式 $\lambda = \cos\varphi = \dfrac{P}{UI}$ 计算。

本训练的电感性负载用铁芯线圈，电源用 220 V 交流电经自耦调压器调压供电。

3. 训练设备

(1) 交流电压表、电流表、功率表；

(2) 自耦调压器(输出交流可调电压)；

(3) EEL - 55A 组件(含白炽灯 220 V、40 W，日光灯 40 W，镇流器，电容器 1 μF、2.2 μF、3.2 μF、4.3 μF、5.3 μF/400 V)。

4. 训练内容

1) 日光灯电路的连接和测量

电路如训练图 12 - 1 所示，首先将调压器手柄调到零位，断开开关 S，仔细检查电路。接通电源，调节调压器输出电压为 220 V(日光灯额定电压)，点亮日光灯后测量并记下此时的电流 I、镇流器两端电压 U_r、灯管两端电压 U_R、日光灯的总功率 P，将数据记入表中。

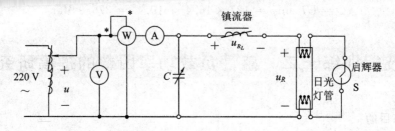

训练图 12 - 1 接线图

合上电源开关，观察电流表在启动瞬间和日光灯亮点后的变动情况，记下灯管启动时的启动电流 $I_启$。

2) 感性负载功率因数的提高

分别取 $C=1$ μF，2.2 μF，3.2 μF，4.3 μF，5.3 μF，合上开关 S，接通电源并使用电压 U 为额定值，重新测量 I、U_L、U_R、P、I_{R_L}、I，并测量电容支路的电流 I_C，把测量结果记入训练表 12 - 1 中。

训练表 12 - 1 测量数据

C/μF	$U/$V	$U_R/$V	$U_L/$V	$I/$A	$I_C/$A	$I_{R_L}/$A	$P/$W	$\cos\varphi$
0								
1								
2.2								
3.2								
4.3								
5.3								

5. 训练注意事项

（1）功率表要正确接入电路，通电时要经指导教师检查。

（2）注意自耦调压器的准确操作。

（3）本训练用电流插头和插座测量三个支路的电流。

6. 思考题

根据训练数据，计算出日光灯和并联不同电容器时的功率因数，并说明并联电容器对功率因数的影响。

7. 训练报告

（1）根据训练表 12 - 1 中的电流数据，说明 $I = I_C + I_{R_L}$ 成立吗？为什么？

（2）总结提高功率因数的方法。

4.8　功率因数的提高

在讨论电阻、电感和电容串联的交流电路时，引出了交流电路的功率因数，其中 φ 是电压与电流间的相位差或负载的阻抗角，φ 的大小取决于负载的参数，其功率因数介于 0 和 1 之间。

当功率因数不等于 1 时，电路中发生能量交换，出现无功功率，φ 角愈大，功率因数愈低，发电机所发出的有功功率就愈小，而无功功率就愈大。无功功率愈大，即电路中能量交换的规模愈大，发电机发出的能量就不能充分为负载所吸收，其中有一部分在发电机与负载之间进行交换，这样发电设备的容量就不能充分利用。

功率因数的提高能使发电设备的容量得到充分利用，同时可降低线路的损耗。电力负载中，绝大部分是感性负载，如企业中大量使用的感应电动机、照明用的日光灯、控制电路中的接触器等都是感性负载。感性负载的电流滞后于电压 φ 角，φ 角总不会为零，所以 $\cos\varphi$ 总是小于 1。例如，生产中最常用的异步电机在额定负载时的功率因数约为 0.7～0.9，在轻载时功率因数低于 0.5。电感性负载的功率因数之所以小于 1，是由于负载本身需要一定的无功功率。要提高功率因数，也就是要减少电源与负载之间能量的交换，又使电感性负载取得所需的无功功率。

提高功率因数常用的方法是给感性负载并联电容器，其电路图和相量图如图 4 - 8 - 1 所示。

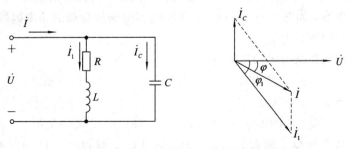

图 4 - 8 - 1　感性负载并联电容提高功率因数

在图 4-8-1 中，RL 串联部分代表一个电感性负载，它的电流 $\dot{I}_1$ 滞后于电源电压 $\dot{U}$ 的相位 φ_1，在电源电压不变的情况下，并入电容 C，并不会影响电流的大小和相位，但总电流由原来的 $\dot{I}_1$ 变成了 $\dot{I}$，即 $\dot{I} = \dot{I}_1 + \dot{I}_C$，且 $\dot{I}$ 与电源电压的相位差由原来的 φ_1 减小为 φ，所以，$\cos\varphi$ 大于 $\cos\varphi_1$，功率因数提高了。据此，可导出所需并联电容 C 的计算公式为

$$C = \frac{P}{\omega U^2}(\tan\varphi_1 - \tan\varphi) \qquad (4-8-1)$$

另外需注意的是：这里所讨论的提高功率因数是指提高电源或电网的功率因数，而某个电感性负载的功率因数并没有变。在感性负载上并联了电容器以后，减少了电源与负载之间的能量交换，这时电感性负载所需要的无功功率大部分或全部是就地供给（由电容器供给）的，也就是说能量的交换现在主要或完全发生在电感性负载与电容器之间，因而使发电机容量能得到充分利用。其次，由相量图知，并联电容器以后线路电流也减小了，因而减小了线路的功率损耗。还需注意的是，采用并联电容器的方法电路有功功率未改变，因为电容器是不消耗电能的，负载的工作状态不受影响，因此该方法在实际中得到了广泛应用。

【例 4-21】　在图 4-8-1 所示的日光灯电路中，已知日光灯的功率 $P=40$ W，$U=220$ V，$I_1=0.4$ A，$f=50$ Hz，求

（1）此日光灯的功率因数；

（2）若要把功率因数提高到 0.9，需并联的电容为多大？

解　（1）日光灯的功率因数：

$$P = UI_1 \cos\varphi$$

所以

$$\cos\varphi = \frac{P}{UI_1} = \frac{40}{220 \times 0.4} = 0.455$$

（2）由 $\cos\varphi_1 = 0.455$ 得

$$\varphi_1 = 63.1°, \tan\varphi_1 = 1.96$$

由 $\cos\varphi_2 = 0.9$ 得

$$\varphi_2 = 26°, \tan\varphi_2 = 0.487$$

则

$$C = \frac{P}{\omega U^2}(\tan\varphi_1 - \tan\varphi_2) = \frac{40}{2\pi \times 50 \times 220^2}(1.96 - 0.487) = 3.88 \ \mu F$$

【例 4-22】　一感性负载与 220 V、50 Hz 的电源相接，其功率因数为 0.7，消耗功率为 4 kW，若要把功率因数提高到 0.9，应加接什么元件？其元件值如何？

解　应并联电容，如图 4-8-2 所示，并联电容前感性负载的功率因数角为 φ_1，并联电容后电路的功率因数角为 φ_2。

并联电容前感性负载的无功功率为

$$Q_1 = P \tan\varphi_1 = 4 \times 10^3 \times 1.02 = 4.08 \ kVar$$

补偿后的无功功率为

$$Q_2 = P \tan\varphi_2 = 4 \times 10^3 \times 0.484 = 1.936 \ kVar$$

所需电容的无功功率为 Q_C，则有 $P\tan\varphi_2 = P\tan\varphi_1 + Q_C$，而 $Q_C = -U^2\omega C$，所以

$$C = \frac{1}{U^2 \omega}(P\tan\varphi_1 - P\tan\varphi_2) = \frac{1}{220^2 \times 314}(4080 - 1936) = 141 \ \mu\text{F}$$

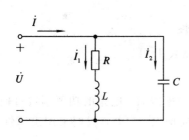
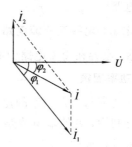

图 4 - 8 - 2　例 4 - 22 图

本 章 小 结

1. 正弦量的三要素及其表示

随时间按正弦规律变化的电压、电流、电动势统称为正弦交流电,简称交流电。以正弦电流为例,在确定的参考方向下它的解析式为

$$i = I_\text{m}\sin(\omega t + \varphi_i) = I\sqrt{2}\ \sin(2\pi ft + \varphi_i)$$

其中,振幅值 I_m(有效值为 I)、角频率 ω(或频率 f 及周期 T)、初相 φ_i 是决定正弦量的三要素,它们分别表示正弦量变化的范围、变化的快慢及其初始状态。

正弦量的三要素也可以从波形图上看出来。

正弦量的有效值相量 $\dot{I} = \angle\varphi_i$,由于在同一个线性电路中,各正弦量频率相同,所以相量只需体现三要素的两个要素。

2. 元件约束(伏安特性)和连接约束(KCL 和 KVL)的相量式

(1) 在关联参考方向下:

$$\dot{U}_R = R\dot{I}_R$$
$$\dot{U}_L = \text{j}X_L\dot{I}_L$$
$$\dot{U}_C = -\text{j}X_C\dot{I}_C$$

(2) KCL:$\sum \dot{I} = 0$

　　KVL:$\sum \dot{U} = 0$

3. 复阻抗与复导纳

无源二端网络或元件,在电压、电流关联参考方向下,电压、电流关系的相量形式为

$$\dot{U} = Z\dot{I} \quad \text{或} \quad \dot{I} = Y\dot{U}$$

网络的复阻抗:

$$Z = \frac{\dot{U}}{\dot{I}} = |Z| \angle\varphi$$

复导纳:

$$Y = \frac{\dot{I}}{\dot{U}} = |Y| \angle \varphi'$$

在同一个电路中，$\varphi' = -\varphi$。

4. 电阻、电感、电容在交流电路中的特性

电阻、电感、电容在交流电路中的特性见表 4 - 1。

5. 电路的功率因数

电路的有功功率与视在功率的比值称为功率因数。电路的功率因数过低，将使供电设备容量不能充分利用，并使输电线路上的损耗增大，为此，我们采用给感性负载并联合适电容器的方法来进行补偿。

功率因数：

$$\lambda = \frac{P}{S} = \cos\varphi$$

表 4 - 1　电阻、电感、电容在交流电路中的特性

	电路	阻抗	有效值及相量关系	有功功率	相量图
纯 R 电路	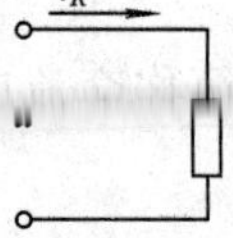		$I = \dfrac{U}{R}$ $\dot{U} = \dot{I}R$	$P = I^2 R$	
纯 L 电路	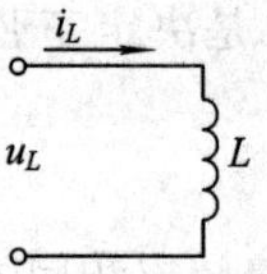	$Z = X_L$	$I = \dfrac{U}{X_L}$ $\dot{U} = j\dot{I}X_L$	$P = 0$	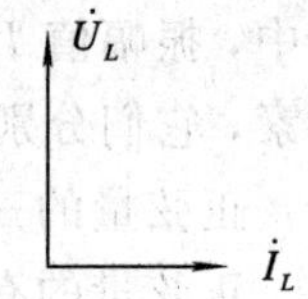
纯 C 电路	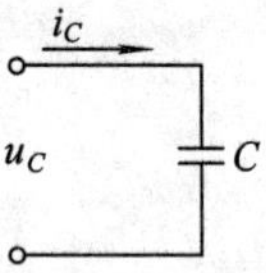	$Z = -jX_C$	$I = \dfrac{U}{X_C}$ $\dot{U} = -j\dot{I}X_C$	$P = 0$	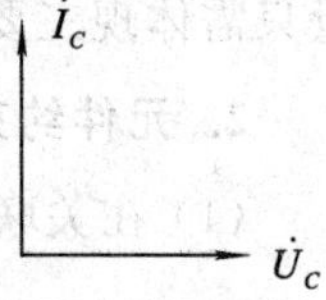
RLC 串联电路	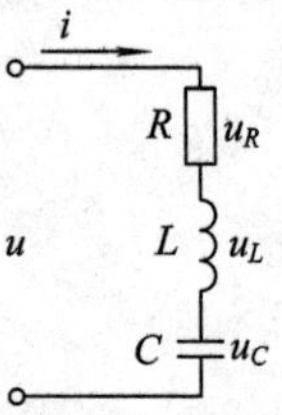	$Z = \sqrt{R^2 + (X_L - X_C)^2}$	$U = \sqrt{U_R^2 + (U_L - U_C)^2}$ $\dot{U} = \dot{I}Z$	$P = UI\cos\varphi$	

习　题　四

4 - 1　已知一正弦电流的振幅为 220 V，频率为 50 Hz，初相为 $-\dfrac{\pi}{6}$，试写出其解析式，并绘出波形图。

4-2　写出习题 4-2 图所示电压曲线的解析式。

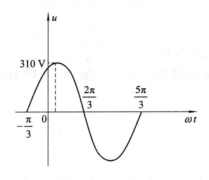

习题 4-2 图

4-3　一工频正弦电流的最大值为 310 A，初始值为 −155 A，试求它的解析式。

4-4　已知 $u = 220\sqrt{2}\,\sin(314t + 60°)$ V，当纵坐标向左移 $\dfrac{\pi}{6}$ 或右移 $\dfrac{\pi}{6}$ 时，初相各为多少？

4-5　三个正弦电流 i_1、i_2 和 i_3 的最大值分别为 1 A、2 A、3 A，已知 i_2 的初相为 30°，i_1 较 i_2 超前 60°，较 i_3 滞后 150°，试分别写出三个电流的解析式。

4-6　一个正弦电流的初相位 $\varphi = 15°$，$t = T/4$ 时，$i(t) = 0.5$ A，试求该电流的有效值 I。

4-7　已知 $u_1 = 220\,\sin\omega t$ V，$u_2 = 220\,\sin(\omega t + 120°)$ V，$u_3 = 220\,\sin(\omega t - 120°)$ V。

(1) 求 $\dot{U}_1$、$\dot{U}_2$、$\dot{U}_3$；

(2) 求 $\dot{U}_1 + \dot{U}_2 + \dot{U}_3$；

(3) 求 $u_1 + u_2 + u_3$；

(4) 作相量图。

4-8　已知 $u_1 = 220\sqrt{2}\,\sin(\omega t + 60°)$ V，$u_2 = 220\sqrt{2}\,\cos(\omega t + 30°)$ V。试作 u_1 和 u_2 的相量图，并求 $u_1 + u_2$、$u_1 - u_2$。

4-9　两个同频率的正弦电压的有效值分别为 30 V 和 40 V，试问：

(1) 什么情况下 $u_1 + u_2$ 的有效值为 70 V？

(2) 什么情况下 $u_1 + u_2$ 的有效值为 50 V？

(3) 什么情况下 $u_1 + u_2$ 的有效值为 10 V？

4-10　已知在 10 Ω 的电阻上通过的电流为 $i_1 = 5\,\sin(314 - \dfrac{\pi}{6})$ A，试求电阻上电压的有效值，并求电阻消耗的功率。

4-11　在关联参考方向下，已知加于电感元件两端的电压为 $u_L = 100\,\sin(100t + 30°)$ V，通过的电流为 $i_L = 10\,\sin(100t + \varphi_i)$ A，试求电感的参数 L 及电流的初相 φ_i。

4-12　一个 $C = 50$ μF 的电容接于 $u = 220\sqrt{2}\,\sin(314t + 60°)$ V 的电源上，求 i_C 及 Q_C，并绘电流和电压的相量图。

4-13　电路为一电阻 R 与一线圈串联电路，已知 $R = 28$ Ω，测得 $I = 4.4$ A，$U = 220$ V，电路总功率 $P = 580$ W，频率 $f = 50$ Hz，求线圈的参数 r 和 L。

4-14　在串联电路中，已知 $R=30\ \Omega$，$L=40\ \mathrm{mH}$，$C=100\ \mu\mathrm{F}$，$\omega=1000\ \mathrm{rad/s}$，$\dot{U}_L=10\angle 0°\mathrm{V}$，试求：

(1) 电路的阻抗 Z；

(2) 电流 I 和电压 $\dot{U}_R$、$\dot{U}_C$ 及 $\dot{U}$。

4-15　已知 RLC 串联电路中，$R=10\ \Omega$，$X_L=15\ \Omega$，$X_C=5\ \Omega$，其中电流 $\dot{I}=2\angle 30°\mathrm{A}$，试求：

(1) 总电压 $\dot{U}$；

(2) $\cos\varphi$；

(3) 该电路的功率 P、Q、S。

4-16　在 RLC 串联电路中，已知 $R=20\ \Omega$，$L=0.1\mathrm{H}$，$C=50\ \mu\mathrm{F}$。当信号频率 $f=1000\ \mathrm{Hz}$ 时，试写出其复阻抗的表达式，此时阻抗是感性的还是容性的？

4-17　如习题 4-17 图所示电路，已知电流表 A_1、A_2 的读数均为 20 A，求电路中电流表 A 的读数。

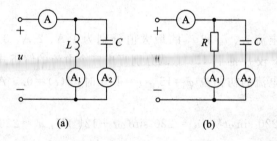

(a)　　　　　　　　(b)

习题 4-17 图

4-18　白炽灯的额定功率为 40 W，额定电压 220 V，当电灯正常工作时，试求电流 $i(t)$。

4-19　电感元件上电压、电流取关联参考方向，$i(t)=10\ \sin 100t\ \mathrm{A}$，$L=0.12\mathrm{H}$，求无功功率 Q_L 及平均储能。

4-20　电容 $C=0.2\ \mu\mathrm{F}$，电压 $u_C(t)=220\sqrt{2}\ \sin 314t\mathrm{V}$，电流方向与电压方向相同，求无功功率 Q_C、平均储能 W_C。

4-21　把一个电阻为 6 Ω、电感为 50 mH 的线圈接到 $u=300\ \sin(200t+\pi/2)\mathrm{V}$ 的电源上。求电路的阻抗、电流、有功功率、无功功率、视在功率。

4-22　把一个电阻为 6 Ω、电容为 120 $\mu\mathrm{F}$ 的电容串接在 $u=220\sqrt{2}\ \sin(314t+\pi/2)\mathrm{V}$ 的电源上，求电路的阻抗、电流、有功功率、无功功率及视在功率。

4-23　一个线圈接到 220 V 直流电源上时功率为 1.2 kW，接到 50 Hz、220 V 的交流电源上时功率为 0.6 kW。该线圈的电阻与电感各为多少？

4-24　已知某工厂金工车间总有功功率的计算值 $P=250\ \mathrm{kW}$，功率因数 $\cos\varphi_1=0.65$，今欲将功率因数提高到 $\cos\varphi_2=0.85$，求所需补偿电容器的容量 Q_C 和电容值 C。

4-25　将功率为 40 W、功率因数为 0.5 的日光灯 100 只，与 40 只功率为 100 W 的白炽灯(白炽灯为纯电阻)并联接于 220 V 正弦交流电源上，求总电流及总功率因数。如果要求把功率因数提高到 0.9，应并联的电容为多大？

第五章　三相正弦交流电路

【学习目标】
- 掌握三相电路的连接方式及其特点。
- 掌握三相电路的分析方法。

技能训练十三　三相负载的星形、三角形连接方式研究

1．训练目的

（1）练习三相负载的星形、三角形连接。

（2）掌握三相负载作星形连接、三角形连接的方法，验证这两种连接方式下相电压以及线、相电流之间的关系。

（3）充分理解三相四线制系统中中线的作用。

2．原理说明

（1）电源和负载都对称时，线电压和相电压在数值上的关系为 $U_线 = \sqrt{3}U_相$。

（2）负载不对称，无中线时，将出现中性点位移现象，中性点位移后，各相负载电压不对称；有中线且中线阻抗足够小时，各相负载电压仍对称，但这时的中线电流不为零。中线的作用就在于使星形连接的不对称负载的相电压对称。在实际电路中，为了保证负载的相电压对称，中线不能断开。

（3）在三相四线制情况下，中线电流等于三个线电流的相量和。当电源与负载对称时，中线电流应等于零；电源或负载出现任何不对称时，中线电流不为零。

3．训练设备

（1）交流电压表、电流表；

（2）三相调压器；

（3）电流表插座，4只；

（4）白炽灯，三组。

4．训练内容

（1）三相负载星形连接（三相四线制供电）。按训练图 13 - 1 所示线路连接实验电路，即三相灯组负载经三相自耦调压器接通三相对称电源，并将三相调压器的旋钮置于三相输出为 0 V 的位置，经指导老师检查合格后，方可合上三相电源开关，然后调节调压器的输

出，使输出的三相线电压为 220 V，分别测量三相负载的线电压、相电压、线电流、中线电流、电源与负载中点间的电压，将所测得的数据记入训练表 13-1 中，并观察各相灯组亮暗的变化程度，特别要注意观察中线的作用。

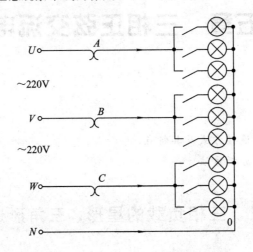

训练图 13-1　三相负载星形连接

训练表 13-1　三相负载星形连接实验数据

测量数据 实验内容	开灯盏数 A 相	B 相	C 相	线电流/A I_A	I_B	I_C	线电压/V U_{AB}	U_{BC}	U_{CA}	相电压/V U_{A0}	U_{B0}	U_{C0}	中线电流 I_0	中点电压 U_{N0}
Y_0 接平衡负载	3	3	3											
Y 接平衡负载	3	3	3											
Y_0 接不平衡负载	1	2	3											
Y 接不平衡负载	1	2	3											
Y_0 接 B 相断开	1		3											
Y 接 B 相断开	1		3											
Y 接 B 相短路	1		3											

（2）负载三角形连接（三相三线制供电）。按训练图 13-2 改接线路，经指导老师检查合格后合上三相电源开关，然后调节调压器的输出，使输出的三相线电压为 220 V，并按数据训练表 13-2 的内容进行测试。

训练表 13-2　负载三角形连接实验数据

负载情况	开灯盏数 $A-B$ 相	$B-C$ 相	$C-A$ 相	线电压=相电压/V U_{AB}	U_{BC}	U_{CA}	线电流/A I_A	I_B	I_C	相电流/A I_{AB}	I_{BC}	I_{CA}
三相平衡												
三相不平衡												

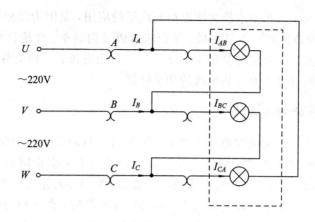

训练图 13 - 2　负载三角形连接

5．训练注意事项

（1）实验时要注意人身安全，不可触及导电部分，以免发生意外事故。

（2）每次训练完毕，均需将三相调压器旋钮调回零位，如改接线，均需断开三相电源，以确保人身安全。

（3）每次接线完毕，同组同学应自查一遍，然后由指导老师检查后，方可接通电源。

6．思考题

（1）负载星形连接时线电压和相电压有何关系？

（2）负载三角形连接时线电流和相电流有何关系？

（3）三相负载根据什么条件作星形或三角形连接？

（4）三相星形连接不对称负载在无中线情况下，当某相负载开路或短路时会出现什么情况？如果接上中线，情况又如何？

（5）本次训练中为什么要通过三相调压器将 380 V 的市电线电压降为 220 V 的线电压？

7．训练报告

（1）根据训练数据，在负载为星形连接时，$U_l = \sqrt{3} U_p$ 在什么条件下成立？在三角形连接时，$I_l = \sqrt{3} I_p$ 在什么条件下成立？

（2）用训练数据和观察到的现象总结三相四线制供电系统中线的作用。

（3）不对称三角形连接的负载能否正常工作？是否能证明这一点？

（4）根据不对称负载三角形连接时的训练数据，画出各相电压、相电流和线电流的相量图，并验证训练数据的正确性。

5.1　三相电源及其连接

在电力系统中，电能的生产、传输和分配几乎都采用三相制。所谓三相制，就是由三个同频率、同幅值、相位依次相差 120°的正弦电压源按一定方式连接构成三相电源对负载供电的电能传输系统。三相制系统之所以得到广泛的应用，是因为三相输电比单相输电节省材料，同时三相电流能产生旋转磁场，从而能制成结构简单、性能良好的三相异步电动机。本章在单相正弦交流电路的基础上，分析对称三相电源、三相负载的连接及其特点，介绍三相电路的分析计算以及三相电路的功率计算。

5.1.1 三相电源的特征参数

三相交流电是由三相交流发电机产生的。图 5-1-1(a) 是三相交流发电机的示意图。在磁极间放置一个圆柱形铁芯，圆柱表面对称绕制了三个完全相同的线圈，叫作三相绕组。铁芯和绕组合称为转子。A、B、C 为绕组的首端，X、Y、Z 分别为绕组的末端，空间上相差 $120°$ 的相位角。当发电机转子以角速度 ω 逆时针旋转时，在三相绕组的两端产生幅值相等、频率相同、相位依次相差 $120°$ 的正弦交流电压。这一组正弦交流电压叫作对称三相正弦电压。在三相电路中凡是满足上述规律的一组电流或电压，我们就叫作对称三相正弦量。电压的参考方向规定为由绕组的首端指向末端，如图 5-1-1(b) 所示。以 A 相电压为正弦参考量，它们的解析式为

$$\begin{cases} u_A = U_m \sin\omega t \\ u_B = U_m \sin(\omega t - 120°) \\ u_C = U_m \sin(\omega t + 120°) \end{cases} \quad (5-1-1)$$

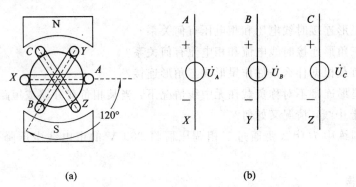

(a)　　　　　　　　　　(b)

图 5-1-1　三相交流发电机原理图和三相正弦电压源

对称三相电源的电压波形图和相量图如图 5-1-2(a)、(b) 所示。

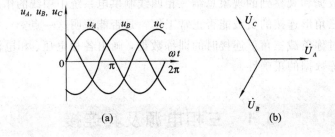

(a)　　　　　　　　　　(b)

图 5-1-2　对称三相电源的电压波形图和相量图

对应的相量分别表示为

$$\begin{cases} \dot{U}_A = U\angle 0° \\ \dot{U}_B = U\angle -120° \\ \dot{U}_C = U\angle 120° \end{cases} \qquad (5-1-2)$$

三相交流电在相位上的先后次序称为相序。上述 A 相超前于 B 相，B 相超前于 C 相的顺序叫作正序或顺序，与此相反，A 相滞后于 B 相，B 相滞后于 C 相的顺序则叫作负序或逆序。通常如无特别说明，一般的三相电源都是指正序，工程上以黄、绿、红三种颜色分别作为 A、B、C 三相的标记。

从波形图可以看出，任意时刻三个正弦电压的瞬时值之和恒等于零，即

$$u_A + u_B + u_C = 0 \qquad (5-1-3)$$

其相量关系为

$$\dot{U}_A + \dot{U}_B + \dot{U}_C = 0$$

即对称三相正弦量的相量（瞬时值）之和为零。

三相发电机的每一相绕组都是独立的电源，可以单独地接上负载，成为不相连接的三相电路，但这样使用的导线根数就太多，所以这种电路实际上是不使用的。

5.1.2 三相电源的星形（Y 形）连接

三相电源的星形（Y 形）连接方式如图 5-1-3 所示。该连接方式将三个电压源的末端 X、Y、Z 连接在一起，成为一个公共点 N，叫作中性点，简称中点；从三个首端 A、B、C 引出三根线与外电路相连。由中点引出的线称为中线，也称为零线、地线；由首端 A、B、C 引出的三根线称为端线或相线（俗称火线）。若三相电路中有中线，则称为三相四线制；若无中线，则称为三相三线制。

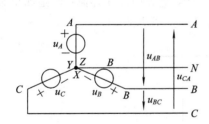

(a) 电源的星形连接

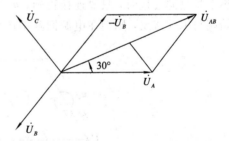

(b) 星形电源的线电压和相电压的相量关系

图 5-1-3 三相电源的连接

在三相电路中，每一相电压源两端的电压称为相电压，用 u_A、u_B、u_C 表示，参考方向由首端线指向末端；端线与端线之间的电压称为线电压，用 u_{AB}、u_{BC}、u_{CA} 表示，参考方向规定为由 A 到 B、由 B 到 C、由 C 到 A。

根据基尔霍夫电压定律可得

$$u_{AB} = u_A - u_B, \quad u_{BC} = u_B - u_C, \quad u_{CA} = u_C - u_A$$

用相量表示为

$$\dot{U}_{AB} = \dot{U}_A - \dot{U}_B$$

$$\dot{U}_{BC} = \dot{U}_B - \dot{U}_C$$

$$\dot{U}_{CA} = \dot{U}_C - \dot{U}_A$$

当相电压对称时,从相量图 5-1-3(b)可得线电压与相电压的关系如下:

$$U_{AB} = 2U_A \cos30° = \sqrt{3}U_A$$

在相位上线电压 $\dot{U}_{AB}$ 超前对应相电压 $\dot{U}_A$ 的角度为 30°,即

$$\dot{U}_{AB} = \sqrt{3}\dot{U}_A \angle 30° \tag{5-1-4}$$

同理可得

$$\dot{U}_{BC} = \sqrt{3}\dot{U}_B \angle 30° \tag{5-1-5}$$

$$\dot{U}_{CA} = \sqrt{3}\dot{U}_C \angle 30° \tag{5-1-6}$$

即线电压也是一组对称三相正弦量。线电压的大小是相电压大小的 $\sqrt{3}$ 倍,在相位上线电压超前相应的相电压 30°。

线电压的有效值用 U_l 表示,相电压的有效值用 U_p 表示,即

$$U_l = \sqrt{3}U_p \tag{5-1-7}$$

电源作 Y 形连接时,可给予负载两种电压。在低压配电系统中线电压为 380 V,相电压为 220 V。

5.1.3 三相电源的三角形(△形)连接

将三个电压源首末端依次相连,形成一闭合回路,从三个连接点引出三根端线,这种连接方式称为三角形连接。当三相电源作三角形连接时,只能是三相三线制,而且线电压就等于相电压。

三相电源的三角形连接如图 5-1-4 所示。电源作三角形连接时,给予负载一定电压。当对称三相电源连接时,只要连接正确,$u_A + u_B + u_C = 0$,电源内部无环流;但是如果某一相的始端与末端接反,则会在电源回路中产生较大电流,造成事故。

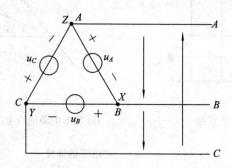

图 5-1-4 电源的三角形连接

在三相电路中,一般所说的电压,如果不加说明,都指线电压而言,表示线电压的有效值的下标可以省去,直接用 U 表示。

三相电源做星形连接时,可以得到线电压和相电压两种电压,对用户比较方便。例如,星形连接电源相电压为 220 V 时,线电压为 $\sqrt{3} \times 220 = 380$ V,给用电户提供了 220 V 和 380 V 两种电压,这样低压供电系统就能采取动力和照明混合供电,380 V 的电压用于为三相电动机或其他三相动力负载供电,220 V 的电压用于为照明或其他单相负载供电。

5.2　负载星形连接的三相电路

　　三相负载即三相电源的负载，由互相连接的三个负载组成，其中每个负载称为一相负载。在三相电路中，负载有两种情况：一种负载是单相的，例如电灯、日光灯等照明负载，还有电炉、电视机、电冰箱等。单项负载通过适当的连接可以组成三相负载。另一种负载是三相的，如三相电动机，其三相绕组中的每一相绕组也是单相负载，但存在如何将这三个单相绕组连接起来接入电网使用的问题。

　　三相交流电路中，负载的连接方式有两种：星形（Y）连接和三角形（△）连接。

　　三相负载的 Y 形连接就是把三个负载的一端连接在一起，形成一个公共端点 N'，负载的另一端分别与电源三根端线连接。如果电源为星形连接，则负载公共点与电源中点 N 的连线称为中线，两点间的电压 $U_{N'N}$ 称为中点电压。若电路中有中线连接，则构成三相四线制电路；若没有中线连接，或电源为三角形连接，则构成三相三线制电路。

　　负载星形连接的三相四线制电路如图 5-2-1 所示。其中，流过端线的电流称为线电流，参考方向选择从电源指向负载；流过每一相电源或负载的电流称为相电流，对负载而言选择参考方向与该相电压方向为关联参考方向，对电源而言选择参考方向与该相电压方向为非关联参考方向，线电流与对应相电流相等；流过中线的电流称为中线电流，参考方向选择由负载中点指向电源中点。

　　若每相负载的复阻抗都相同，即 $Z_A = Z_B = Z_C = Z$，则称为对称负载；三相电路中如果不计端线阻抗，电源对称，负载也对称，则称为对称三相电路。三相电路中，只要有任何一部分不对称，那就是不对称三相电路。

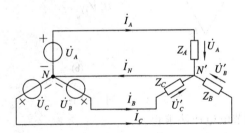

图 5-2-1　对称三相四线制 Y-Y 电路

　　在三相四线制中，因为有中线存在，所以负载的工作情况与单相交流电路相同。若忽略连接导线上的阻抗，则负载相电压等于对应电源的相电压，即

$$\dot{U}'_A = \dot{U}_A, \quad \dot{U}'_B = \dot{U}_B, \quad \dot{U}'_C = \dot{U}_C$$

负载各相电流为

$$\dot{I}_A = \frac{\dot{U}_A}{Z_A}, \quad \dot{I}_B = \frac{\dot{U}_B}{Z_B}, \quad \dot{I}_C = \frac{\dot{U}_C}{Z_C}$$

中线电流：

$$\dot{I}_N = \dot{I}_A + \dot{I}_B + \dot{I}_C$$

　　【例 5-1】　三相四线制中，已知电源电压对称，其相电压 U_p 为 120 V，负载为纯电

阻，其数值为 $R_A = 20\ \Omega$，$R_B = 4\ \Omega$，$R_C = 5\ \Omega$，额定电压为 120 V。

（1）求各负载相电流及中线电流，并画出相量图；

（2）若中线断开后，试求各相负载电压并画出相量图。

解 （1）设 $\dot{U}_A$ 为参考正弦量，则

$$\dot{U}_A = 120\angle 0°\text{V}, \quad \dot{U}_B = 120\angle -120°\ \text{V}, \quad \dot{U}_C = 120\angle 120°\text{V}$$

各负载相电流为

$$\dot{I}_A = \frac{\dot{U}_A}{Z_A} = \frac{120\angle 0°}{20} = 6\angle 0°\text{A}$$

$$\dot{I}_B = \frac{\dot{U}_B}{Z_B} = \frac{120\angle -120°}{4} = 30\angle -120°\ \text{A}$$

$$\dot{I}_C = \frac{\dot{U}_C}{Z_C} = \frac{120\angle 120°}{5} = 24\angle 120°\text{A}$$

中线电流：

$$\dot{I}_N = \dot{I}_A + \dot{I}_B + \dot{I}_C = 6 + 30\angle -120° + 24\angle 120°$$

$$= -21 - \text{j}3\sqrt{3} = 21.6\angle -166.1°\ \text{A}$$

其相量图如图 5 - 2 - 2(a)所示。

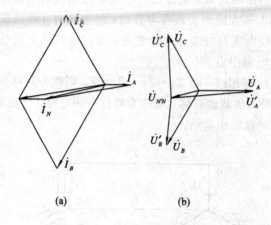

(a)   (b)

图 5 - 2 - 2 例 5 - 1 图

（2）中线断开后，用节电电压法求得

$$\dot{U}_{N'N} = \frac{Y_A\dot{U}_A + Y_B\dot{U}_B + Y_C\dot{U}_C}{Y_A + Y_B + Y_C} = -42 - \text{j}10.4 = 43.3\angle -166.1°\text{V}$$

$$\dot{U}'_A = \dot{U}_A - \dot{U}_{N'N} = 120 + 42 + \text{j}10.4 = 162 + \text{j}10.4 = 162.3\angle 3.67°\ \text{V}$$

$$\dot{U}'_B = \dot{U}_B - \dot{U}_{N'N} = -18 - \text{j}93.5 = 95.2\angle -100.9°\ \text{V}$$

$$\dot{U}'_C = \dot{U}_C - \dot{U}_{N'N} = -18 + \text{j}114.3 = 157\angle 98.9°\ \text{V}$$

其相量图如图 5 - 2 - 2(b)所示。

从此例可以看出，中线断开后，由于中点电压 $\dot{U}_{N'N}$ 存在，使得 $U'_B < U_B$，造成负载 Z_B 上电压降低，而使 $U'_A > U_A$，$U'_C > U_C$，可能烧坏 A 和 C 相电器。

由以上可知，由于中线的存在，三相负载不对称时，负载的相电压仍能保持不变，但当中线断开后，各相的相电压就不相等了。与中线未断时比较，某些相的电压减小，而其他相的电压增大，造成负载的不正常工作，甚至可能烧毁。因此，在任何时候中线上不能

装保险丝和开关。

当三相负载对称时，各相电流也是对称的，那么三相电流的相量和等于零，即中线电流为零，说明 N 点与 N' 点等电位。中线断开后负载相电压与相电流与有中线时一样。可见，在对称的三相四线制电路中，中线不起作用，故可省去中线，成为三相三线制电路。

【例 5-2】　三相三线制电路中，已知三相对称电源的线电压 $U_1 = 380$ V，三相星形对称负载的每相阻抗 $Z = 6 + j8$ Ω，求各相电流、相电压，并画出相电压与相电流的相量图。

解　相电压：

$$U_p = \frac{U_1}{\sqrt{3}} = \frac{380}{\sqrt{3}} = 220 \text{ V}$$

设 $\dot{U}_{AB}$ 的初相为 $0°$，即 $\dot{U}_{AB} = 380\angle0°$V，则

$$\dot{U}_A = 220\angle-30° \text{ V}$$

根据对称关系：

$$\dot{U}_B = 220\angle-150° \text{ V}$$

$$\dot{U}_C = 220\angle90°\text{V}$$

每相阻抗

$$Z = 6 + j8 \text{ } \Omega = 10\angle53°\Omega$$

各相电流

$$\dot{I}_A = \frac{\dot{U}_A}{Z} = \frac{220\angle-30°}{10\angle53°} = 22\angle-83° \text{ A}$$

$$\dot{I}_B = \frac{\dot{U}_B}{Z} = \frac{220\angle-150°}{10\angle53°} = 22\angle157°\text{A}$$

$$\dot{I}_C = \frac{\dot{U}_C}{Z} = \frac{220\angle90°}{10\angle53°} = 22\angle37°\text{A}$$

其相量图如图 5-2-3 所示。

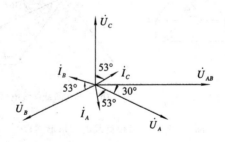

图 5-2-3　例 5-2 图

【例 5-3】　图 5-2-4 所示电路是一种测定相序的仪器，叫相序指示器。若 $\frac{1}{\omega C} = R$，试说明在电源电压对称的情况下，如何根据两个灯泡所承受的电压确定相序。

解　把电源看作星形连接，设 $\dot{U}_A = U_p\angle0°$V，则中点电压：

$$\dot{U}_{N'N} = \frac{\dot{U}_A j\omega C + \dfrac{\dot{U}_B}{R} + \dfrac{\dot{U}_C}{R}}{j\omega C + \dfrac{1}{R} + \dfrac{1}{R}} = 0.63U_p\angle108.4°\text{V}$$

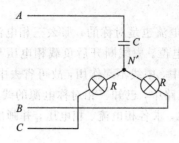

图 5 - 2 - 4　例 5 - 3 图

B 相灯泡所承受的电压为

$$\dot{U}'_B = \dot{U}_B - \dot{U}_{N'N} = U_p\angle-120° - 0.63U_p\angle108.4° = 1.5U_p\angle-101.5° \text{ V}$$

C 相灯泡所承受的电压为

$$\dot{U}'_C = \dot{U}_C - \dot{U}_{N'N} = U_p\angle120° - 0.63U_p\angle108.4° = 0.4U_p\angle138.4° \text{ V}$$

将电容器所在的那一相定为 A 相,则灯泡比较亮的为 B 相,较暗的为 C 相。

5.3　负载三角形连接的三相电路

三相负载的三角形(△)连接就是将三相负载首尾连接,再将三个连接点与三根电源端线相连。如图 5 - 3 - 1(a)所示,此时只能构成三相三线制,各电流参考方向示于图中。

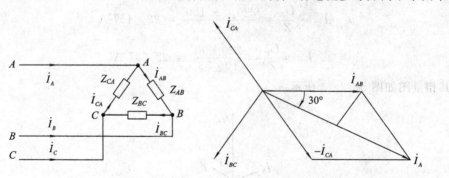

(a) 负载的三角形连接　　　　(b) 三角形负载的线电流和相电流的相量关系

图 5 - 3 - 1　三相负载的三角形连接

负载为三角形连接时,电路有以下基本关系:

(1) 各相负载两端电压为电源线电压。

(2) 各相电流可按单相正弦交流电路计算,即

$$\dot{I}_{AB} = \frac{\dot{U}_{AB}}{Z_{AB}}$$

$$\dot{I}_{BC} = \frac{\dot{U}_{BC}}{Z_{BC}}$$

$$\dot{I}_{CA} = \frac{\dot{U}_{CA}}{Z_{CA}}$$

（3）各线电流可利用 KCL 计算出：

$$\dot{I}_A = \dot{I}_{AB} - \dot{I}_{CA}$$

$$\dot{I}_B = \dot{I}_{BC} - \dot{I}_{AB}$$

$$\dot{I}_C = \dot{I}_{CA} - \dot{I}_{BC}$$

如果电源电压对称，负载对称，则负载的相电流也是对称的，从相量图 5-3-1(b)可求出线电流与相电流的关系。

线电流与相电流的大小关系为

$$I_A = 2I_{AB} \cos 30° = \sqrt{3} I_{AB}$$

在相位上，线电流 $\dot{I}_A$ 滞后相应的相电流 $\dot{I}_{AB}$ 的角度为 30°，即

$$\dot{I}_A = \sqrt{3} \dot{I}_{AB} \angle -30°$$

同理可得

$$\dot{I}_B = \sqrt{3} \dot{I}_{BC} \angle -30°$$

$$\dot{I}_C = \sqrt{3} \dot{I}_{CA} \angle -30°$$

可见，线电流也是一组对称三相正弦量，其有效值为相电流的 $\sqrt{3}$ 倍，在相位上滞后于相应的相电流 30°。在三相电路中，一般所说的电流均为线电流。

线电流有效值用 I_l 表示，相电流有效值用 I_p 表示，则有

$$I_l = \sqrt{3} I_p \tag{5-3-1}$$

【例 5-4】　对称负载接成三角形，接入线电压为 380 V 的三相电源，若每相阻抗 $Z = 6+j8\ \Omega$，求负载各相电流及各线电流。

解　设 $\dot{U}_{AB} = 380\angle 0° \text{V}$，则

$$\dot{I}_{AB} = \frac{\dot{U}_{AB}}{Z} = \frac{380\angle 0°}{6+j8} = \frac{380\angle 0°}{10\angle 53.1°} = 38\angle -53.1°\ \text{A}$$

$$\dot{I}_{BC} = \frac{\dot{U}_{BC}}{Z} = \frac{380\angle -120°}{6+j8} = 38\angle -173.1°\ \text{A}$$

$$\dot{I}_{CA} = \frac{\dot{U}_{CA}}{Z} = \frac{380\angle 120°}{6+j8} = 38\angle 66.9°\ \text{A}$$

负载各线电流为

$$\dot{I}_A = \sqrt{3} \dot{I}_{AB} \angle -30° = \sqrt{3} \times 38\angle(-53.1° - 30°) = 66\angle -83.1°\ \text{A}$$

$$\dot{I}_B = \sqrt{3} \dot{I}_{BC} \angle -30° = 66\angle 156.9°\ \text{A}$$

$$\dot{I}_C = \sqrt{3} \dot{I}_{CA} \angle -30° = 66\angle 36.9°\ \text{A}$$

技能训练十四　　三相电路功率的测量

1. 训练目的

（1）应用两表法测量三相电路的有功功率。

（2）进一步掌握单相功率表的使用。

2. 原理说明

测量三相电路的有功功率，常用两种方法。

（1）三表法：应用于三相四线制电路，三表读数之和为三相有功功率，即

$$P = P_A + P_B + P_C$$

（2）二表法：应用于三相三线制电路，不论负载对称与否，两表读数之和等于三相有功功率，即

$$P = P_1 + P_2$$

若其中一只功率表的指针反向偏转，应将功率表的电流线圈的两个端钮对调，切忌互换电压接线，以免功率表产生误差。改换端钮后的功率表的读数计为负值。

3. 训练设备

（1）交流电压表、电流表、功率表；

（2）三相调压器；

（3）电流表插座；

（4）白炽灯组。

4. 训练内容

（1）用二表法测定三相负载的总功率。按训练图 14 - 1 接线，将负载接成三角形接法。

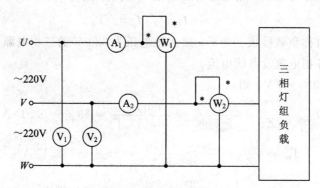

训练图 14 - 1　用二表法测定三相负载的总功率

经指导老师检查合格后合上三相电源开关，然后调节调压器的输出，使输出的三相线电压为 220 V，并按训练表 14 - 1 的内容进行测试。

训练表 14 - 1　用二表法测定三相负载总功率的相关数据

负载情况	开灯盏数			测量数据						$\sum P$	$\cos\varphi$
	A 相	B 相	C 相	U_1	U_2	I_1	I_2	P_1	P_2		
平衡负载	3	3	3								
不平衡负载	1	2	3								

（2）用一表法测对称负载功率。在三相四线制电路中，当电源和负载都对称时，由于各相功率相等，因此只要用一只功率表测量出任一相负载的功率即可。接法如训练图 14 - 2 所示，将测量数据记入训练表 14 - 2 中。

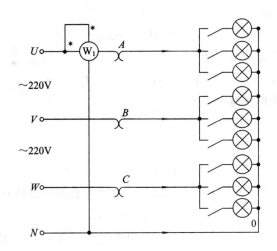

训练图 14 – 2　用一表法测对称负载功率

训练表 14 – 2　用一表法测对称负载功率的相关数据

负载情况	开灯盏数			测量数据			$\sum P$
	A 相	B 相	C 相	P_1	P_2	P_3	
三角形接平衡负载	3	3	3				
三角形接不平衡负载	1	2	3				

5. 训练注意事项

（1）实验时要注意人身安全，不可触及导电部分，以免发生意外事故。

（2）每次实验完毕，均需将三相调压器旋钮调回零位，如改接线，均需断开三相电源，以确保人身安全。

（3）每次接线完毕，同组同学应自查一遍，然后由指导老师检查后，方可接通电源。

6. 思考题

（1）熟悉两表法的接线和有一表出现反偏时的改接方法。

（2）测量功率时为什么在线路中通常都接有电流表和电压表？

7. 训练报告

（1）画出用一表法、二表法测定三相负载的总功率原理图。

（2）比较训练数据与计算数据并验证三相电路功率的计算公式。

5.4　三相电路的功率

三相电路总的有功功率等于各相有功功率之和，即

$$P = P_A + P_B + P_C = U_A I_A \cos\varphi_A + U_B I_B \cos\varphi_B + U_C I_C \cos\varphi_C$$

其中，U_A、U_B、U_C 分别为负载各相电压有效值，I_A、I_B、I_C 分别为各相电流有效值，φ_A、φ_B、φ_C 为各相负载的阻抗角。

若三相负载对称，则

$$P = 3U_p I_p \cos\varphi$$

当对称负载为星形连接时，有

$$U_1 = \sqrt{3} U_p, \qquad I_1 = I_p$$

当对称负载为三角形连接时，有

$$U_1 = U_p, \qquad I_l = \sqrt{3} I_p$$

均有

$$P = 3U_p I_p \cos\varphi = \sqrt{3} U_1 I_1 \cos\varphi$$

故在对称三相电路中，无论负载接成星形还是三角形，总的有功功率均为

$$P = \sqrt{3} U_1 I_1 \cos\varphi$$

三相电路总的无功功率也等于三相无功功率之和。在对称三相电路中，三相无功功率为

$$Q = 3U_p I_p \sin\varphi = \sqrt{3} U_1 I_1 \sin\varphi \qquad (5-4-1)$$

而三相视在功率为

$$S = \sqrt{P^2 + Q^2} \qquad (5-4-2)$$

一般情况下，三相负载的视在功率不等于各相视在功率之和，只有在负载对称时三相视在功率才等于各相视在功率之和。对称三相负载的视在功率为

$$S = 3U_p I_p = \sqrt{3} U_1 I_1 \qquad (5-4-3)$$

【例 5-5】　一对称三相负载作星形连接，每相负载 $Z = R + jX = 6 + j8\ \Omega$。已知 $U_1 = 380\ V$，求三相总的有功功率 P。

解　每相负载的功率因数：

$$\cos\varphi = \frac{R}{|Z|} = \frac{6}{\sqrt{6^2 + 8^2}} = 0.6$$

相电压：

$$U_p = \frac{U_1}{\sqrt{3}} = \frac{380}{\sqrt{3}} = 220\ V$$

负载相电流：

$$I_p = \frac{U_p}{|Z|} = \frac{220}{10} = 22\ A$$

有功功率：

$$P = 3U_p I_p \cos\varphi = 3 \times 220 \times 22 \times 0.6 = 8.7\ kW$$
$$P = \sqrt{3} U_1 I_1 \cos\varphi = \sqrt{3} \times 380 \times 22 \times 0.6 = 8.7\ kW$$
$$P = 3 \times I_p^2 \times R = 3 \times 22^2 \times 6 = 8.7\ kW$$

5.5　三相电路功率的测量

测量三相电路的有功功率，常用两种方法。

（1）三表法：应用于三相四线制电路，三表读数之和为三相有功功率，即
$$P = P_A + P_B + P_C$$

（2）两表法：应用于三相三线制电路，不论负载对称与否，两表读数之和等于三相有功功率，即
$$P = P_1 + P_2$$

对于两表法测量三相电路功率，用例 5-6 加以说明。

【例 5-6】 三相电动机电路如图 5-5-1 所示，证明两功率表读数之和即为三相电动机总功率。

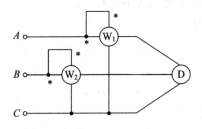

图 5-5-1 例 5-6 图

证 功率表 1 的读数为
$$P_1 = I_A U_{AC} \cos(30° - \varphi)$$

式中，φ 为阻抗角。

功率表 2 的读数为
$$P_2 = I_B U_{BC} \cos(30° + \varphi)$$

则
$$
\begin{aligned}
P_1 + P_2 &= U_{AC} I_A \cos(30° - \varphi) + U_{BC} I_B \cos(30° + \varphi) \\
&= U_l I_l [\cos(30° - \varphi) + \cos(30° + \varphi)] \\
&= \sqrt{3} U_l I_l \cos\varphi
\end{aligned}
$$

即两功率表读数之和为三相电动机总功率。

本 章 小 结

1. 三相电源及连接方式

三相电路主要由三相电源、三相负载及连接导线组成，其中三相电源通常是对称的，即三相交流电的最大值相同，角频率相同，相位依次相差 120°。

三相电源有星形和三角形两种连接形式。星形连接可以输出线电压、相电压两种电压，三角形连接只输出一种线电压。

三相负载也有两种连接方式：星形连接和三角形连接。三相电源和三相负载可以组成两类三相电路，即三相三线制和三相四线制电路。

2. 相线电压、电流的关系

对称三相星形连接电路的线电压是相电压的 $\sqrt{3}$ 倍，相位上超前于相应的相电压 30°，

线电流就等于相应的相电流。

对称三相三角形连接电路的线电压等于相应的相电压,线电流是相应的相电流的$\sqrt{3}$倍,相位上滞后于相应的相电流 30°。

3. 三相电路的功率

三相电路的有功功率是各相有功功率的和。

负载对称时,有功功率为

$$P=\sqrt{3}U_1 I_1 \cos\varphi$$

三相电路的无功功率是各相无功功率的和。

负载对称时,无功功率为

$$Q=\sqrt{3}U_1 I_1 \sin\varphi$$

三相电路的视在功率

$$S=\sqrt{P^2+Q^2}$$

负载对称时,视在功率为

$$S=\sqrt{3}U_1 I_1$$

习 题 五

5-1　星形连接的对称三相电源其相序为正序,已知 $\dot{U}_C=220\angle 0°$ V,试写出 $\dot{U}_{AB}$、$\dot{U}_{BC}$、$\dot{U}_{CA}$、$\dot{U}_A$、$\dot{U}_B$。

5-2　三相四线制电路中,星形负载各相阻抗分别为 $Z_A=8+j6$ Ω,$Z_B=3-j4$ Ω,$Z_C=10$ Ω,电源线电压为 380 V,求各相电流及中线电流。

5-3　对称负载接成三角形,接入线电压为 380 V 的三相电源,若每相阻抗 $Z=6+j8$ Ω,求负载各相电流及各线电流。

5-4　将题5-4图中各相负载分别接成星形或三角形,电源线电压为 380 V,相电压为 220 V,每只灯泡的额定电压为 220 V,每台电动机的额定电压为 380 V。

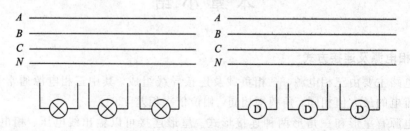

题 5-4 图

5-5　如题5-5图所示电路中,正常工作时电流表的读数是 26 A,电压表的读数是 380 V,三相对称电源供电,试求下列各种情况下各相的电流。

(1) 正常工作;

(2) AB 相负载断开;

（3）端线 B 断开。

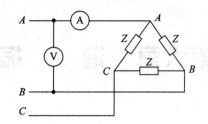

题 5 – 5 图

5 – 6　三相四线制系统中中线的作用是什么？为什么中线（干线）上不能接熔断器和开关？

5 – 7　有一台电动机绕组为星形连接，测得其线电压为 220 V，线电流为 50 A，已知电动机的三相功率为 4.4 kW，求电动机每相绕组的参数 R 和 X_L。

5 – 8　电路如题 5 – 8 图所示，已知三相电源对称，负载端相电压为 220 V，$R_1 = 20\ \Omega$，$R_2 = 6\ \Omega$，$X_L = 8\ \Omega$，$X_C = 10\ \Omega$。求：

（1）各相电流；

（2）中线电流；

（3）三相功率 P、Q。

5 – 9　题 5 – 9 图所示的三相电路中，三相电源对称，线电压为 380 V，输电线复阻抗 $Z_L = 1 + j2\ \Omega$，负载 $Z_{AB} = 6 + j8\ \Omega$，$Z_{BC} = 4 + j3\ \Omega$，$Z_{CA} = 12 + j12\ \Omega$。试列出求三相负载相电压的方程式。

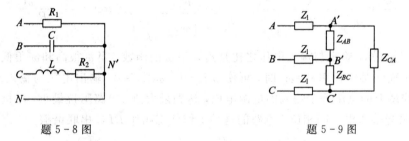

题 5 – 8 图　　　　　　　　　　　题 5 – 9 图

5 – 10　在某三相四线制供电线路中，电源线电压为 380 V，星形连接的三相负载的阻抗 $Z_A = Z_B = Z_C = 10\sqrt{2} + j10\sqrt{2}\ \Omega$。

（1）求各线电流和中线电流；

（2）若 A 相负载断开，求各端线上电流与中线电流；

（3）试作上述两种情况下的相量图。

第六章 谐 振

【学习目标】

- 认识谐振现象，掌握电路发生谐振的条件。
- 掌握串联、并联谐振电路的特点。

技能训练十五 串联谐振电路特性分析

1. 训练目的

(1) 通过实验掌握串联谐振的条件和特点，测绘 RLC 串联谐振曲线。

(2) 研究电路参数对谐振特性的影响。

2. 原理说明

在训练图 15-1 所示的 RLC 串联电路中，若取电阻 R 两端的电压 $\dot{U}_2$ 为输出电压，则该电路输出电压与输入电压 $\dot{U}_1$ 之比为

$$\frac{\dot{U}_2}{\dot{U}_1} = \frac{R}{R + j\left(\omega L - \dfrac{1}{\omega C}\right)} = \frac{R}{\sqrt{R^2 + \left(\omega L - \dfrac{1}{\omega C}\right)}} \angle \arctan \frac{\left(\omega L - \dfrac{1}{\omega C}\right)}{R} \quad (15-1)$$

由式(15-1)可知，输出与输入电压之比是角频率 ω 的函数。当 ω 很高和 ω 很低时，比值都将趋于零；而在某一频率 $\omega = \omega_0$ 时，可使 $\omega_0 L - 1/(\omega_0 C) = 0$，输出电压与输入电压之比等于 1，电阻 R 上的电压等于输入的电源电压，达到最大值，电路阻抗最小，电抗为零，电流达到最大且与输入电压同相位。电路的这种工作状态叫作 RLC 串联谐振。

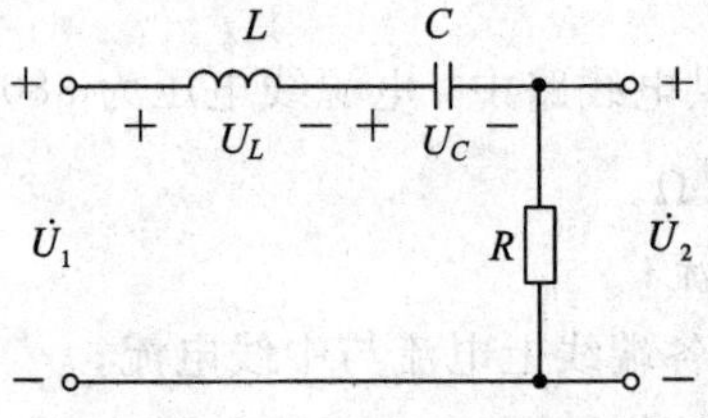

训练图 15-1 RLC 串联电路

串联谐振的条件：

$$\omega_0 L - \frac{1}{\omega_0 C} = 0$$

或

$$\omega_0 = \frac{1}{\sqrt{LC}} \quad (15-2)$$

改变角频率 ω 时，振幅比随之变化，振幅比下降到峰值的 $1/\sqrt{2}=0.707$ 倍时，对应的两个频率 ω_1、ω_2（或 f_1 和 f_2）之差称为该网络的通频带宽，即

$$BW = \omega_2 - \omega_1$$

理论上可以推出通频带宽：

$$BW = \omega_2 - \omega_1 = \frac{R}{L} \tag{15-3}$$

由式（15-3）可知，网络的通频带取决于电路的参数。RLC 串联电路幅频特性曲线的陡度可以用品质因素 Q 来衡量，Q 的定义为

$$Q = \frac{\omega_0}{BW} = \frac{\omega_0 L}{R} = \frac{1}{\omega_0 C}$$

可见，品质因数 Q 也取决于电路参数。当 L 和 C 一定时，电阻 R 越小，Q 值越大，通频带越窄，谐振曲线越陡峭；反之，电阻 R 越大，品质因数 Q 越小，通频带宽越宽，曲线越平缓，如训练图 15-2 所示。

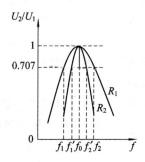

训练图 15-2 RLC 串联谐振电路通频带与 R 的关系图（$R_1 > R_2$）

设 $R = R_1$ 时的通频带为 BW_1，$R = R_2$ 时的通频带为 BW_2，若 $R_1 > R_2$，则

$$BW_1 = \omega_2 - \omega_1 > BW_2 = \omega_2' - \omega_1'$$

$$\dot{I} = \frac{\dot{U}_1}{Z} = \frac{\dot{U}_1}{R}$$

$$\dot{U}_R = \dot{I}R$$

$$\dot{U}_L = j\dot{I}X_L = j\dot{I}\omega_0 L = j\frac{\dot{U}}{R\omega_0 L} = jQ\dot{U}_1$$

$$\dot{U}_C = -j\dot{I}X_C = \frac{\dot{I}}{j\omega_0 C} = -jQ\dot{U}_1$$

当 $X_L = X_C > R$ 时，$U_L = U_C \gg U$。

电路的这一特点在电子技术通讯电路中得到了广泛的应用，而在电力系统中则应避免由此而引起的过压现象。

3. 训练设备

（1）信号源（含频率计）；

（2）交流毫伏表；

（3）EEL-54 组件（含实验电路）；

（4）示波器。

4. 训练内容

(1) 实验电路如训练图 15-3 所示,图中 $L=16.5$ mH,R、C 可选不同数值,信号源输出正弦波电压作为输入电压 u,调节信号源输出正弦波的电压,并用交流毫伏表测量,使输入电压 u 的有效值 $U=1$ V,并保持不变,信号源输出的正弦波电压的频率用频率计测量。

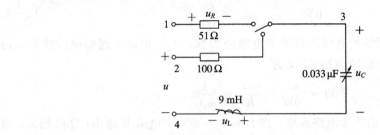

训练图 15-3　实验电路

(2) 测量 RLC 串联电路的谐振频率。选取 $R=50$ Ω,$C=0.033$ μF,调节信号源输出正弦波电压的频率,使之由小逐渐变大(注意要维持信号源的输出电压不变,用交流毫伏表不断监视),并用交流毫伏表测量电阻 R 两端电压 U_R,当 U_R 的读数为最大时,频率计上读得的频率值即为电路的谐振频率 f_0,测量此时的 U_C 与 U_L 的值(注意及时更换毫伏表的量程),将测量数据记入自拟的数据表格中。

(3) 测量 RLC 串联电路的幅频特性。在上述实验电路的谐振点两侧,调节信号源正弦波输出频率,按频率递增或递减 500 Hz 或 1 kHz,依次各取 7 个测量点,逐点测出 U_R、U_L 和 U_C 的值,记入自拟表格中。

在上述实验电路中,改变电阻值,使 $R=100$ Ω,重复步骤(1)、(2)的测量过程,将幅频特性数据记入自拟表格中。

5. 训练注意事项

(1) 测试频率点的选择应在靠近谐振频率附近多取几点,在改变频率时,应调整信号输出电压,使其维持在 1 V 不变。

(2) 在测量 U_L 和 U_C 的数值前,应将毫伏表的量程改为大约十倍,而且在测量 U_L 与 U_C 时,毫伏表的"+"端接电感与电容的公共点。

6. 思考题

(1) 电源频率为何值时,RLC 串联电路中 R 上的电压等于输入电源电压的最大值?

(2) 电路发生谐振时,L、C 上电压与电源电压的数值和相位关系如何?

7. 训练报告内容

在坐标纸上绘制谐振曲线,计算 BW 和 Q 并与测量值进行比较。

6.1 串 联 谐 振

在交流电路中,由于电容和电感元件电抗的存在,一般来讲,电路两端的电压与通过的电流都不同相，但电容和电感性质相反，电抗和容抗又都与频率有关，因此，当电源满足某一特定的频率时就会出现电路两端的电压和其中的电流同相的情况，这种现象称为谐振。这样的 LC 电路叫作谐振电路。谐振电路在电子线路(如选频、滤波、倍频等电路)中应用很广。在电气设备中，设备的耐压和耐冲击等问题都与谐振有关。本章我们将讨论有关谐振、谐振的分类以及谐振的条件等问题，从相量图出发理解谐振时总电流与分电流、总电压与分电压的关系，并在此基础上介绍串联谐振和并联谐振的特点。

6.1.1 串联谐振条件

如图 6-1-1 所示的电路中，在正弦电压

$$u = \sqrt{2}U \sin\omega t$$

的激励下，其输入复阻抗为

$$Z = R + \mathrm{j}(X_L - X_C) = R + \mathrm{j}\left(\omega L - \frac{1}{\omega C}\right) \tag{6-1-1}$$

若

$$X_L = X_C = 0$$

则 $Z = R$，此时电路相当于一个纯电阻电路，电压与电流同相，即发生谐振现象。由于是 R、L、C 元件串联，所以叫串联谐振。

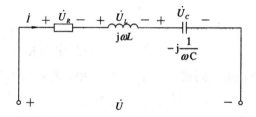

图 6-1-1　串联谐振电路

根据式(6-1-1)得串联谐振的条件为

$$X_L = X_C$$

由此得出串联谐振的角频率 ω_0 满足

$$\omega_0 L - \frac{1}{\omega_0 C} = 0 \tag{6-1-2}$$

则

$$\omega_0 = \frac{1}{\sqrt{LC}} \tag{6-1-3}$$

或

$$f = f_0 = \frac{1}{2\pi \sqrt{LC}} \tag{6-1-4}$$

由式(6-1-4)可见，谐振频率是由电路本身的参数 L、C 决定的，所以又叫电路的固有频率。实现电路谐振的方法有以下两种：

(1) 当外加信号源频率 ω 一定时，可通过调节电路参数 L、C 改变电路谐振频率来实现。

(2) 当电路参数 L、C 一定时，可通过改变信号源的角频率实现。

6.1.2 特性阻抗和品质因数

串联谐振时，将式(6-1-3)代入式(6-1-2)得

$$\omega_0 L = \frac{1}{\omega_0 L} = \frac{1}{\sqrt{LC}}L = \sqrt{\frac{L}{C}} = \rho \qquad (6-1-5)$$

ρ 只与电路的 L、C 有关，叫作特性阻抗，单位为欧姆(Ω)。谐振时，电路的电抗与电阻之比

$$\frac{\rho}{R} = \frac{1}{R}\sqrt{\frac{L}{C}} = Q \qquad (6-1-6)$$

称为回路的品质因数，由电路参数 R、L、C 决定，是一个无量纲的量，是谐振回路的重要参数。它表征了电路的损耗，损耗越小，Q 值越高。为了提高 Q 值，有的电感线圈要用镀银线来绕制。Q 值对回路的品质特性影响很大。

6.1.3 串联谐振的特点

RLC 串联谐振电路的特点是：

(1) 阻抗最小且为纯电阻。串联谐振时，电路的阻抗最小且为纯电阻性质。由于谐振时，有

$$X = 0$$

所以网络的复阻抗为一实数，即

$$Z_0 = |Z_0| = \sqrt{R^2 + (X_L - X_C)^2} = R$$

(2) 电流最大且与外加电压同相。在图 6-1-1 中，若 $u = \sqrt{2}U\sin\omega t$，则回路电流为

$$\dot{I} = \frac{\dot{U}}{Z} = \frac{\dot{U}}{R + j\left(\omega L - \dfrac{1}{\omega C}\right)}$$

串联谐振时，$\omega L = \dfrac{1}{\omega C}$，阻抗 $Z = R$，为最小值，因此回路电流：

$$\dot{I}_0 = \frac{\dot{U}}{R}$$

达最大值且与 $\dot{U}$ 同相，此时 $\dot{U}_R = R\dot{I} = \dot{U}$。

电感、电容的电压是外加电压的 Q 倍且串联谐振时，电感电压和电容电压的有效值相等，等于外加电压有效值的 Q 倍，则有

$$\dot{U}_{L0} = \dot{I}_0 j\omega_0 L = \frac{\dot{U}}{R}j\omega_0 L = j\frac{\omega_0 L}{R}\dot{U} = jQ\dot{U}$$

$$\dot{U}_{C0} = \dot{I}_0 \frac{1}{j\omega_0 C} = \frac{\dot{U}}{R} \times \frac{1}{j\omega_0 C} = -j\frac{1}{\omega_0 CR}\dot{U} = -jQ\dot{U}$$

$\dot{U}_{L0}$ 与 $\dot{U}_{C0}$ 反相而相互"抵消"，如图 6-1-2 所示，对整个电路而言，$\dot{U}_{L0} + \dot{U}_{C0} = 0$。但单独考虑 $\dot{U}_{L0}$ 和 $\dot{U}_{C0}$ 时，若 $Q>1$，则 $U_{L0} = U_{C0} > U$。串联谐振时，U_{L0} 和 U_{C0} 可能是总电压的许多倍，所以串联谐振又叫电压谐振。电路的 Q 值一般在 $50\sim200$ 之间，因此，在电路谐振时，即使外加电压不高，在电感 L 和电容 C 上的电压也会很高，这是一个非常

图 6-1-2 串联谐振电路相量图

重要的物理现象。在无线电通信技术中，利用这一特性可从接收到的具有各种频率分量的微弱信号中将所需信号取出。但在电力系统中，应尽量避免电压谐振，以防止产生高压而造成事故。

（3）电源仅提供 R 消耗的能量。串联谐振时，能量只在 R 上消耗，而电容和电感只周期性地进行磁场能量与电场能量转换。

【例 6 - 1】 在 RLC 串联谐振电路中，$U=25$ mV，$R=5$ Ω，$L=4$ mH，$C=160$ pF。

（1）求电路的 f_0、I_0、ρ、Q 和 U_{C0}。

（2）当端口电压不变，频率变化 10% 时，求电路中的电流和电压。

解 （1）谐振频率

$$f_0 = \frac{1}{2\pi\sqrt{LC}} = \frac{1}{2\pi\sqrt{4\times10^{-3}\times160\times10^{-12}}} \approx 200 \text{ kHz}$$

端口电流：

$$I_0 = \frac{U}{R} = \frac{25}{5} = 5 \text{ mA}$$

特性阻抗：

$$\rho = \omega_0 L = \frac{1}{\omega_0 C} = \sqrt{\frac{L}{C}} = \sqrt{\frac{4\times10^{-3}}{160\times10^{-12}}} = 5000 \text{ Ω}$$

品质因数：

$$Q = \frac{\rho}{R} = \frac{5000}{50} = 100$$

$$U_{L0} = U_{C0} = QU = 100\times25 = 2500 \text{ mV} = 2.5 \text{ V}$$

（2）当端口电压频率增大 10% 时，有

$$f = f_Q(1+0.1) = 220 \text{ kHz}$$

感抗：

$$X_L = 2\pi fL = 2\pi\times10^3\times220\times4\times10^{-3} \approx 5526 \text{ Ω}$$

容抗：

$$X_C = \frac{1}{2\pi fL} = \frac{1}{2\pi\times220\times10^3\times160\times10^{-12}} \approx 4523 \text{ Ω}$$

阻抗的模：

$$|Z| = \sqrt{R^2+(X_L-X_C)^2} = \sqrt{50^2+(5500-4500)^2} \approx 1000 \text{ Ω}$$

电流：

$$I = \frac{U}{|Z|} = \frac{25}{1000} = 0.025 \text{ mA}$$

电容电压：

$$U_C = X_C I = 4523\times0.025 = 113 \text{ mV}$$

可见，端口电压的频率稍微偏离谐振频率，则端口电流、电容电压会迅速衰减。

6.1.4 谐振电路的频率特性

谐振回路中，电流和电压随频率变化的特性称为频率特性，它们随频率变化的曲线称为谐振曲线。下面以电流谐振曲线为例，讲述回路中电流幅值与外加电压频率之间的关

系。在任意频率 ω 下，由图 6-1-1 可知回路电流：

$$\dot{I} = \frac{\dot{U}}{R + \mathrm{j}\left(\omega L - \dfrac{1}{\omega C}\right)}$$

电流的大小为

$$I = \frac{U}{\sqrt{R^2 + \left(\omega L - \dfrac{1}{\omega C}\right)^2}} \qquad (6-1-7)$$

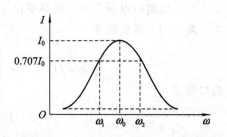

若 L、C、R 及 U 都不改变，则电流 I 将随 ω 发生变化，由式(6-1-7)可作出电流随频率变化的曲线，如图 6-1-3 所示。当电源频率正好等于谐振频率 ω_0 时，电流有一最大值 $I_0 = U/R$，当电源频率向着 $\omega > \omega_0$ 或 $\omega < \omega_0$ 方向偏离谐振频率 ω_0 时，Z 逐渐增大，电流也逐渐变小以至为零。

这说明只有在谐振频率附近，电路中的电流才有较大值，偏离这一频率，电流值则很小。这一把谐

图 6-1-3　电流的谐振曲线

振频率附近的电流选择出来的特性称为频率选择性。谐振回路频率选择性的好坏可用通频带宽度 Δf 来衡量。在谐振频率 f_0 两端，当电流 I 下降至谐振电流 I_0 的 $1/\sqrt{2} = 0.707$ 倍时，所覆盖的频率范围称为通频带 $\Delta f = f_2 - f_1$（$\Delta \omega = \omega_2 - \omega_1$）。$\Delta f = f_2 - f_1$ 越小，谐振曲线越尖锐，表明电路的选择性就越好。Δf 和 $\Delta \omega$ 的计算式分别为

$$\Delta f = \frac{1}{Q} f_0 \qquad (6-1-8)$$

$$\Delta \omega = \frac{1}{Q} \omega_0 \qquad (6-1-9)$$

即通频带与回路的品质因数 Q 成反比，Q 越高，通频带越窄，选择性越好。可见，Q 也是衡量谐振回路选择性的参数。品质因数 Q 与谐振频率的关系曲线如图 6-1-4 所示。

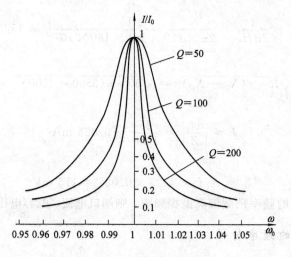

图 6-1-4　通用谐振曲线

【**例 6 - 2**】 一个 RLC 串联谐振电路，已知 $C=100$ pF，$R=10\ \Omega$，端口激励电压 $u=\sqrt{2}\cos(3\pi\times10^6 t)$ mV，试求：

(1) 电感元件参数 L；

(2) 电路的品质因数 Q；

(3) 通频带 Δf。

解 由已知条件得谐振频率 ω_0 为 $3\pi\times10^6$ rad/s，则

$$f_0=\frac{\omega_0}{2\pi}=1.5\ \text{MHz}$$

端口激励电压有效值 $U=1$ mV。

(1) 由 $\omega_0=\dfrac{1}{\sqrt{LC}}$ 得：

$$L=\frac{1}{\omega_0^2 C}=\frac{1}{(3\pi\times10^6)\times100\times10^{-12}}=112.6\ \mu\text{H}$$

(2) 该串联谐振电路的品质因数：

$$Q=\frac{\omega_0 L}{R}=\frac{3\pi\times10^6\times112.6\times10^{-6}}{10}\approx106$$

(3) 由式(6 - 1 - 8)得

$$\Delta f=\frac{1}{Q}f_0=\frac{1.5\times10^6}{106}\approx14.3\ \text{kHz}$$

6.2 并 联 谐 振

6.2.1 并联谐振电路

并联谐振电路与串联谐振电路的定义相同，电路两端的电压和端部电流同相时的工作状况称为谐振。典型的并联谐振电路如图 6 - 2 - 1 所示。

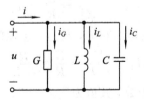

图 6 - 2 - 1 并联谐振电路

图 6 - 2 - 1 所示电路的总导纳为

$$Y=Y_R+Y_L+Y_C=\frac{1}{R}+\frac{1}{jX_L}+\frac{1}{-jX_C}=\frac{1}{R}-j\left(\frac{1}{X_L}-\frac{1}{X_C}\right)=G-jB$$

其导纳模：

$$|Y|=\sqrt{\frac{1}{R^2}+\left(\frac{1}{X_L}-\frac{1}{X_C}\right)^2}$$

相应阻抗模：

$$|Z| = \frac{1}{\sqrt{\left(\frac{1}{2}\right)^2 + \left(\frac{1}{X_L} - \frac{1}{X_C}\right)^2}}$$

由上式可见，当

$$X_L = X_C$$

时，$|Z| = R$，电路呈纯电阻性，电路谐振。由于是 R、L、C 并联，所以称并联谐振。

由电路谐振的定义得并联谐振的条件是其总导纳的虚部为零，即

$$\omega_0 L = \frac{1}{\omega_0 C}$$

时发生并联谐振。由此得谐振频率为

$$\omega_0 = \frac{1}{\sqrt{LC}} \tag{6-2-1}$$

或

$$f_0 = \frac{1}{2\pi \sqrt{LC}} \tag{6-2-2}$$

与串联谐振一样，当信号频率一定时，可调节 L、C 值实现谐振。当电路参数固定时，改变信号源频率也可实现电路谐振。

6.2.2 并联谐振的特点

RLC 并联谐振电路有以下特点：

（1）阻抗最大或接近最大。并联谐振时，$X_L = X_C$，则

$$Z = R \ , \ Y = \frac{1}{R} = G$$

得电路的阻抗为最大值 R，这时电路呈纯电阻性。

（2）在电源电压一定时，因谐振时阻抗最大，故总电流最小且与电源电压同相，其值为

$$I_0 = \frac{U}{|Z|} = \frac{U}{R} = I_R$$

（3）谐振时，电感和电容上的电流相等，且为总电流的 Q 倍，即

$$I_C = I_L = \frac{U}{\omega_0 L} = \frac{U}{R} \times \frac{R}{\omega_0 L} = QI_0$$

式中，Q 为并联谐振回路的品质因数，其值为

$$Q = \frac{R}{\omega_o L} = \omega_0 CR$$

可见，谐振时电感和电容支路上的电流可能远远大于端口电流，所以并联谐振又叫电流谐振。由于电感和电容上的电流大小相等，相位相反，故两者完全抵消。

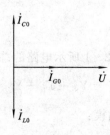

（4）谐振时电压、电流相量图如图 6-2-2 所示。　图 6-2-2　并联谐振时电压和电流相量图

6.2.3　电感线圈与电容器并联的谐振电路

实际应用中，常以电感线圈和电容器并联作为谐振电路。对于电感线圈，若考虑损耗，可用电感与电阻串联作为等效电路，而电容器的损耗很小，一般可略去不计，这样可得到如图 6-2-3(a)所示的电路。

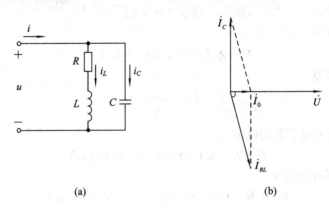

(a) (b)

图 6-2-3　并联谐振

电路的导纳为

$$Y = \frac{1}{R + j\omega L} + j\omega C = \frac{R}{R^2 + (\omega L)^2} + j\left[\omega C - \frac{\omega L}{R^2 + (\omega L)^2}\right]$$

当满足条件

$$\omega C - \frac{\omega L}{R^2 + (\omega L)^2} = 0$$

时电路呈纯电导，电压和电流同相，电路发生谐振。谐振时的角频率为

$$\omega_0 = \sqrt{\frac{1}{LC} - \frac{R^2}{L^2}} = \frac{1}{\sqrt{LC}}\sqrt{1 - \frac{R^2 C}{L}} \tag{6-2-3}$$

或

$$f_0 = \frac{1}{2\pi\sqrt{LC}}\sqrt{1 - \frac{CR^2}{L}} \tag{6-2-4}$$

由式(6-2-4)可见，电路的谐振频率完全由电路参数决定，只有当 $1 - \frac{CR^2}{L} > 0$，即 $R < \sqrt{\frac{L}{C}}$ 时，ω_0 才为实数，电路才有谐振频率，所以只有在 $R < \sqrt{\frac{L}{C}}$ 的情况下，电路才可通过调节激励的频率达到谐振。反之若 $R > \sqrt{\frac{L}{C}}$，谐振频率为虚数，则电路不可能发生谐振。在 $\frac{R^2 C}{L}$ 远远小于 1 时，并联谐振的近似条件为 $\frac{1}{\omega_0 L} = \omega_0 C$，即 $\omega_0 \approx \frac{1}{\sqrt{LC}}$。

【例 6-3】　一个电感线圈的损耗电阻为 10 Ω，自感系数 L 为 100 μH，与 100 pF 的电容并联后，组成并联谐振电路。若激励为一正弦电流源，有效值 $I = 1$ μA。试求谐振时电路的角频率及阻抗、端口电压、线圈电流、电容器电流，以及谐振时回路吸收的功率。

　　解　由式(6-2-3)求谐振角频率

$$\omega_0 = \sqrt{\frac{1}{LC} - \frac{R^2}{L^2}} = \sqrt{\frac{1}{100 \times 10^{-6} \times 100 \times 10^{-12}} - \frac{10^2}{(100 \times 10^{-6})^2}}$$

$$= \sqrt{10^{14} - 10^{10}} \approx \sqrt{10^{14}} = 10^7 \text{ rad/s}$$

谐振时阻抗

$$Z_0 = \frac{L}{RC} = \frac{100 \times 10^{-6}}{10 \times 100 \times 10^{-12}} = 10^5 \ \Omega$$

谐振时端口电压

$$U = Z_0 I = 10^5 \times 10^{-6} = 0.1 \text{ V}$$

线圈的品质因数

$$Q = \frac{\omega_0 L}{R} = \frac{10^7 \times 100 \times 10^{-6}}{10} = 100$$

谐振时，线圈和电容器的电流

$$I_L \approx I_C = QI = 100 \times 10^{-6} = 100 \ \mu\text{A}$$

谐振时回路吸收的功率

$$P = I_L^2 R = (10^{-4})^2 \times 10 = 10^{-7} \text{ W} = 0.1 \ \mu\text{W}$$

或

$$P = I^2 |Z| = (10^{-4})^2 \times 10^5 = 10^{-3} \text{ W} = 0.1 \ \mu\text{W}$$

【例 6 - 4】 求图 6 - 2 - 4 所示电路的谐振频率。

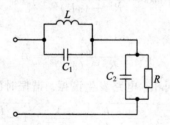

图 6 - 2 - 4　例 6 - 4 图

解　求取一般电路谐振频率的常用办法是先求出电路的输入阻抗或输入导纳，令其虚部为零，即可求出谐振条件，然后进一步解出电路的谐振频率。由图 6 - 2 - 4 可得

$$Z = \frac{j\omega L \frac{1}{j\omega C_1}}{j\omega L + \frac{1}{j\omega C_1}} + \frac{R \frac{1}{j\omega C_2}}{R + \frac{1}{j\omega C_2}}$$

$$= \frac{R}{1 + \omega^2 R^2 C_2^2} + j \left(\frac{\omega L}{1 - \omega^2 L C_1} - \frac{\omega R^2 C_2}{1 + \omega^2 R^2 C_2^2} \right)$$

令 Z 的虚部为零，则有

$$\frac{\omega L}{1 - \omega^2 L C_1} - \frac{\omega R^2 C_2}{1 + \omega^2 R^2 C_2^2} = 0$$

即

$$\omega^2 (R^2 C_2^2 + R^2 C_1 C_2) = R^2 \frac{C_2}{L} - 1$$

所以，电路的串联谐振频率为

$$\omega_0 = \sqrt{\dfrac{R^2 \dfrac{C_2}{L} - 1}{R^2 C_2^2 + R^2 C_1 C_2}} = \sqrt{\dfrac{R^2 C_2 - L}{R^2 L C_2 (C_1 + C_2)}}$$

显然，只有 $R > \sqrt{\dfrac{L}{C_2}}$ 时，电路才会发生串联谐振。

本 章 小 结

1. RLC 串联谐振电路

（1）谐振频率：

$$\omega_0 = \frac{1}{\sqrt{LC}}$$

或

$$f = f_0 = \frac{1}{2\pi \sqrt{LC}}$$

（2）谐振特点：

$$Z_0 = R(\text{最小})$$
$$\dot{I}_0 = \frac{\dot{U}}{R}$$
$$\dot{U} = \dot{U}_R$$
$$U_{L0} = U_{C0} = QU$$

2. RLC 并联谐振电路

（1）谐振频率：

$$\omega_0 = \frac{1}{\sqrt{LC}}$$

或

$$f = f_0 = \frac{1}{2\pi \sqrt{LC}}$$

（2）谐振特点：

$$Y = \frac{1}{R} = G$$
$$I_0 = \frac{U}{|Z|} = \frac{U}{R} = I_R$$
$$I_C = I_L = QI_0$$

3. 电感线圈和电容器并联的谐振电路

谐振频率：

$$\omega_0 \approx \frac{1}{\sqrt{LC}}$$

习 题 六

6-1 在 RLC 串联电路中，谐振频率为 ω_0，如果想加宽通频带 Δf，需要改变哪个元件参数？如何改变？

6-2 在 RLC 串联谐振电路中，若电感量增至原来的十倍，要维持原来的谐振频率不变，则电容值应如何改变？这时品质因数将如何变化？

6-3 品质因数和通频带、选择性有什么关系？

6-4 试比较串联谐振和并联谐振的特性。

6-5 试计算如题 6-5 图所示电路的谐振角频率 ω_0。

6-6 已知一个并联电路与一个晶体管的输出端相接，电路如题 6-6 图所示，晶体管的输出阻抗 $Z_0 = 39 \ \text{k}\Omega$，电路的谐振频率 $f_0 = 3.62 \ \text{MHz}$。

(1) 求调谐电容 C；

(2) 求此电路品质因数。

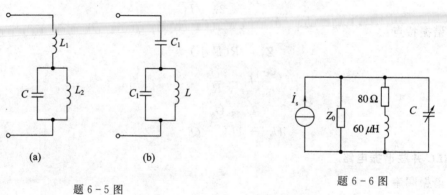

题 6-5 图　　　　　　　　　　　　　题 6-6 图

6-7 在 RLC 串联谐振电路中，$R = 50 \ \Omega$，$L = 400 \ \text{mH}$，$C = 0.254 \ \mu\text{F}$，电源电压 $U = 100 \ \text{V}$。求谐振频率、电路品质因数、谐振示电路中的电流及各元件上的电压。

6-8 一个 $R = 12.5 \ \Omega$，$L = 25 \ \mu\text{H}$ 的线圈与 $100 \ \text{pF}$ 的电容并联。求谐振频率和谐振阻抗。若端口电压为 $100 \ \text{mV}$，求谐振时的端口电流和支路电流。

第七章　互感电路

【学习目标】
- 认识互感现象，掌握互感电路的相关概念。
- 掌握互感电路的计算方法。

技能训练十六　互感线圈电路的研究

1. 训练目的
(1) 观察互感现象；
(2) 学会测定互感线圈同名端、互感系数以及耦合系数的方法。

2. 原理说明
一个线圈因另一个线圈中的电流变化而产生感应电动势的现象称为互感现象，这两个线圈称为互感线圈，通常用互感系数(简称互感)M来衡量互感线圈的这种性能。互感的大小除了与两线圈的几何尺寸、形状、匝数及导磁材料的导磁性能有关外，还与两线圈的相对位置有关。

同名端即同极性端。

3. 训练设备
(1) 直流数字电压表、毫安表；
(2) 交流数字电压表、电流表；
(3) 互感线圈、铁、铝棒；
(4) EEL-51组件(含100 Ω，3 W电位器和510 Ω，8 W线绕电阻)。

4. 训练内容
(1) 观察互感现象。训练图16-1所示电路中，把线圈N_1、N_2同心地套在一起，并放入铁芯。U_1为可调直流稳压电源，其输出电压被调至6 V。调可变电阻器R(由大到小地调节)，使流过N_1侧的电流不超过0.4 A(选用5 A量程的数字电流表)，N_2侧直接接入2 mA量程的毫安表。然后把铁芯迅速地拔出和插入，观察毫安表。

(2) 测定互感线圈的同名端。

① 直流法。技能训练电路如训练图16-1所示。通过观察毫安表正、负读数的变化来判定N_1和N_2两个线圈的同名端。

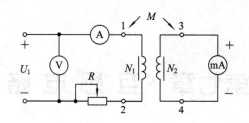

训练图 16-1　直流法测互感线圈的同名端

② 交流法。实验电路如训练图 16-2 所示。将小线圈 N_2 套在线圈 N_1 中，N_1 串接电流表(选 0～5 A 的量程)后接至自耦调压器的输出，并在两线圈中插入铁芯。

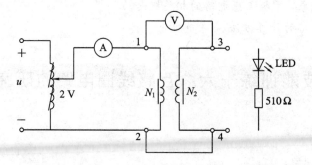

训练图 16-2　交流法测互感线圈的同名端

接通电源前，应首先把自耦调压器调至零位，然后接通交流电源，调节自耦调压器输出一个很低的电压(约 2 V)，使流过电流表的电流小于 1.5 A，用 0～20 V 量程的交流电压表测量 U_{13}、U_{12}、U_{34}，判定同名端。

拆去 2、4 连线，并将 2、3 相接，重复上述步骤，判定同名端。

(3) 测定两线圈的互感系数 M。在训练图 16-2 所示电路中，互感线圈的 N_2 开路，N_1 侧施加 2 V 左右的交流电压 U_1，测出并记录 U_1、I_1、U_2。

(4) 测定两线圈的耦合系数 K。在训练图 16-2 所示电路中，N_1 开路，互感线圈的 N_2 侧施加 2 V 左右的交流电压 U_2，测出并记录 U_2、I_2、U_1。

5. 训练注意事项

(1) 整个实验过程中，注意流过线圈 N_1 的电流不得超过 1.5 A，流过线圈 N_2 的电流不得超过 1 A。

(2) 在测定同名端及其他测量数据的实验中，都应将小线圈 N_2 套在大线圈 N_1 中，并行插入铁芯。

(3) 实验前，首先要检查自耦调压器，要保证手柄置在零位，因为实验时所加的电压只有 2～3 V。调节时要特别仔细、小心，要随时观察电流表的读数，不得超过规定值。

6. 思考题

(1) 互感电压与电源电压大小有何关系？

(2) 互感电压方向如何判断？

7. 训练报告内容

(1) 总结测定互感线圈同名端的方法。

（2）计算互感系数和耦合系数。

7.1 互 感

在交流电路中，一个线圈的电流变化不仅在本线圈中产生感应电动势，而且还会使邻近的线圈也产生感应电动势，这种相互感应现象在工程上有非常重要的意义。实际电路，如收音机、电视机中使用的中周、振荡线圈，以及整流电源里使用的变压器等都与互感电路有关。本章主要讨论磁耦合现象、互感规律及含互感电路的计算方法，最后了解空芯变压器及其等效电路。

7.1.1 互感电压

由技能训练十六可知，一个线圈的电流变化不仅在自身线圈中产生感应电动势，而且还会使邻近的线圈也产生感应电动势，这是因为线圈中因电流的变化而引起的变化磁通不仅穿过自身线圈，而且穿过相邻的另一线圈，在另一个线圈中也会产生感应电压。这种由于一个线圈的电流变化在另一个线圈中产生感应电压的物理现象称互感应现象，这种感应电压叫互感电压。

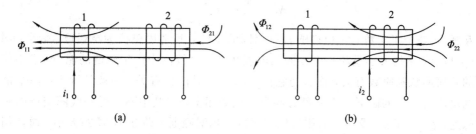

图 7-1-1 两个具有互感的线圈

图 7-1-1 是两个相邻放置的线圈 1 和 2，它们的匝数分别为 N_1 和 N_2。在如图 7-1-1(a)所示的电路中，线圈 1 中流入交流电流 i_1，在线圈 1 中就会产生自感磁通 Φ_{11}，而其中一部分磁通 Φ_{21} 不仅穿过线圈 1，同时也穿过线圈 2。我们把 Φ_{21} 叫作互感磁通，而把未穿过线圈 2 的磁通叫作漏磁通，所以 $\Phi_{21} \leqslant \Phi_{11}$。磁通与线圈匝数的乘积叫作互感磁链，且 $\Phi_{21} \leqslant \Phi_{11}$。这种由一个线圈电流所产生的与另一个线圈相交链的磁链就称为互感磁链。同样，在图 7-1-1(b)中，当线圈 2 中流入电流 i_2 时，不仅在线圈 2 中产生自感磁通 Φ_{22}，而且 Φ_{22} 的一部分磁通 Φ_{12} 穿过线圈 1，在线圈 1 中产生互感磁链 Ψ_{12}。

自感磁链与自感磁通、互感磁链与互感磁通之间的关系如下：

$$\begin{cases} \Psi_{11} = N_1\Phi_{11} \\ \Psi_{22} = N_2\Phi_{22} \\ \Psi_{12} = N_1\Phi_{12} \\ \Psi_{21} = N_2\Phi_{21} \end{cases} \quad (7-1-1)$$

根据电磁感应定律，因互感磁链的变化而产生的互感电压应为

$$\begin{cases} u_{12} = \left| \dfrac{\mathrm{d}\Psi_{12}}{\mathrm{d}t} \right| \\[3mm] u_{21} = \left| \dfrac{\mathrm{d}\Psi_{21}}{\mathrm{d}t} \right| \end{cases} \qquad (7-1-2)$$

即两线圈中互感电压的大小分别与互感磁链的变化率成正比。

7.1.2　互感系数及耦合系数

像图 7-1-1 那样，彼此间具有互感应的线圈称为互感耦合线圈，简称耦合线圈。耦合线圈中，选择互感磁链与彼此产生的电流方向符合右手螺旋定则，则它们的比值称为耦合线圈的互感系数，简称互感，用 M 表示，则有

$$\begin{cases} M_{12} = \dfrac{\Psi_{12}}{i_2} \\[3mm] M_{21} = \dfrac{\Psi_{12}}{i_1} \end{cases} \qquad (7-1-3)$$

式中，M_{21} 是线圈 1 对线圈 2 的互感，M_{12} 是线圈 2 对线圈 1 的互感，而且可以证明

$$M_{12} = M_{21} = M \qquad (7-1-4)$$

即有

$$M = \frac{\Psi_{12}}{i_2} = \frac{\Psi_{12}}{i_1} \qquad (7-1-5)$$

互感 M 是个正实数，它和自感 L 有相同的单位，其常用单位为亨（H）、毫亨（mH）或微亨（μH）。互感的大小反映一个线圈的电流在另一个线圈中产生磁链的能力，它不仅与两线圈的几何形状和匝数有关，而且与它们之间的相对位置有关。一般情况下，两个耦合线圈中的电流所产生的磁通只有一部分与另一线圈相交链。其中不与另一线圈交链的磁通称为漏磁通，简称漏磁。线圈间的相对位置直接影响漏磁通，即互感 M 的大小。通常用耦合系数 k 来衡量线圈的耦合程度，定义

$$k = \frac{M}{\sqrt{L_1 L_2}} = \sqrt{\frac{\Phi_{21} \Phi_{12}}{\Phi_{11} \Phi_{22}}} \qquad (7-1-6)$$

式中，L_1、L_2 分别是线圈 1 和 2 的自感。由于漏磁的存在，k 值总是小于 1。改变两线圈的相对位置可以改变 k 值的大小，若两个线圈紧密地缠绕在一起，如图 7-1-2(a) 所示，则 k 接近于 1，此时互感最大，称为两个线圈全耦合，这时无漏磁通。若两线圈相距较远且线圈沿轴线相互垂直放置，则磁通不发生交链，如图 7-1-2(b) 所示，此时 k 值很小，甚至可能接近于零，即两线圈无耦合。

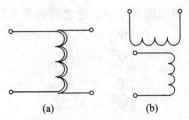

图 7-1-2　耦合系数与线圈相互位置的关系

例如，半导体收音机的磁性天线要求适当的、比较宽松的磁耦合，那么就需要调节两个线圈的相对位置，有些地方还要尽量避免耦合，就应该合理选择两线圈的位置，使它们尽可能地远离，或放在轴线垂直的位置，必要时还应采取磁屏蔽的方法。

7.2 互感线圈的同名端

对于自感现象，由于线圈的自感磁链是由流过线圈本身的电流产生的，因此只要选择自感电压 u_l 与电流 i_l 为关联参考方向，则有 $u_l = L\dfrac{\mathrm{d}i_L}{\mathrm{d}t}$，不必考虑线圈的绕向问题。

对于互感电压，在引入互感 M 之后，式(7-1-2)可表示

$$\begin{cases} u_{12} = M\left|\dfrac{\mathrm{d}i_2}{\mathrm{d}t}\right| \\[2mm] u_{21} = M\left|\dfrac{\mathrm{d}i_1}{\mathrm{d}t}\right| \end{cases} \qquad (7-2-1)$$

式(7-2-1)表明，互感电压的大小与产生该电压的另一线圈的电流变化率成正比。

互感磁链是由另一线圈的交变电流产生的，由此而产生的互感电压在方向上会与两耦合线圈的实际绕向有关。分析图 7-2-1 所示的两耦合线圈，它们的区别仅在于线圈的绕向不同，根据楞次定律可以知道，图(a)的线圈 2 中产生的互感电压 u_{21} 的实际方向是由 B 指向 Y，而图(b)的线圈 2 中产生的互感电压 u_{21} 的实际方向是由 Y 指向 B。可见，要正确写出互感电压的表达式，必须考虑耦合线圈的绕向和相对位置。但工程实际中的线圈绕向一般不易从外部看出，而且在电路图中也不可能画出每个线圈的具体绕向。为此，采用了标记同名端的方法。

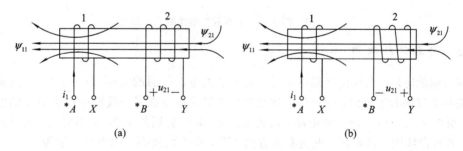

图 7-2-1 互感电压的方向与线圈绕向的关系

7.2.1 同名端的定义

互感线圈的同名端是指：具有磁耦合的两线圈，当电流分别从两线圈各自的某端同时流入（或流出）时，若两者产生的磁通方向相同，则这两端叫作互感线圈的同名端，用"·"或"＊"作标记。

如在图 7-2-1(a)所示的耦合线圈中，设电流分别从线圈 1 的端钮 A 和线圈 2 的端钮 B 流入，根据右手螺旋定则可知，两线圈中由电流产生的磁通是互相增强的，那么就称 A

和 B 是一对同名端，用相同的符号"$*$"标出。其他两端钮 X 和 Y 也是同名端，这里不必再作标记。A 和 Y、B 和 X 均为异名端。在图 7-2-1(b)中，当电流分别从 A、B 两端钮流入时，它们产生的磁通是互相减弱的，则 A 和 B、Y 和 X 均为两对异名端，A 和 Y、B 和 X 分别为两对同名端，图中用符号"$*$"标出了 A 和 Y 这对同名端。

图 7-2-2 中，标出了一种不同位置和绕向的互感线圈的同名端。应看到，同名端总是成对出现的，如果两个以上线圈彼此间都存在磁耦合，则同名端应当一对一地加以标记，每一对同名端需用不同于其他端钮的符号标出。

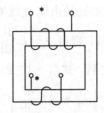

图 7-2-2 另一种互感线圈的同名端

采用了标记同名端的方法后，图 7-2-1 所示的两组线圈在电路图中就可以分别用图 7-2-3 所示的电路符号来表示。

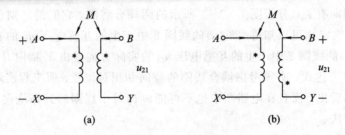

图 7-2-3 图 7-2-1 所示互感线圈的电路符号

7.2.2 同名端的作用

同名端确定后，在讨论互感电压时，就不必去考虑线圈的实际绕向如何，而只要根据同名端和电流的参考方向，就可以方便地确定出这个电流在另一线圈中产生的互感电压的方向。对图 7-2-4(a)所示的电路，若设电流 i_1 和 i_2 分别从 a 端、c 端流入，就认为磁通同向。若再设线圈上的电压、电流参考方向关联，那么两线圈上的电压分别为

$$u_1 = L_1 \frac{\mathrm{d}i_1}{\mathrm{d}t} + M \frac{\mathrm{d}i_2}{\mathrm{d}t}$$

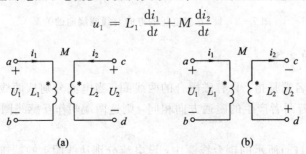

图 7-2-4 互感线圈的同名端

$$u_2 = L_2 \frac{di_2}{dt} + M \frac{di_1}{dt}$$

如果如图 7-2-4(b)所示，设电流 i_1 还从 a 端流入，i_2 不是从 c 端流入，而是从 c 端流出，就认为磁通方向相反。若再设两互感线圈上电压与其上电流参考方向关联，则

$$u_1 = L_1 \frac{di_1}{dt} - M \frac{di_2}{dt}$$

$$u_2 = L_2 \frac{di_2}{dt} - M \frac{di_1}{dt}$$

由此可以得出结论：

$$u_1 = \frac{d\Psi_1}{dt} = L_1 \frac{di_1}{dt} \pm M \frac{di_2}{dt}$$

$$u_2 = \frac{d\Psi_2}{dt} = L_2 \frac{di_2}{dt} \pm M \frac{di_1}{dt}$$

说明：每一线圈的端电压为自感电压与互感电压的叠加。当各线圈的电压和电流取关联参考方向时，自感电压项总为正。互感电压前的符号"＋"或"－"的正确选取是写出耦合电感端电压的关键。当互感对线圈中的磁链起"增加"作用时，互感电压与自感电压方向相同，互感电压项前取"＋"；反之，若互感对线圈中的磁链起"减少"的作用，这时互感电压与自感电压方向相反，互感电压项前取"－"。

互感和自感一样，在直流情况下是不起作用的。

确定耦合线圈的同名端不仅在理论分析中是必要的，在实际工作中也是十分重要的，如果同名端搞错了，电路将得不到预期效果，甚至会造成严重后果。

7.2.3 同名端的测定

对于已知绕向和相对位置的耦合线圈，可以利用上述磁通相互增强的原则来确定同名端，而对于难以知道实际绕向的两线圈，可以通过直流法和交流法来测定。

图 7-2-5 所示的电路就是用来确定同名端的。图 7-2-5(a)中，在开关 S 闭合瞬间，线圈 1 中的电流 i_1 在图示方向下增大，即 $\frac{di_1}{dt} > 0$。在线圈 2 的 B、Y 两端钮之间接入一个直流毫伏表，其极性如图 7-2-5(a)所示。若此瞬间电压表正偏，说明 B 端相对于 Y 端是高电位，这就说明两线圈的 A 和 B 为同名端。其原理是：当随时间增大的电流从互感线圈

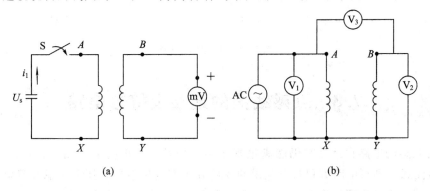

(a)   (b)

图 7-2-5 测定同名端

的任一端钮流入时，就会在另一线圈的相应同名端产生一个正极性的互感电压。这种通入直流电以确定同名端的方法叫直流法。

图 7-2-5(b) 中，当接入交流电压时，如果 V_3 的读数比 V_1、V_2 的读数大，说明 A 和 Y 为同名端；如果 V_3 的读数不比 V_1、V_2 的读数大，则说明 A 和 B 为同名端。我们把这种通入交流电以确定同名端的方法叫交流法。

【例 7-1】 在图 7-2-6(a) 所示电路中，已知两线圈的互感 $M=0.1H$，电流源 i_s 的波形如图 7-2-6(b) 所示，试求线圈 2 中的互感电压 u_{21} 及其波形。

解 互感电压 u_{21} 的参考方向如图 7-2-6(a) 所示。由图 7-2-6(b) 可知，当 $0 \leqslant t \leqslant 0.05$ s 时，$i_s = 20t$，则

$$u_{21} = M \frac{\mathrm{d}(20t)}{\mathrm{d}t} = 0.1 \times 20 = 2 \text{ V}$$

当 $0.05 \leqslant t \leqslant 0.15$ s 时，

$$i_s = 2 - 20t$$

则

$$u_{21} = M \frac{\mathrm{d}(2-20t)}{\mathrm{d}t} = -2 \text{ V}$$

当 $0.15 \leqslant t \leqslant 0.2$ s 时

$$i_s = -4 + 20t$$

则

$$u_{21} = M \frac{\mathrm{d}(-4+20t)}{\mathrm{d}t} = 2 \text{ V}$$

互感电压 u_{21} 的波形如图 7-2-6(c) 所示。

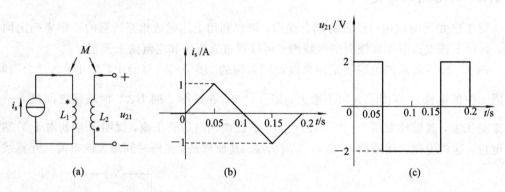

图 7-2-6　例 7-1 图

7.3　互感线圈的连接及等效电路

含有互感的电路在计算时仍然满足基尔霍夫定律，在正弦量激励下相量法也仍然适用，只需注意在列写电路方程时有互感的支路除了有自感电压外还要考虑互感电压。本节先分析互感线圈的串联、并联电路，为了方便分析，暂不考虑线圈的内阻。

7.3.1 互感线圈的串联及等效

如图 7 - 3 - 1 所示，如果将两个线圈的异名端连在一起形成一个串联电路，电流均由两个线圈同名端流入（或流出），这种串联方式叫顺向串联。如果将两个线圈的同名端连在一起形成一个串联电路，电流均由两个线圈异名端流入（或流出），这种串联方式叫反向串联。

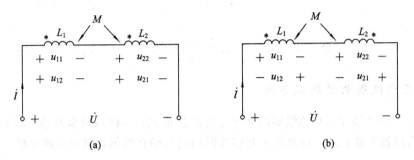

(a)   (b)

图 7 - 3 - 1 互感线圈的串联

按关联参考方向标出的自感电压、互感电压的方向如图 7 - 3 - 1 所示，根据 KVL 有

$$u = u_{11} \pm u_{12} + u_{22} \pm u_{21} \tag{7-3-1}$$

将电流与自感电压、互感电压的关系式代入式（7 - 3 - 1），有

$$u = L_1 \frac{\mathrm{d}i}{\mathrm{d}t} \pm M \frac{\mathrm{d}i}{\mathrm{d}t} + L_2 \frac{\mathrm{d}i}{\mathrm{d}t} \pm M \frac{\mathrm{d}i}{\mathrm{d}t} = (L_1 + L_2 \pm 2M) \frac{\mathrm{d}i}{\mathrm{d}t}$$

在正弦电路中，上式可写成相量形式：

$$\dot{U} = \mathrm{j}\omega(L_1 + L_2 \pm 2M)\dot{I} = \mathrm{j}\omega L \dot{I} \tag{7-3-2}$$

式中，$L = L_1 + L_2 \pm 2M$，称为串联等效电感。因此图 7 - 3 - 1(a)、(b)所示电路均可用一个等效电感 L 来替代。

顺向串联等效电感 L_s 大于两线圈的自感之和，其值为

$$L_s = L_1 + L_2 + 2M$$

反向串联等效电感 L_f 小于两线圈的自感之和，其值为

$$L_f = L_1 + L_2 - 2M$$

不难从物理上解释 L_s 大于 L_f：顺向串联时，电流从同名端流入，两磁通相互增强，总磁链增加，等效电感增大；反向串联时情况则相反，总磁链减小，等效电感减小。

根据 L_s 和 L_f 可以求出两线圈的互感：

$$M = \frac{L_s - L_f}{4} \tag{7-3-3}$$

【例 7 - 2】 将两个线圈串联接到 50 Hz、60 V 的正弦电源上，顺向串联时的电流为 2 A，功率为 96 W，反向串联时的电流为 2.4 A，求互感 M。

解 顺向串联时，有

$$R = \frac{P}{I_s^2} = \frac{96}{2^2} = 24 \ \Omega$$

$$\omega L_s = \sqrt{\left(\frac{U}{I_s}\right)^2 - R^2} = \sqrt{\left(\frac{60}{2}\right)^2 - 24^2} = 18 \ \Omega$$

$$L_s = \frac{18}{2\pi \times 50} = 0.057\text{H}$$

反向串联时，有

$$\omega L_f = \sqrt{\left(\frac{U}{I_f}\right)^2 - R^2} = \sqrt{\left(\frac{60}{2.4}\right)^2 - 24^2} = 7 \ \Omega$$

$$L_f = \frac{7}{2\pi \times 50} = 0.022\text{H}$$

因此

$$M = \frac{L_s - L_f}{4} = \frac{0.057 - 0.022}{4} = 8.75 \ \text{mH}$$

7.3.2　互感线圈的并联及等效

如图 7 - 3 - 2 所示，互感线圈的并联也有两种形式：一种是两个互感线圈的同名端在一侧，称为同侧并联；另一种是两个互感线圈的同名端在两侧，称为异侧并联。

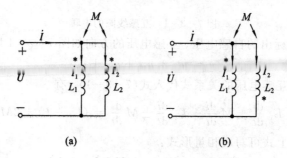

图 7 - 3 - 2　互感线圈的并联

在图 7 - 3 - 2 所示的电压、电流参考方向下，可列出如下方程

$$\begin{cases} \dot{I} = \dot{I}_1 + \dot{I}_2 \\ \dot{U} = j\omega L_1 \dot{I}_1 \pm j\omega M \dot{I}_2 \\ \dot{U} = j\omega L_2 \dot{I}_2 \pm j\omega M \dot{I}_1 \end{cases} \tag{7-3-4}$$

式中，互感电压前的正号对应于同侧并联，负号对应于异侧并联，则式(7-3-4)变为

$$\frac{\dot{U}}{\dot{I}} = \frac{j\omega(L_1 L_2 - M^2)}{L_1 + L_2 \mp 2M} \tag{7-3-5}$$

式(7-3-5)表明，两个互感线圈并联以后的等效电感

$$L = \frac{L_1 L_2 - M^2}{L_1 + L_2 \mp 2M} \tag{7-3-6}$$

式中，互感 M 前的正号对应于异侧并联，负号对应于同侧并联。

对式(7-3-4)进行变换、整理，可得方程

$$\begin{cases} \dot{U} = j\omega L_1 \dot{I}_1 \pm j\omega M(\dot{I} - \dot{I}_1) = j\omega(L_1 \mp M)\dot{I}_1 \pm j\omega M \dot{I} \\ \dot{U} = j\omega L_2 \dot{I}_2 \pm j\omega M(\dot{I} - \dot{I}_2) = j\omega(L_2 \mp M)\dot{I}_2 \pm j\omega M \dot{I} \end{cases} \tag{7-3-7}$$

式(7-3-7)与图 7 - 3 - 3 所示电路的方程是一致的。也就是说，图 7 - 3 - 2 可以用图 7 - 3 - 3 所示的无感电路来代替。

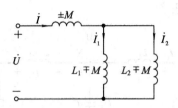

图 7-3-3 并联互感线圈的去耦等效电路

应当注意：这种等效只是对外电路而言的，电路的内部结构明显发生了变化。

有时还能遇到如图 7-3-4 所示的电路，它们有一端连成一体，通过三个端钮与外部相连接。图 7-3-4(a)称为同侧相连；图 7-3-4(b)称为异侧相连。在图 7-3-4 所示电压、电流参考方向下，可列出其端钮的电压方程如下：

$$\begin{cases} \dot{U}_{13} = j\omega L_1 \dot{I}_1 \pm j\omega M \dot{I}_2 \\ \dot{U}_{23} = j\omega L_2 \dot{I}_2 \pm j\omega M \dot{I}_1 \end{cases} \tag{7-3-8}$$

式中，M 项前的正号应该用于同侧相连，负号应该用于异侧相连。

利用电流 $\dot{I} = \dot{I}_1 + \dot{I}_2$ 的关系式可将式(7-3-8)变换为

$$\begin{cases} \dot{U}_{13} = j\omega(L_1 \mp M)\dot{I}_1 \pm j\omega M \dot{I} \\ \dot{U}_{23} = j\omega(L_2 \mp M)\dot{I}_2 \pm j\omega M \dot{I} \end{cases} \tag{7-3-9}$$

同样可以画出公式(7-3-9)对应的去耦等效电路模型，如图 7-3-4(c)所示。图中 M 前的正号应该用于同侧相连，负号应该用于异侧相连，这种连接方式常称为 T 形连接。

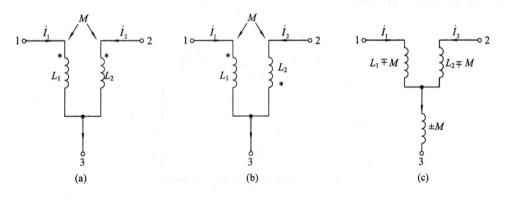

(a) (b) (c)

图 7-3-4 T 形互感线圈的去耦等效电路

7.3.3 含互感电路的计算

计算互感电路的最基本方法是：根据标出的同名端，考虑互感电压，再根据基尔霍夫定律列出 KCL、KVL 方程求解，以前电路的分析方法都可以用来分析含互感的电路。另外，利用 7.3.2 节讨论的去耦等效电路也可以计算含互感的电路，这种方法叫作互感消去法(也叫去耦等效法)。

本节我们通过例题来说明含互感电路的计算。

【例 7-3】 图 7-3-5 所示的具有互感的正弦电路中，已知 $X_{L_1} = 10\ \Omega$，$X_{L_2} = 20\ \Omega$，$X_C = 5\ \Omega$，耦合线圈的互感抗 $X_M = 10\ \Omega$，电源电压 $\dot{U}_s = 20\angle 0°\text{V}$，$R_L = 10\ \Omega$，分别用支路

法、互感消去法及戴维南定理求 $\dot{I}_2$。

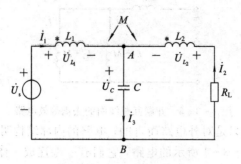

图 7-3-5 例 7-3 图

解 (1)支路法。由 KVL 得

$$\dot{U}_s = \dot{U}_{L_1} + \dot{U}_C$$

$$\dot{U}_C = -\dot{U}_{L_2} - R_L \dot{I}_2$$

其中，$\dot{U}_{L_1} = jX_{L_1}\dot{I}_1 - jX_M\dot{I}_2$，$\dot{U}_{L_2} = jX_{L_2}\dot{I}_2 - jX_M\dot{I}_1$，将题目给出的数据代入方程中得

$$j10\dot{I}_1 - j10\dot{I}_2 - j5\dot{I}_3 = 20\angle 0°$$

$$-j20\dot{I}_2 + j10\dot{I}_1 - 30\dot{I}_2 = -j5\dot{I}_3$$

且 $\dot{I}_3 = \dot{I}_1 + \dot{I}_2$，解方程组得 $\dot{I}_2 = \sqrt{2}\angle 45°\text{A}$。

(2)互感消去法。利用互感消去法画出等效电路，如图 7-3-6 所示，利用阻抗的串、并联等效变换就可以计算出：

$$\dot{I}_2 = \sqrt{2}\angle 45°\text{A}$$

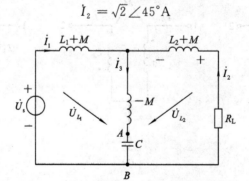

图 7-3-6 图 7-3-5 的去耦电路

(3)用戴维南定理求解。把 R_L 支路移去，对剩下的电路进行变换，分别求开路电压 $\dot{U}_{oc}$ 和等效阻抗 Z_{eq}，如图 7-3-7 所示。

图 7-3-7(a)右边回路的 KVL 方程为

$$\dot{U}_{oc} = \dot{U}_C + \dot{U}_{L_2}$$

式中：

$$\dot{U}_C = -j5\dot{I}_1,\ \dot{U}_{L_2} = -j10\dot{I}_1（仅有互感，自感电压为 0）$$

则

$$\dot{U}_{oc} = -j5\dot{I}_1 - j10\dot{I}_1 = -j15\dot{I}_1$$

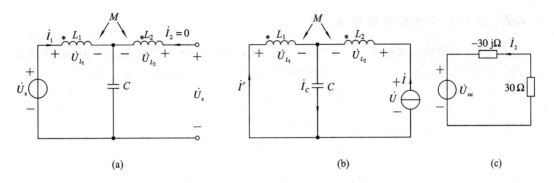

图 7-3-7 用戴维南定理求开路电压和短路等效阻抗

图 7-3-7(a)左边网孔的 KVL 方程为

$$\dot{U}_s = \dot{U}_{L_1} + \dot{U}_C = j10\dot{I}_1 - j5\dot{I}_1$$

将值代入得

$$\dot{I}_1 = -4j\angle 0° \text{ A}$$

$$\dot{U}_{oc} = -j15\dot{I}_1 = -60 \text{ V}$$

用外加电源法求 Z_{eq}，如图 7-3-7(b)所示，可列写下列方程：

$$\dot{I} = \dot{I}' + \dot{I}_C$$

$$j20\dot{I} + j10\dot{I}' - 5\dot{I}_C = \dot{U}$$

$$j10\dot{I}' + j20\dot{I} + 5\dot{I}_C = 0$$

解方程得

$$Z_{eq} = -j30 \text{ } \Omega$$

最后得等效电路如图 7-3-7(c)所示。由该图 7-3-7(b)可得

$$\dot{I}_2 = -\frac{\dot{U}_{oc}}{Z_{eq} + R_L} = \frac{60}{-j30 + 30} = \sqrt{2}\angle 45° \text{ A}$$

不管采用哪种方法，计算结果都相同，所以我们在分析含互感的电路时，到底采用哪种方法，要根据电路的特点来选择。

7.4 空芯变压器

7.4.1 空芯变压器的概念

变压器是利用电磁感应原理传输电能或电信号的器件。变压器通常有一个初级线圈和一个次级线圈，初级线圈接电源，次级线圈接负载，能量可以通过磁场的耦合由电源传递给负载。

构成变压器的两个线圈中，一个与电源相连，叫一次侧线圈；另一与负载相连，叫二次侧线圈。若变压互感线圈绕在非铁磁材料制成的芯子上，并且两线圈具有互感，其耦合系数较小，属于松耦合，则该变压器称空芯变压器。

7.4.2 空芯变压器的电路模型

空芯变压器的模型如图 7 - 4 - 1 所示，其一次侧和二次侧分别用电感与电阻的串联表示，其一次侧的参数为 R_1、L_1，二次侧的参数为 R_2、L_2，两线圈的互感为 M。

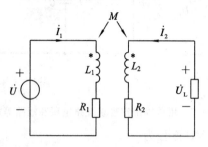

图 7 - 4 - 1　空芯变压器的模型

根据图 7 - 4 - 1 中的参考方向，可列出一次侧和二次侧的 KVL 方程如下：

$$\dot{I}_1 R_1 + jX_{L_1}\dot{I}_1 + jX_m\dot{I}_2 = \dot{U}$$

$$\dot{I}_2 R_2 + jX_{L_2}\dot{I}_2 + jX_m\dot{I}_1 + \dot{I}_2(R_L + jX_L) = 0$$

式中，$X_{L_1} = \omega L_1$，$X_{L_2} = \omega L_2$，$X_m = \omega M$。

令

$$Z_{11} = R_1 + jX_{L_1}，Z_{22} = (R_2 + R_L) + j(X_{L_2} + X_L) = R_{22} + jX_{22}$$

则

$$Z_{11}\dot{I}_1 + jX_m\dot{I}_2 = \dot{U} \tag{7-4-1}$$

$$jX_m\dot{I}_1 + X_{22}\dot{I}_2 = 0 \tag{7-4-2}$$

由式(7 - 4 - 1)和式(7 - 4 - 2)可得到

$$\dot{I}_2 = \frac{-jX_M}{Z_{22}}\dot{I}_1 \tag{7-4-3}$$

$$\dot{I}_1 = \frac{\dot{U}}{Z_{11} + (X_M^2 + Z_{22})} \tag{7-4-4}$$

由式(7 - 4 - 3)和式(7 - 4 - 4)可以看出，虽然空芯变压器的两个互感线圈在电路上没有直接联系，但由于互感的作用，使得二次侧获得了与电源同频率的互感电压，当二次侧闭合后，产生二次电流 $\dot{I}_2$，而二次侧电流又反过来影响一次侧，这种二次侧对一次侧的影响可以看作在一次侧串入了一个 Z_r，其值为

$$Z_r = \frac{X_M^2}{Z_{22}} = \frac{X_M^2}{R_{22} + jX_{22}} = R_r + jX_r \tag{7-4-5}$$

Z_r 称为反映阻抗。整理式(7 - 4 - 5)可得

$$\begin{cases} R_r = \dfrac{X_M^2}{R_{22}^2 + X_{22}^2}R_{22} \\[2mm] X_r = -\dfrac{X_M^2}{R_{22}^2 + X_{22}^2}X_{22} \end{cases} \tag{7-4-6}$$

式中，R_r、X_r 分别为二次侧对一次侧的反映电阻和反映电抗。$R_r > 0$ 恒成立，R_r 吸收的有功功率就是一次侧通过互感传递给二次侧的有功功率。X_r 和 X_{22} 符号相反，说明反映电抗

与二次侧电抗性质相反，即二次侧电抗是容性时反射电抗为感性，反之当二次侧电抗是感性时反映电抗为容性。若二次侧开路时，Z_L 为无限大，则 R_r、X_r 均为零，二次侧对一次侧无影响。

这就是说，次级回路对初级回路的影响可以用反映阻抗来表现。因此，从空芯变压器的电源侧看进去的等效电路称为一次侧的等效电路，如图 7 - 4 - 2(a)所示。同理，可得到二次侧的等效电路如图 7 - 4 - 2(b)所示。

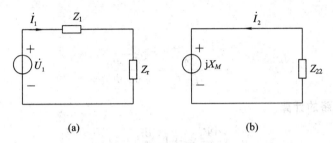

图 7 - 4 - 2　空芯变压器一次侧、二次侧的等效电路

适当利用以上各种等效电路可以简化分析计算。

【例 7 - 4】 已知变压器各参数如下：$R_1 = 5$ kΩ，$j\omega L_1 = j12$ kΩ，$R_2 = 0$ Ω，$j\omega L = j10$ kΩ，$j\omega M = j2$ kΩ，$Z_{L_1} = (0.2 - j9.8)$ kΩ，外加电压 $\dot{U}_1 - 10\angle 0°$ V，求 $\dot{U}_2$、$\dot{I}_1$、$\dot{I}_2$。

解　因为

$$Z_1 = 5 + j12 \text{ k}\Omega$$

$$Z_2 = j10 \text{ k}\Omega$$

$$Z_{L_d} = (0.2 - j9.8) \text{ k}\Omega$$

$$\omega M = 2 \text{ k}\Omega$$

$$Z_{22} = Z_2 + Z_{L_d} = j10 + 0.2 - j9.8 = (0.2 + j0.2) \text{ k}\Omega$$

$$Z_r = \frac{X_M^2}{Z_{22}} = \frac{4}{0.08 \times (0.2 - j0.2)} = (10 - j10) \text{ k}\Omega$$

$$Z_{11} = Z_1 + Z_r = 5 + j12 + 10 - j10 = (15 + j2) \text{ k}\Omega$$

$$\dot{I}_1 = \frac{\dot{U}}{Z_{11}} = \frac{10\angle 0°}{15 + j2} = 0.661\angle -7.59° \text{ mA}$$

$$j\omega M\dot{I}_1 = 2 \times 0.661\angle(-7.59° + 90°) = 1.32\angle 82.4° \text{ V}$$

$$\dot{I}_2 = \frac{-jX_M\dot{I}}{Z_{22}} = \frac{1.32\angle 82.4°}{0.2 + j0.2} = 4.67\angle 37.4° \text{mA}$$

$$\dot{U}_2 = \dot{I}_2 Z_{L_d} = 4.67\angle 37.4° \times (0.2 - j9.8) = 45.8\angle -51.4° \text{ V}$$

本 章 小 结

1. 互感及互感电压的概念

由于一个线圈的电流变化在另一个线圈中产生感应电压的物理现象称互感应。这种感应电压叫互感电压，其计算式为

$$u_{12} = M \left| \frac{\mathrm{d}i_2}{\mathrm{d}t} \right|$$

$$u_{21} = M \left| \frac{\mathrm{d}i_1}{\mathrm{d}t} \right|$$

2. 同名端

两线圈的电流都从同名端流入时，它们产生的磁通是增强的。同名端和两线圈的相对位置和绕向有关。

3. 耦合系数

$$k = \frac{M}{\sqrt{L_1 L_2}} = \sqrt{\frac{\Phi_{21} \Phi_{12}}{\Phi_{11} \Phi_{22}}}$$

4. 含互感电路的计算

$$u_1 = \frac{\mathrm{d}\Psi_1}{\mathrm{d}t} = \pm L_1 \frac{\mathrm{d}i_1}{\mathrm{d}t} \pm M \frac{\mathrm{d}i_2}{\mathrm{d}t}$$

$$u_2 = \frac{\mathrm{d}\Psi_2}{\mathrm{d}t} = \pm L_2 \frac{\mathrm{d}i_2}{\mathrm{d}t} \pm M \frac{\mathrm{d}i_1}{\mathrm{d}t}$$

（1）直接列方程计算法；
（2）去耦法。

习 题 七

7-1 已知磁耦合线圈的 $L_1 = 5$ mH，$L_2 = 4$ mH。
（1）若 $k = 0.5$，试求互感 M；
（2）若互感 $M = 3$ mH，求耦合系数 k；
（3）若两线圈是全耦合，求 M。

7-2 电路如题 7-2 图所示，有互感的两个线圈同名端已经标出，电压、电流的参考方向也已给出，若 $L_1 = M = 0.01$ H，$i_1 = 2\sqrt{2} \sin 314t$ A，求电压 u_1、u_2。

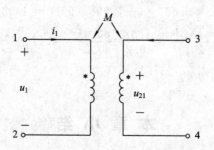

题 7-2 图

7-3 两个耦合线圈串联起来接到 220 V、50 Hz 的正弦电源上，得到如下数据：第一次串联，测出线路中的电流 $I = 2.5$ A，电路的有功功率为 62.5 W。调换其中一个线圈的两端钮后再串联，测出电路的有功功率为 250 W。问：哪种情况是顺串，哪种情况是反串？

两耦合线圈的互感为多大？

7-4 如题 7-4 图所示电路中，已知 $L_1=6$ H，$L_2=4$ H，两耦合线圈顺向串联时，电路的谐振频率是反向串联时谐振频率的 $\frac{1}{2}$ 倍，求互感 M。

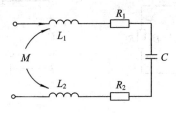

题 7-4 图

7-5 利用去耦等效电路求题 7-5 图所示各电路的等效复阻抗 Z_{AB}。

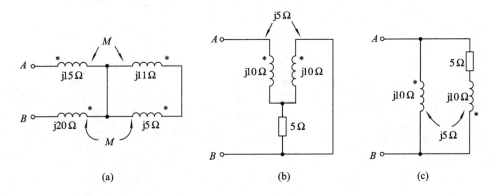

(a)   (b)   (c)

题 7-5 图

7-6 在题 7-6 图所示电路中，已知 $R_1=3$ Ω，$R_2=4$ Ω，$X_{L_1}=20$ Ω，$X_{L_2}=30$ Ω，$X_M=15$ Ω，电源电压有效值 $U=200$ V，求各支路电流。

7-7 在题 7-7 图所示电路中，已知 $L_1=0.01$ H，$L_2=0.02$ H，$M=0.01$H，$C=20$ μF。求两个线圈顺向串联和反向串联时电路的谐振频率。

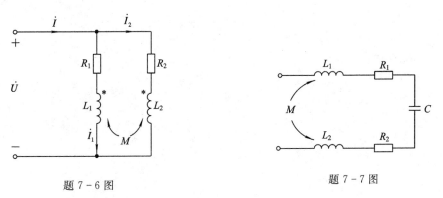

题 7-6 图   题 7-7 图

7-8 在题 7-8 图所示电路中，已知 $R_1=R_2=10$ Ω，$X_{L_1}=30$ Ω，$X_{L_2}=20$ Ω，$X_M=10$ Ω，电源电压 $\dot{U}=100\angle0°$V。求电压 U_2 及 R_2 电阻消耗的功率。

7-9 在题 7-9 图所示电路中，已知 $I_2=3$ A，$R_1=10$ Ω，$R_2=25$ Ω，$M=4$ mH，

$C_1 = 50\ \mu\text{F}$，$L_1 = 3\ \text{mH}$，$L_2 = 10\ \text{mH}$，$C_2 = 200\ \mu\text{F}$，$\omega = 1000\ \text{rad/s}$，求 I_1 及 U_1。

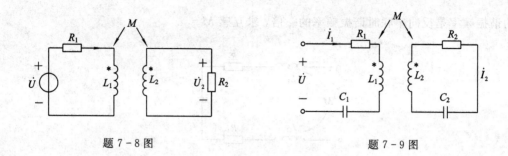

题 7 - 8 图　　　　　　　　　　　　题 7 - 9 图

第八章　磁路与铁芯线圈电路

【学习目标】
- 掌握磁路的基本概念和基本定律；
- 对应理解电路和磁路的概念与基本定律。

技能训练十七　磁铁材料磁化曲线的测定

1. 训练目的

(1) 了解用示波器法显示磁化曲线的基本原理；

(2) 学会用示波器法测绘磁化曲线。

2. 原理说明

1) 铁磁材料认识

铁磁材料(如铁、镍、钴和其他铁磁材料)除了具有高磁导率外，另一个重要特点就是磁滞。磁滞现象是指材料磁化时材料内部磁感应强度 B 不仅与当时的磁场强度 H 有关，而且与以前的磁化状态有关。铁磁质的这种性质如训练图 17-1 所示。图中，曲线 Oa 称为起始磁化曲线；B_r 称为剩余磁感应强度(剩磁)；H_c 称为矫顽磁力；闭合曲线 $abcdefa$ 称为磁化曲线，因为沿该曲线磁感应强度总是滞后于磁场强度变化，所以该曲线又叫磁滞回线。

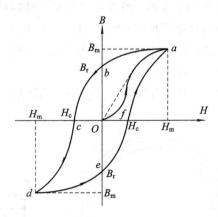

训练图 17-1　磁滞现象

由于有磁滞现象，因此有若干个 B 值与同一个 H 值对应，即 B 是 H 的多值函数，它不仅与 H 有关，而且与铁磁质磁化程度有关。

必须指出，铁磁材料从未被磁化开始，在最初的几个反复磁化的循环内，每一个循环

H 和 B 不一定沿相同的路径进行（曲线并非闭和曲线）。只有经过十几次反复磁化（称为"磁锻炼"）以后，才能获得一个差不多稳定的磁滞回线。它代表该材料的磁滞性质。所以样品只有"磁锻炼"后，才能进行测绘。

由于铁磁材料磁化过程不可逆且具有剩磁的特点，因此在测定磁化曲线和磁滞回线时，首先必须对铁磁材料预先进行退磁，以保证外加磁场 $H=0$ 时，$B=0$，其次，磁化电流在训练过程中只允许单调增加或减小，不可时增时减。

至于退磁方法，从理论上分析，要消除剩磁 B_r，只要通一反向电流，使外加磁场正好等于铁磁材料的矫顽磁力即可。实际上，矫顽磁力的大小通常并不知道，因此无法确定退磁电流的大小。我们从磁滞回线得到启示，如果使铁磁材料磁化达到饱和，然后不断改变磁化电流的方向，与此同时逐渐减小磁化电流，以至于零，那么该材料磁化过程是一连串逐渐缩小而最终趋向原点的环状曲线，如训练图 17-2 所示。当 H 减小到零时，B 亦同时降到零，达到完全退磁。

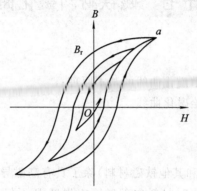

训练图 17-2　磁滞回线

总结以上情况，在进行测量时，一般要先退磁，再进行"磁锻炼"，然后进行正式测量。

2）用示波器显示磁滞回线的原理

示波器被广泛用于交变磁场下观察、拍摄和定量测绘铁磁材料的磁滞回线。但是怎样才能在示波器的荧光屏上显示出磁滞回线（即 B-H 曲线）呢？如果在示波器的 X 轴输入正比于样品的励磁磁场 H 的电压，同时又在 Y 轴输入正比于样品中磁感应强度 B 的电压，结果在屏幕上便得到样品的 B-H 回线。

用待测铁磁材料制成圆环，再在外面紧密绕上一次线圈（励磁线圈）N_1 和二次线圈（测量线圈）N_2，参见训练图 17-3。

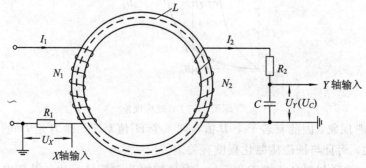

训练图 17-3　磁滞回线显示原理

当原线圈 N_1 中通过磁化电流 I_1 时，此电流在圆环内产生磁场。根据安培环路定律 $HL = N_1 I_1$，磁场强度的大小为

$$H = \frac{N_1 I_1}{L}$$

其中，N_1 为一次线圈的匝数，L 为圆环的平均周长。如果将电阻 R_1 上的电压 $U_X = I_1 R_1$（注意：I_1 和 U_X 是交变的）取出来加在示波器 X 轴输入上，则电子束在水平方向上的偏移跟磁化电流 I_1 成正比，因此

$$U_X = \frac{HL}{N_1} R_1$$

这表明，在交变磁场下，在任一瞬时，如果将电压 U_X 接到示波器 X 轴输入端，则电子束的水平偏转正比于磁场强度 H。

为了获得跟样品中磁感应强度瞬时值 B 成正比的电压 U_Y，可以利用电阻 R_2 和电容 C 组成积分电路，并将电容 C 两端的电压 U_C 接到示波器 Y 轴的输入端。交变磁场 H 在样品中产生交变的磁感应强度 B，结果在二次线圈 N_2 内产生感应电动势，其大小为

$$e_2 = \frac{\mathrm{d}\Psi}{\mathrm{d}t} = \frac{N_2 \mathrm{d}\Phi}{\mathrm{d}t} = N_2 S \frac{\mathrm{d}B}{\mathrm{d}t} \tag{17-1}$$

式中，N_2 为二次线圈匝数，S 为待测铁磁材料圆环的截面积。忽略自感电动势后，对于二次线圈回路有

$$e_2 = U_C + I_2 R_2$$

为了如实地绘出磁滞回线，要求：

（1）积分电路的时间常数 $R_2 C$ 应比 $1/(2\pi f)$（其中 f 为交流电频率）大 100 倍以上，即要求 R_2 比 $\frac{1}{2\pi f C}$（电容 C 的阻抗）大 100 倍以上，这样 U_C 与 $I_1 R_2$ 相比可忽略（由此带来的误差小于 1%），于是上式简化为

$$e_2 \approx I_2 R_2 \tag{17-2}$$

但 R_2 比 $\frac{1}{2\pi f C}$ 不能过大，否则将使 U_C 值过小，这样将带来新的问题。

（2）在满足上述条件时，U_C 的振幅很小，如将它直接加在 Y 轴输入上，则不能绘出大小适合需要的磁滞回线，因此需将 U_C 经过 Y 轴放大器增幅后再输至 Y 轴偏转板上。这就要求在训练磁场的频率范围内，Y 轴放大器的放大系数必须稳定，不然会带来相位畸变和频率畸变，从而导致磁滞回线"打结"现象，而无法进行定量测量。适当调节 R_2 阻值有可能得到最佳的磁滞回线图形。

利用式（17-2）的结果，电容 C 两端的电压表示为

$$U_C = \frac{Q}{C} = \frac{1}{C} \int I_2 \mathrm{d}t = \frac{1}{CR_2} \int e_2 \mathrm{d}t \tag{17-3}$$

这表明输出电压是感应电动势 e_2 对时间的积分，这就是"积分电路"名称的由来。将式（17-1）代入式（17-3）得到

$$U_C = \frac{N_2 S}{CR_2} \int \frac{\mathrm{d}B}{\mathrm{d}t} \mathrm{d}t = \frac{N_2 S}{CR_2} \int_0^B \mathrm{d}B = \frac{N_2 S}{CR_2} B$$

上式表明，接在示波器 Y 轴输入端的电容电压 U_C（即 U_Y）的值正比于 B。这样在磁化

电流变化的一个周期内，电子束的径迹描出一条完整的磁滞回线，以后每个周期重复此过程。

我们可逐渐调节输入交流电压，使磁滞回线由小到大扩展，把逐次在坐标纸上记录的磁滞回线顶点的位置连成一条曲线。这条曲线就是样品的基本磁化曲线。

（3）测定磁滞回线上任一点的 B、H 值时，保持示波器的水平增益和垂直增益不变，把磁性材料测定仪上的标准正弦电压先后加到示波器的 X、Y 轴输入端，用面板上的高内阻毫伏表测量电压的有效值 U_{Xe}、U_{Ye}，则该电压的最大值（即振幅）为

$$U_{X\max} = \sqrt{2}U_{Xe}$$

$$U_{Y\max} = \sqrt{2}U_{Ye}$$

再用透明米尺分别测量出荧光屏上水平线段和垂直线段的长度 n_X（cm）和 n_Y（cm），由此可计算出示波器 X 轴和 Y 轴的输入偏转因数 D_X 和 D_Y（即电子束偏转一厘米所需外加的电压）为

$$D_X = \frac{U_{X\max}}{\left(\dfrac{n_X}{2}\right)} = \frac{2U_{X\max}}{n_X} = \frac{2\sqrt{2}U_{Xe}}{n_X}$$

$$D_Y = \frac{U_{Y\max}}{\left(\dfrac{n_Y}{2}\right)} = \frac{2U_{Y\max}}{n_Y} = \frac{2\sqrt{2}U_{Ye}}{n_Y}$$

为了得到磁滞回线上所求点的 B、H 值，需要测出该点在屏上坐标 X（cm）、Y（cm），并换算为加在示波器偏转板上电压 $U_X = D_X X$ 和 $U_Y = D_Y Y$，然后计算：

$$H = \frac{N_1 D_X}{L R_1} X$$

$$B = \frac{R_1 C D_Y}{N_2 S} Y$$

式中各量的单位分别为：R_1 为欧姆（Ω）；L 为米（m）；S 为平方米（m^2）；C 为法（F）；D_X、D_Y 为伏/厘米（V/cm）；X、Y 为厘米（cm）；H 为安每米（A/m）；B 为特（T）。

3．训练设备

（1）磁滞回线测试仪；

（2）高内阻交流毫伏表；

（3）铁磁材料测试板；

（4）SB-10 示波器 1 台；

（5）测试样品，2 片；

（6）透明米尺，1 根。

4．训练内容

本训练内容为测绘硅钢片铁磁材料的基本磁化曲线。测绘硅钢片铁磁材料的磁滞回线的具体操作步骤如下。

（1）调整仪器。按训练图 17-4 连接线路，先调电压调节旋钮为零，再调节示波器，使电子束光点呈现在荧光屏坐标网格的中心。

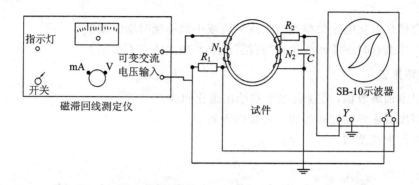

训练图 17-4　硅钢片磁化曲线测绘

（2）测绘基本磁化曲线。

① 把电压调节旋钮调到零，然后调节电压调节旋钮使电压逐渐升高（由测定面板上表头指示可观察到），屏上将出现磁滞回线的图像（如磁滞回线在二、四象限时，可将 X（或 Y）轴输入端的两根导线互换位置）。调节示波器垂直增益，使图形大小适当。待磁滞回线接近饱和后，逐渐减小输出电压至零，目的是对样品进行退磁。

② 从零开始，逐渐升高输出电压，分 0、2、4、6、8、10、12、14 V 共 8 挡进行，使磁滞回线由小变大，分别记录每条磁滞回线顶点坐标，描在坐标纸上，将所描各点连成曲线，就可得到基本磁化曲线。

（3）测绘磁滞回线。

① 调节输出电压到某值，然后调节示波器垂直增益和水平增益，使磁滞回线大小适当。

② 在方格纸上按 1:1（或 1:2）的比例描绘屏上显示的磁滞回线，记下有代表性的某些点的坐标 X_i、Y_i。

③ 测 L、S 值，记下 R_1、R_2、C、N_1、N_2 值。

④ 测定示波器的偏转因数 D_X、D_Y，按 $H = \dfrac{N_1 D_X}{L R_1} X$ 和 $B = \dfrac{R_1 C D_Y}{N_2 S} Y$ 算出跟 X_i、Y_i 点对应的 H_i、B_i 值，标在坐标纸上并描绘出磁滞回线。

5. 训练注意事项

（1）正确连接训练线路。

（2）测量数据时单方向平滑调节电源电压数值。

6. 思考题

（1）什么叫铁磁材料的磁滞现象？

（2）什么叫铁磁材料的起始磁化曲线？

（3）为什么测量时必须先进行退磁？如何进行？

（4）为什么对铁磁样品要进行"磁锻炼"？如何进行？

（5）怎样才能在示波器上显示出铁磁材料的磁滞回线？

（6）调节输出电压时，为什么电压必须从零逐渐增大到某一值？

（7）在标定磁滞回线各点的 H_i 和 B_i 值时，为什么示波器的垂直增益和水平增益旋钮不可再动？

（8）为什么磁化电流要单调增大或单调减小而不能时增时减？

（9）为什么有时磁滞回线出现"打结"现象？如何使它不打结？

7．训练报告

（1）根据训练数据，在坐标纸上描绘出磁化回线。

（2）写出对磁场强度和磁感应强度的理解。

（3）进行训练总结。

8.1 磁场的基本物理量和基本定律

电和磁是密不可分的，在电气设备和电工仪表中存在着电与磁的相互联系、相互作用。这中间不仅有电路的问题，还有磁路的问题。在互感耦合电路中讨论的自感电压与互感电压，就是线圈中所交链的磁通随时间变化而形成的，当时仅从电路的概念上加以分析。实际上在许多电气设备中，只用电路概念分析是不够的，有必要对磁路的概念和规律加以研究。

8.1.1 磁通

磁通量是用来反映磁场中一个面上的磁场情况的物理量，简称磁通，以 Φ 表示。其定义为，在磁场中，磁感应强度与垂直磁场方向的面积的乘积叫作沿法线正方向穿过该面积的磁感应强度向量的通量。磁通的计算式为

$$\Phi = \int_s B_n \mathrm{d}S = \int_s B \cos\beta\, \mathrm{d}S \qquad (8-1-1)$$

式中，β 为面元 $\mathrm{d}S$ 上磁感应强度 B 与该面元的法线 n 之间的夹角，见图 8-1-1。

Φ 的正负说明磁感应线穿过 $\mathrm{d}S$ 的方向。若 $\mathrm{d}S$ 为闭合面的一部分，Φ 为正值，说明磁感应线从内侧穿向外侧，$\beta <$ 90°；Φ 为负值，说明磁感应线由外侧进入内侧，$\beta > 90°$。

当面元 $\mathrm{d}S$ 垂直于该点的磁感应强度时，$\beta = 0$，$\cos\beta = 1$，穿过面元 $\mathrm{d}S$ 的磁通为

$$\mathrm{d}\Phi = B\, \mathrm{d}S$$

因此

$$B = \frac{\mathrm{d}\Phi}{\mathrm{d}S}$$

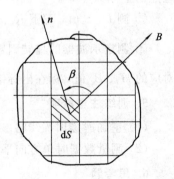

图 8-1-1

式中，$\dfrac{\mathrm{d}\Phi}{\mathrm{d}S}$ 为穿过单位面积的磁通，即磁通密度。由此可见，某一点的磁感应强度就是该点的磁通密度。若磁场为均匀磁场，面积为 S 的平面垂直磁场方向，则有

$$\Phi = BS \qquad (8-1-2)$$

国际单位制中，磁通的单位是"韦伯"，简称"韦"，以符号 Wb 表示。工程上也用麦克

斯韦(简称麦,符号为 Mx)作为磁通的单位。韦伯和麦克斯韦的换算关系为

$$1 \text{ Mx} = 10^{-8} \text{ Wb}$$

如果在磁场中任取一个封闭的曲面,则进入封闭曲面的磁通一定等于穿出封闭曲面的磁通。一般规定闭合面的正法线方向为朝外指的方向,这样从闭合面内穿出的磁通为正,进入的磁通为负,所以穿出任一闭合面的净磁通等于零,即

$$\oint S = B_n \text{d}S = 0 \qquad (8-1-3)$$

这就是磁通连续性原理的数学表达式,它可以用磁感应线的特点来解释。磁感应线(又叫磁力线)是连续的、无头无尾的闭合曲线。对于磁场中任一封闭曲面来说,磁感应线进入封闭面必定还要穿出该曲面而形成闭合曲线。这样进入封闭面的磁感应线总数必定等于穿出该曲面的磁感应线的总数,总磁通必定等于零。

8.1.2 磁感应强度

对于磁场的力效应,我们用一个物理量表示,这个物理量叫磁感应强度向量,用矢量 B 表示。其定义如下:在磁场中某点放一小段长为 Δl(线元),通有电流 I 并与磁场方向垂直的直导体,它所受的电磁力为 ΔF,则磁场在该点的磁感应强度向量的大小为

$$B = \frac{\Delta F}{I \Delta l} \qquad (8-1-4)$$

磁感应强度的方向就是该点的磁场方向,也就是小磁针在磁场该点处 N 极的指向。

由式(8-1-4)知,在国际单位制中,磁感应强度的单位为"特斯拉",简称"特",以符号 T 表示。工程上也常用高斯(简称高,以 Gs 表示)作为 B 的单位。特斯拉与高斯的换算式为

$$1 \text{ Gs} = 10^{-4} \text{ T}$$

一般的永久磁铁附近的磁场其磁感应强度 B 约为 $0.2\sim0.7$ T,磁电系仪表中磁铁和圆柱体铁芯间的空气隙中的 B 约为 $0.2\sim0.3$ T,电机和变压器铁芯中磁感应强度可达 $0.9\sim1.7$ T,科学研究用的强磁场的磁感应强度可达几十特,地球的磁场的磁感应强度仅为 0.5×10^{-4} T,约 0.5 Gs。

8.1.3 安培环路定律

安培环路定律指介质为真空时在稳恒电流产生的磁场中,不管载流回路形状如何,对任意闭合路径,磁感应强度的线积分(即环流)仅取决于被闭合路径所包围的电流的代数和,表达式如下:

$$\oint B_l \text{d}l = \mu_0 \sum I \qquad (8-1-5(\text{a}))$$

式中,电流 I 的正负是这样规定的:当穿过回路的电流的参考方向与环路的绕行方向符合右手螺旋关系时,I 前面取正号,反之取负号。

如果磁场的介质不是真空,所取闭合环路上各处的介质相同,且其磁导率为 μ,则有

$$\sum B_l \Delta l = \mu \sum I \qquad (8-1-5(\text{b}))$$

如果 I 不穿过回路 l,则对磁感应强度矢量环流无贡献,但是绝不能误认为沿回路 l 上

各点的磁感应强度仅由 l 内所包围的那部分电流所产生,而是由空间中所有电流产生的。

根据安培环路定律,可以求某些电流所产生的规则分布的磁场的磁感应强度。

8.1.4　磁场强度

磁场强度也是磁场的一个基本物理量,用符号 H 表示。在各向同性的磁介质中,磁场中某点的磁场强度的大小等于该点的磁感应强度的大小与该点磁导率之比值,即

$$H = \frac{B}{\mu} \tag{8-1-6}$$

磁场强度向量的方向与该点磁感应强度向量的方向相同。

国际单位制中,磁场强度的单位是"安/米"。

根据 B 和 H 的关系,在均匀磁介质的磁场中,由式(8-1-5(b))所表示的安培环路定律 $\sum B_l \Delta l = \mu \sum I$ 可得

$$\sum \frac{B_l}{\mu} \Delta l = \sum I$$

因为 $H = \dfrac{B}{\mu}$,所以

$$\sum H_l \Delta l = \sum I \tag{8-1-7}$$

式(8-1-7)就是磁介质中的安培环路定律(全电流定律)。它适用于均匀磁介质中的磁场,也适用于非均匀磁介质的情况,所以此式带有普遍性。它表明在有磁介质存在的磁场中,任一闭合环路上各段线元的磁场强度向量的切线分量与该线元的乘积的总和等于闭合环路所包围电流(导体中的传导电流)的代数和,而与磁场中磁介质的分布无关。电流正负的规定与前述相同。

式(8-1-7)说明在均匀磁介质的磁场中,磁场强度的大小与载流导体的形状、尺寸、匝数、电流的大小以及所求点在磁场中的位置有关,而与磁介质的磁性无关。也就是说,在均匀磁介质中,同样的导线,同样的电流,对同一位置的某一点来说,如果磁介质不同,就有不同的磁感应强度,但有相同的磁场强度。

根据全电流定律,在某些情况下,能简便地求出电流所产生的磁场的磁场强度,因为磁场强度与磁介质无关,再利用已知的磁介质的磁导率与磁场强度、磁感应强度的关系,便可求出磁感应强度。这就比较方便地解决了不同磁介质的磁场的分析计算问题。

8.1.5　磁导率

磁导率 μ 是一个表示磁介质磁性能的物理量,不同的物质有不同的 μ。

国际单位制中,磁导率的单位为 H/m(亨利/米)。

$$1\ \mathrm{H(亨)} = 1\ \Omega \cdot \mathrm{s(欧 \cdot 秒)}$$

由实验确定,真空中的磁导率为

$$\mu_0 = 4\pi \times 10^{-7}\ \mathrm{H/m}$$

为了对不同磁介质的性能有比较明确的认识,可以把均匀磁介质内磁感应强度与真空中磁感应强度进行比较,结果表明,在某些磁介质内的磁感应强度比真空中大一些,而在另一些磁介质内就比较小一些,这是由于不同的磁介质具有不同的磁性能。

任意一种磁介质的磁导率(μ)与真空的磁导率(μ_0)的比值称为该磁介质的相对磁导率，用 μ_r 表示：

$$\mu_r = \frac{\mu}{\mu_0}$$

物质根据其磁性能的不同，可分为三类：一类叫顺磁性物质，如空气、铝、铬、铂等，其 μ_r 略大于 1，在 $1.000003 \sim 1.00001$ 之间；另一类叫逆磁性物质，如氢、铜等，其 μ_r 略小于 1，在 $0.999995 \sim 0.99983$ 之间。顺磁性物质与逆磁性物质的 μ_r 约为 1，相差一般不超过 10^{-5}。所以在工程计算中，都可视为 1。还有一类叫铁磁性物质，如铁、钴、镍、钇、镝、硅、钢、坡莫合金、铁氧体等，其相对磁导率 μ_r 很大，可达几百甚至几千，而且不再是一个常数，是随磁感应强度和温度而变化的。

8.2 铁磁物质的磁化

本章先介绍铁磁性物质的特性和磁路定律，再研究简单的磁路计算，以及交、直流铁芯线圈和电磁铁。

8.2.1 铁磁物质的磁化

实验表明，将铁磁性物质（如铁、镍、钴等）置于某磁场中会大大加强原磁场。这是由于铁磁物质会在外加磁场的作用下，产生一个与外磁场同方向的附加磁场，正是由于这个附加磁场促使了总磁场的加强。这种现象叫作磁化。

铁磁性物质具有这种性质，是由其内部结构决定的。研究表明：铁磁性物质内部是由许多叫作磁畴的天然磁化区域所组成的。虽然每个磁畴的体积很小，但其中包含数亿个分子。每个磁畴中分子电流排列整齐，因此每个磁畴就构成一个永磁体，具有很强的磁性。但未被磁化的铁磁性物质中，磁畴排列是紊乱的，各个磁畴的磁场相互抵消，对外不显示磁性，如图 8-2-1(a)所示。

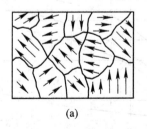 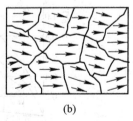 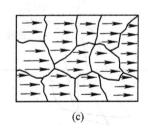

　　(a)　　　　　　　　　(b)　　　　　　　　　(c)

图 8-2-1　铁磁性物质的磁化

若把铁磁性物质放入外磁场中，大多数磁畴趋向于沿外磁场方向规则地排列，因而在铁磁性物质内部形成了很强的与外磁场同方向的"附加磁场"，从而大大加强了磁感应强度，即铁磁性物质被磁化了，如图 8-2-1(b)所示。当外加磁场进一步增强时，所有磁畴的方向几乎全部与外加磁场方向相同，这时附加磁场不再增加，这种现象叫作磁饱和，如图 8-2-1(c)所示。非铁磁性物质（如铝、铜、木材等）由于没有磁畴结构，因而磁化程度很微弱。

铁磁性物质具有很强的磁化作用，因而具有良好的导磁性能，在电器设备和电气元件中具有广泛的用途，如电机、变压器、电磁铁、电工仪表等。利用铁磁性物质的磁化特性，可以使这些设备体积小，重量轻，结构简单，成本降低。因此，铁磁性物质对电气设备的工作影响很大。

8.2.2　铁磁物质的分类

铁磁性物质根据磁滞回线的形状及其在工程上的用途可以分为两大类：一类是硬磁（永磁）材料，另一类是软磁材料。

硬磁材料的特点是磁滞回线较宽，剩磁和矫顽力都较大。这类材料在磁化后能保持很强的剩磁，适宜制作永久磁铁。常用的有铁镍钴合金、镍钢、钴钢、镍铁氧体、锶铁氧体等。在磁电式仪表、电声器材、永磁发电机等设备中所用的磁铁就是用硬磁材料制作的。

软磁材料的特点是磁导率高，磁滞回线狭长，磁滞损耗小。软磁材料又分为低频和高频两种。用于高频的软磁材料要求具有较大的电阻率，以减小高频涡流损失。常用的高频软磁材料有铁氧体等，如收音机中的磁棒、无线电设备中的中周变压器的磁芯，都是用铁氧体制成的。用于低频的有铸钢、硅钢、坡莫合金等。电机、变压器等设备中的铁芯多为硅钢片，录音机中磁头铁芯多用坡莫合金。由于软磁材料的磁滞回线狭长，因此一般用基本磁化曲线代表其磁化特性。图 8 - 2 - 2 所示是软磁材料和硬磁材料的磁滞回线。

图 8 - 2 - 3 所示是几种常用铁磁性材料的基本磁化曲线，电气工程中常用它来进行磁路计算。

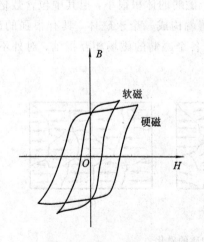

图 8 - 2 - 2　软磁材料和硬磁材料的磁滞回线

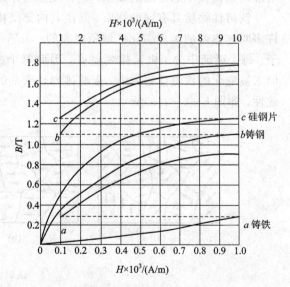

图 8 - 2 - 3　几种常用铁磁材料的基本磁化曲线

8.2.3　磁化曲线

不同种类的铁磁性物质，其磁化性能是不同的。工程上常用磁化曲线（或表格）表示各种铁磁性物质的磁化特性。磁化曲线是铁磁性物质的磁感应强度 B 与外磁场的磁场强度

H 之间的关系曲线，所以又叫 $B-H$ 曲线。这种曲线一般由实验得到，如图 $8-2-4$(a) 所示。

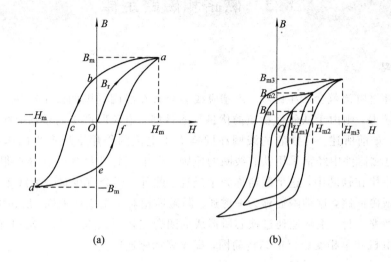

(a)　　　　　　　　　　(b)

图 $8-2-4$　磁滞回线

1. 起始磁化曲线

图 $8-2-4$(a)所示 Oa 段的 $B-H$ 曲线是在铁芯原来没有被磁化，即 B 和 H 均从零并始增加时所测得的。这种情况下作出的 $B-H$ 曲线叫起始磁化曲线。

铁磁性物质的 $B-H$ 曲线是非线性的，$\mu(=B/H)$ 不是常数；而非铁磁性物质的 $B-H$ 曲线为直线，μ 是常数。

2. 磁滞回线

起始磁化曲线只反映了铁磁性物质在外磁场(H)由零逐渐增加的磁化过程。在很多实际应用中，外磁场(H)的大小和方向是不断改变的，即铁磁性物质受到交变磁化(反复磁化)，实验表明交变磁化的曲线是一个回线，如图 $8-2-4$(a)中的 $abcdefa$ 所示。

此回线表示，当铁磁性物质沿起始磁化曲线磁化到 a 点后，再增大外加磁场，这时附加磁场不再增加，这种现象叫作磁饱和；若减小 H，B 也随之减小，但 B 不是沿原来起始磁化曲线减小，而是沿另一路径 ab 减小，这种现象叫磁滞，磁滞是铁磁性物质所特有的。要消除剩磁(常称为去磁或退磁)，需要反方向加大 H，也就是 bc 段，当 $H=-H_c$(Oc 段)时，$B=0$，剩磁才被消除，此时的 $|-H_c|$ 叫作材料的矫顽力，$|-H_c|$ 的大小反映了材料保持剩磁的能力。

如果继续反向加大 H(cd 段)，即反向磁化，使 $H=-H_m$，$B=-B_m$，再让 H 减小到零(de 段)，再加大 H，使 $H=H_m$，$B=B_m$(efa 段)，这样反复便可得到对称于坐标原点的闭合曲线，如图 $8-2-4$(a)所示，即铁磁性物质的磁滞回线($abcdefa$)。

如果改变磁场强度的最大值(即改变实验所取电流的最大值)，重复上述实验，就可以得到另外一条磁滞回线。图 $8-2-5$(b)给出了不同 H_m 时的磁滞回线族。这些曲线的 B_m 顶点连线称为铁磁性物质的基本磁化曲线。对于某一种铁磁性物质来说，基本磁化曲线是完全确定的，它与起始磁化曲线差别很小，基本磁化曲线所表示的磁感应强度 B 和磁场强度 H 的关系具有平均的意义，因此工程上常用到它。

8.3 磁路和磁路定律

8.3.1 磁路

线圈中通过电流就会产生磁场,磁感应线会分布在线圈周围的整个空间。如果我们把线圈绕在铁芯上,则由于铁磁性物质的优良导磁性能,电流所产生的磁感应线基本上都局限在铁芯内。如前所述,有铁芯的线圈在同样大小电流的作用下所产生的磁通将大大增加。这就是电磁器件中经常采用铁芯线圈的原因。由于铁磁性材料的磁导率很高,因此磁通几乎全部集中在铁芯中,这个磁通称为主磁通。此外,还会有少量磁力线不经过铁芯而经过空气形成磁回路,这种磁通称为漏磁通。漏磁通相对于主磁通来说,所占的比例很小,所以一般可忽略不计。主磁通通过铁芯所形成的闭合路径叫磁路。图 8-3-1(a)、(b)分别给出了直流电机和单相变压器的结构简图,虚线表示磁通通路。

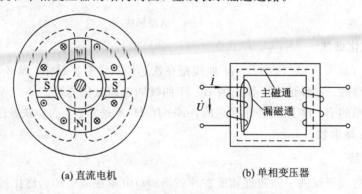

(a) 直流电机　　　　　　　(b) 单相变压器

图 8-3-1　直流电机和单相变压器磁路

与电路相类似,磁路也可分为无分支磁路和有分支磁路两种。图 8-3-1(a)为有分支磁路,图(b)为无分支磁路。

8.3.2 磁路定律

与电路类似,磁路也存在着固定的规律,推广电路的基尔霍夫定律可以得到有关磁路的定律。

1. 磁路的基尔霍夫第一定律

根据磁通的连续性,在忽略了漏磁通以后,在磁路的一条支路中处处都有相同的磁通,进入包围磁路分支点闭合曲面的磁通与穿出该曲面的磁通是相等的。因此,磁路分支点(节点)所连各支路磁通的代数和为零,即

$$\sum \Phi = 0 \qquad\qquad (8-3-1)$$

这就是磁路基尔霍夫第一定律的表达式。如图 8-3-2 所示,对于节点 A,若把进入节点的磁通取正号,离开节点的磁通取负号,则

$$\Phi_1 + \Phi_2 + \Phi_3 = 0$$

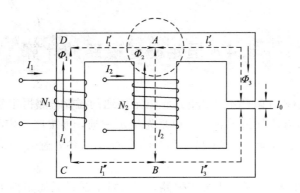

图 8-3-2　磁路示意图

2. 磁路的基尔霍夫第二定律

在磁路计算中，为了找出磁通和励磁电流之间的关系，必须应用安培环路定律。为此我们把磁路中的每一支路按各处材料和截面不同分成若干段。在每一段中因其材料和截面积是相同的，所以 B 和 H 处处相等。应用安培环路定律表达式的积分 $\oint H\mathrm{d}l$，对任一闭合回路，可得到

$$\sum (Hl) = \sum (IN) \qquad (8 \quad 3 \quad 2)$$

式(8-3-2)是磁路的基尔霍夫第二定律。对于图 8-3-2 所示的 $ABCDA$ 回路，可以得出

$$H_1 l_1 + H_1' l_1' + H_1'' l_1'' - H_2 l_2 = I_1 N_1 - I_2 N_2$$

上式中的符号规定如下：当某段磁通的参考方向（即 H 的方向）与回路的参考方向一致时，该段的 Hl 取正号，否则取负号；励磁电流的参考方向与回路的绕行方向符合右手螺旋法则时，对应的 IN 取正号，否则取负号。

为了和电路相对应，我们把式(8-3-2)右边的 IN 称为磁通势，简称磁势。它是磁路产生磁通的原因，用 F_m 表示，单位是安（匝）。等式左边的 Hl 可看成是磁路在每一段上的磁位差（磁压降），用 U_m 表示。所以磁路的基尔霍夫第二定律可以叙述为：磁路沿着闭合回路的磁位差 U_m 的代数和等于磁通势 F_m 的代数和，记作

$$\sum U_m = \sum F_m$$

8.3.3 磁路的欧姆定律

在上述的每一分段中均有 B，即 $\Phi/S = \mu H$，所以

$$\Phi = \mu HS = \frac{Hl}{l/(\mu S)} = \frac{U_m}{l/(\mu S)} = \frac{U_m}{R_m} \qquad (8-3-3)$$

式(8-3-3)叫作磁路的欧姆定律。式中，$U_m = Hl$ 是磁压降，在 SI 单位制中，U_m 的单位为 V，$R_m = l/(\mu S)$ 的单位为 1/H，Φ 的单位为 Wb。

由上述分析可知，磁路与电路有许多相似之处。磁路定律是电路定律的推广。但应注意，磁路和电路具有本质的区别，绝不能混为一谈，主要表现在：磁通并不像电流那样代表某种质点的运动；磁通通过磁阻时，并不像电流通过电阻那样要消耗能量，因此维持恒定磁通也并不需要消耗任何能量，即不存在与电路中的焦耳定律类似的磁路定律。

*8.4 恒定磁通磁路的计算

激磁电流的大小和方向都不变化、具有恒定磁通的磁路，叫恒定磁通磁路，也叫直流磁路。在计算磁路时有两种情况：第一种是先给定磁通，再按照给定的磁通及磁路尺寸、材料求出磁通势，即已知 Φ 求 NI；另一种是给定 NI，求各处磁通，即已知 NI 求 Φ。本节只讨论第一种情况。

已知磁通求磁通势时，对于无分支磁路，在忽略了漏磁通的条件下穿过磁路各截面的磁通是相同的，而磁路各部分的尺寸和材料可能不尽相同，所以各部分截面积和磁感应强度就不同，于是各部分的磁场强度也不同。在计算时一般应按下列步骤进行：

（1）按照磁路的材料和截面不同进行分段，把材料和截面相同的算作一段。

（2）根据磁路尺寸计算出各段截面积 S 和平均长度 l。

注意：在磁路存在空气隙时，磁路经过空气隙会产生边缘效应，截面积会加大。一般情况下，空气隙的长度 δ 很小，空气隙截面积可由经验公式近似计算，如图 8-4-1 所示。

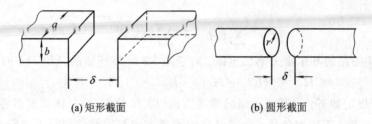

(a) 矩形截面   (b) 圆形截面

图 8-4-1 空气隙有效面积的计算

对于矩形截面，有

$$S_a = (a+\delta)(b+\delta) \approx ab + (a+b)\delta$$

对于圆形截面，有

$$S_b = \pi\left(r + \frac{\delta}{2}\right)^2 \approx \pi r^2 + \pi r\delta$$

（3）由已知磁通 Φ，算出各段磁路的磁感应强度 $B = \Phi/S$。

（4）根据每一段的磁感应强度求磁场强度，对于铁磁材料可查基本磁化曲线（如图 8-2-3 所示）。

对于空气隙可用以下公式：

$$H_0 = \frac{B_0}{\mu_0} = \frac{B_0}{4\pi \times 10^{-7}} \approx 0.8 \times 10^6 B_0 = 8 \times 10^5 B_0 \ \text{A/cm}$$

（5）根据每一段的磁场强度和平均长度求出 $H_1 l_1$，$H_2 l_2$，$\cdots$。

（6）根据基尔霍夫磁路第二定律，求出所需的磁通势：

$$NI = H_1 l_1 + H_2 l_2 + \cdots$$

【例 8-1】 已知磁路如图 8-4-2 所示，上段材料为硅钢片，下段材料是铸钢，求在该磁路中获得磁通 $\Phi = 2.0 \times 10^{-3}$ Wb 时所需要的磁通势。若线圈的匝数为 1000 匝，求激磁电流应为多大。

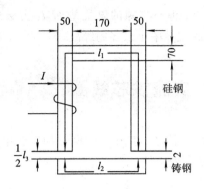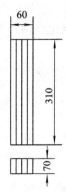

图 8-4-2　例 8-1 图

解　(1) 按照截面和材料不同，将磁路分为三段 l_1、l_2、l_3。

(2) 按已知磁路尺寸求出：

$$l_1 = 275 + 220 + 275 = 770 \text{ mm} = 77 \text{ cm}$$

$$S_1 = 50 \times 60 = 3000 \text{ mm}^2 = 30 \text{ cm}^2$$

$$l_2 = 35 + 220 + 35 = 290 \text{ mm} = 29 \text{ cm}$$

$$S_2 = 60 \times 70 = 4200 \text{ mm}^2 = 42 \text{ cm}^2$$

$$l_3 = 2 \times 2 = 4 \text{ mm} = 0.4 \text{ cm}$$

$$S_3 \approx 60 \times 50 + (60 + 50) \times 2 = 3220 \text{ mm}^2 = 32.2 \text{ cm}^2$$

(3) 各段磁感应强度为

$$B_1 = \frac{\Phi}{S_1} = \frac{2.0 \times 10^{-3}}{30} = 0.667 \times 10^{-4} \text{ Wb/cm}^2 = 0.667 \text{ T}$$

$$B_2 = \frac{\Phi}{S_2} = \frac{2.0 \times 10^{-3}}{42} = 0.476 \times 10^{-4} \text{ Wb/cm}^2 = 0.476 \text{ T}$$

$$B_3 = \frac{\Phi}{S_3} = \frac{2.0 \times 10^{-3}}{32.2} = 0.621 \times 10^{-4} \text{ Wb/cm}^2 = 0.621 \text{ T}$$

(4) 由图 8-2-3 所示的硅钢片和铸钢的基本磁化曲线得

$$H_1 = 1.4 \text{ A/cm}$$

$$H_2 = 1.5 \text{ A/cm}$$

空气中的磁场强度为

$$H_3 = \frac{B_3}{\mu_0} = \frac{0.621}{4\pi \times 10^{-7}} = 4942 \text{ A/cm}$$

(5) 每段的磁位差为

$$H_1 l_1 = 1.4 \times 77 = 107.8 \text{ A}$$

$$H_2 l_2 = 1.5 \times 29 = 43.5 \text{ A}$$

$$H_3 l_3 = 4942 \times 0.4 = 1976.8 \text{ A}$$

(6) 所需的磁通势为

$$NI = N_1 l_1 + H_2 l_2 + H_3 l_3 = 107.8 + 43.5 + 1976.8 = 2128.1 \text{ A}$$

激磁电流为

$$I = \frac{NI}{N} = \frac{2128.1}{1000} \approx 2.1 \text{ A}$$

由以上计算可知,空气间隙虽很小,但空气隙的磁位差 $H_3 l_3$ 占磁通势的 93%,这是由于空气隙的磁导率比硅钢片和铸钢的磁导率小很多的缘故。

8.5　交流铁芯线圈

所谓交流铁芯线圈,是指线圈中加入铁芯,并在线圈两端加正弦电压。本节主要讨论交流铁芯线圈的电压、电流、磁通以及等效电路。

8.5.1　电压、电流和磁通

交流铁芯线圈是用交流电来励磁的,其电磁关系与直流铁芯线圈有很大不同。在直流铁芯线圈中,因为励磁电流是直流,其磁通是恒定的,在铁芯和线圈中不会产生感应电动势,而交流铁芯线圈的电流是变化的,变化的电流会产生变化的磁通,于是会产生感应电动势,电路中电压、电流关系也与磁路情况有关。影响交流铁芯线圈工作的因素有铁芯的磁饱和、磁滞、涡流、漏磁通、线圈电阻等,其中,磁饱和、磁滞、涡流的影响最大。下面分别加以讨论。

1. 电压为正弦量

在忽略线圈电阻及漏磁通时,选择线圈电压 u、电流 i、磁通 Φ 及感应电动势 e 的参考方向如图 8-5-1 所示。

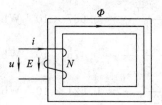

图 8-5-1　交流铁芯线圈各电磁量的参考方向

在图 8-5-1 中有

$$u(t) = -e(t) = \frac{\mathrm{d}\Psi(t)}{\mathrm{d}t} = N \frac{\mathrm{d}\Phi(t)}{\mathrm{d}t}$$

式中,N 为线圈匝数。

在上式中,若电压为正弦量,则磁通也为正弦量。设 $\Phi(t) = \Phi_m \sin\omega t$,则有

$$u(t) = -e(t) = N \frac{\mathrm{d}\Phi(t)}{\mathrm{d}t} = N \frac{\mathrm{d}}{\mathrm{d}t}(\Phi_m \sin\omega t)$$

$$= \omega N \Phi_m \sin\left(\omega t + \frac{\pi}{2}\right)$$

可见,电压的相位比磁通的相位超前 90°,并且电压及感应电动势的有效值与主磁通的最大值关系为

$$U = E = \frac{\omega N \Phi_m}{\sqrt{2}} = \frac{2\pi f N \Phi_m}{\sqrt{2}} = 4.44 f N \Phi_m \tag{8-5-1}$$

式(8-5-1)是一个重要的公式。它表明:当电源的频率及线圈匝数一定时,若线圈电压的

有效值不变，则主磁通的最大值 Φ_m（或磁感应强度的最大值 B_m）不变；线圈电压的有效值改变时，Φ_m 与 U 成正比变化，而与磁路情况（如铁芯材料的磁导率、气隙的大小等）无关。这与直流铁芯线圈不同，因为若直流铁芯线圈的电压不变，电流就不变，因而磁势不变，磁路情况变化时，磁通随之改变。

考虑交流铁芯线圈的电流时，i 和 Φ 不是线性关系。也就是说，磁通按正弦规律变化时，电流不是按正弦规律变化的。因为在略去磁滞和涡流影响时，铁芯材料的 $B-H$ 曲线即是基本磁化曲线。在 $B-H$ 曲线上，H 正比于 i，B 正比于 Φ，所以可以将 $B-H$ 曲线转化为 $\Phi-i$ 曲线，如图 8-5-2 所示。

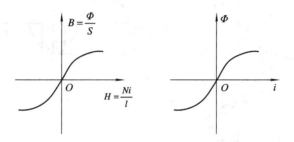

图 8-5-2　$B-H$ 曲线与 $\Phi-i$ 曲线

如前所述，$\Phi = \Phi_m \sin\omega t$，经过逐点描绘的 i 的波形为尖顶波，如图 8-5-3 所示。

电流波形的失真主要是由磁化曲线的非线性造成的。要减少这种非线性失真，可以减少 Φ_m 或加大铁芯面积，以减小 B_m 的值，使铁芯工作在非饱和区，但这样会使铁芯尺寸和重量加大，所以工程上常使铁芯工作在接近饱和的区域。

$i(t)$ 的非正弦波形中含有奇次谐波，其中以三次谐波的成分最大，其他高次谐波成分可忽略不计。有谐波成分会给分析计算带来不便。所以实用中，常将交流铁芯线圈电流的非正弦波用正弦波近似地代替，以简化计算。这种简化忽略了各种损耗，电路的平均功率为零，磁化电流 $\dot{I}_m$ 与磁通 Φ 同相，比电压滞后 $90°$，相量图如图 8-5-4 所示。

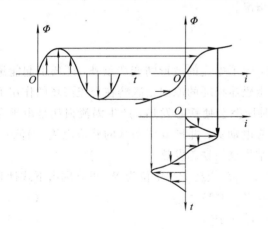

图 8-5-3　电流 i 的波形的求法

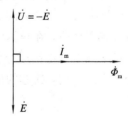

图 8-5-4　相量图

由图 8-5-4 所示的相量图知

$$\dot{\Phi}_m = \Phi_m \angle 0°$$

$$\dot{U} = -\dot{E} = j4.44 f N \Phi_m$$

$$\dot{I}_m = I_m \angle 0°$$

2. 电流为正弦量

设线圈电流为

$$i(t) = I_m \sin\omega t$$

线圈的磁通 $\Phi(t)$ 的波形也可用逐点描绘的方法作出，如图 8-5-5 所示。

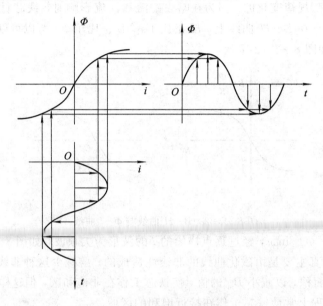

图 8-5-5 线圈的磁通 $\Phi(t)$ 的波形

铁芯线圈的电流为正弦量时，由于磁饱和的影响，磁通和电压都是非正弦量，$\Phi(t)$ 为平顶波，$u(t)$ 为尖顶波，都含有明显的三次谐波分量。

电流互感器这类电气设备会有电流为正弦波的情况，但大多数情况下铁芯线圈电压为正弦量。所以这里只讨论电压为正弦量的情况。

8.5.2 *磁滞和涡流的影响*

交流铁芯线圈在考虑了磁滞和涡流时，除了电流的波形畸变严重外，还要引起能量的损耗，分别叫作磁滞损耗和涡流损耗。产生磁滞损耗的原因是磁畴在交流磁场的作用下反复转向，引起铁磁性物质内部的摩擦，这种摩擦会使铁芯发热。产生涡流损耗是由于交变磁通穿过块状导体时，在导体内部产生感应电动势，并形成旋涡状的感应电流（涡流），这个电流通过导体自身电阻时会消耗能量，结果也使铁芯发热。

理论和实践证明，铁芯的磁滞损耗 P_z 和涡流损耗 P_w（单位为 W）可分别由下式计算：

$$P_z = K_z f B_m^n V \tag{8-5-2}$$

$$P_w = K_w f^2 B_m^2 V \tag{8-5-3}$$

式中，f 为磁场每秒交变的次数（即频率），单位为 Hz；B_m 为磁感应强度的最大值，单位为 T；n 为指数，由 B_m 的范围决定，当 $0.1 \text{ T} < B_m < 1.0 \text{ T}$ 时，$n \approx 1.6$，当 $0 < B_m < 0.1 \text{ T}$ 和 $1 \text{ T} < B_m < 1.6 \text{ T}$ 时，$n \approx 2$；V 为铁磁性物质的体积，单位为 m^3；K_z、K_w 为与铁磁性物质性质结构有关的系数，由实验确定。

实际应用中，为降低磁滞损耗，常先用磁滞回线较狭长的铁磁性材料制造铁芯，如硅钢就是制造变压器、电机的常用铁芯材料，其磁滞损耗较小。为了降低涡流损耗，常用的方法有两种：一种是选用电阻率大的铁磁性材料，如无线电设备就选择电阻率很大的铁氧体，而电机、变压器则选用磁导性好、电阻率较大的硅钢；另一种方法是设法提高涡流路径上的电阻值，如电机、变压器使用片状硅钢片且两面涂绝缘漆。

交流铁芯线圈的铁芯既存在磁滞损耗，又存在涡流损耗，在电机、电器的设计中，常将这两种损耗合称为铁损（铁耗）P_{Fe}，单位为 W，即

$$P_{\mathrm{Fe}} = P_z + P_w$$

在工程手册上，一般给出"比铁损"（P_{Fe}，单位为 W/kg），它表示每千克铁芯的铁损瓦值。例如，设计一个交流铁芯线圈的铁芯，使用了 G 千克的某种铁磁性材料，如从手册上查出某种铁磁性材料的比铁损 P_{Fe0} 值，则该铁芯的总铁耗为 $P_{\mathrm{Fe0}} \cdot G$。

8.6 电 磁 铁

电磁铁是利用通有电流的铁芯线圈对铁磁性物质产生电磁吸力的装置。它的应用很广泛，如继电器、接触器、电磁阀等。

图 8 - 6 - 1 是电磁铁的几种常见结构形式。它们都是由线圈、铁芯和衔铁三个基本部分组成的。工作时线圈通入励磁电流，在铁芯气隙中产生磁场，吸引衔铁；断电时磁场消失，衔铁即被释放。

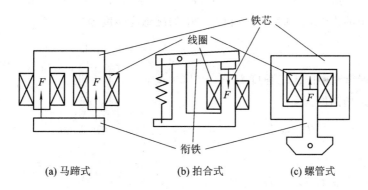

(a) 马蹄式　　　　　　(b) 拍合式　　　　　　(c) 螺管式

图 8 - 6 - 1　电磁铁的几种结构形式

由图 8 - 6 - 1 所示的几种结构可知，电磁铁工作时，磁路气隙是变化的。电磁铁按励磁电流不同分为直流和交流两种。

8.6.1　直流电磁铁

直流电磁铁的励磁电流为直流。可以证明，直流电磁铁的衔铁所受到的吸力（起重力）为

$$F = \frac{B_0^2}{2\mu_0}S = \frac{B_0^2}{2 \times 4\pi \times 10^{-7}}S \approx 4B_0^2 S \times 10^5 \qquad (8-6-1)$$

式中，B_0 为气隙的磁感应强度，单位为 T；S 为气隙磁场的截面积，单位为 m²；F 的单位

为 N。

由于是直流励磁，因此在线圈的电阻和电源电压一定时，励磁电流一定，磁通势也一定。在衔铁吸引过程中，气隙逐渐减小（磁阻减小），磁通加大，吸力随之加大，衔铁吸合后的吸引力要比吸合前大得多。

【例 8-2】 如图 8-6-2 所示的直流电磁铁，已知线圈匝数为 4000，铁芯和衔铁的材料均为铸钢，由于存在漏磁，因此衔铁中的磁通只有铁芯中磁通的 90%，如果衔铁处在图示位置时铁芯中的磁感应强度为 1.6 T，试求线圈中电流和电磁吸力。

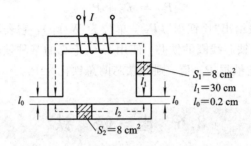

$$S_1 = 8 \text{ cm}^2$$
$$l_1 = 30 \text{ cm}$$
$$l_0 = 0.2 \text{ cm}$$
$$S_2 = 8 \text{ cm}^2$$

图 8-6-2 例 8-2 图

解 查图 8-2-3，铁芯中磁感应强度 $B = 1.6$ T 时，磁场强度 $H_1 = 5300$ A/m。

铁芯中的磁通：

$$\Phi_1 = B_1 S_1 = 1.6 \times 8 \times 10^{-4} = 1.28 \times 10^{-3} \text{ Wb}$$

气隙和衔铁中的磁通：

$$\Phi_2 = 0.9\Phi_1 = 0.9 \times 1.28 \times 10^{-3} = 1.152 \times 10^{-3} \text{ Wb}$$

不考虑气隙的边缘效应时，气隙和衔铁中的磁感应强度为

$$B_0 = B_2 = \frac{1.152 \times 10^{-3}}{8 \times 10^{-4}} = 1.44 \text{ T}$$

查图 8-2-3 得衔铁中的磁场强度为 $H_2 = 3500$ A/m。

气隙中的磁场强度为

$$H_0 = \frac{B_0}{\mu_0} = \frac{1.44}{47 \times 10^{-7}} = 1.146 \times 10^6 \text{ A/m}$$

线圈的磁势：

$$NI = H_1 l_1 + H_2 l_2 + 2H_0 l_0$$
$$= 5300 \times 30 \times 10^{-2} + 3500 \times 10 \times 10^{-2} + 2 \times 1.146 \times 10^6 \times 0.2 \times 10^{-2}$$
$$= 6524 \text{ A}$$

线圈电流为

$$I = \frac{NI}{N} = \frac{6524}{4000} = 1.631 \text{ A}$$

电磁铁的吸力

$$F = 4B_0^2 S \times 10^5 = 4 \times 1.44^2 \times 2 \times 8 \times 10^{-4} \times 10^5 = 1327 \text{ N}$$

8.6.2 交流电磁铁

交流电磁铁由交流电励磁，设气隙中的磁感应强度为

$$B_0(t) = B_m \sin\omega t$$

电磁铁吸力为

$$f(t) = \frac{B_0^2(t)}{2\mu_0}S = \frac{B_m^2 S}{2\mu_0}\sin^2\omega t = \frac{B_m^2 S}{2\mu_0}(1-\cos 2\omega t)$$

作出 $f(t)$ 的曲线，如图 $8-6-3$ 所示，$f(t)$ 的变化频率为 $B_0(t)$ 变化频率的 2 倍，在一个 $B_0(t)$ 周期中，$f(t)$ 两次为零。为衡量吸力的平均大小，计算其平均吸力 F_{av} 为

$$F_{av} = \frac{1}{T}\int_0^T f(t)\mathrm{d}t = \frac{1}{T}\int_0^T \frac{B_m^2 S}{2\mu_0}(1-\cos 2\omega t)\mathrm{d}t$$

$$= \frac{B_m^2 S}{4\mu_0} \approx 2B_m^2 S \times 10^5 \qquad (8-6-2)$$

最大吸力为

$$F_{max} = \frac{B_m^2 S}{2\mu_0} \qquad (8-6-3)$$

可见，平均吸力为最大吸力的一半。

由图 $8-6-3$ 可知，交流电磁铁吸力的大小是随时间不断变化的。这种吸力的变化会引起衔铁的振动，产生噪声和机械冲击。例如，电源为 $50\ Hz$ 时，交流电磁铁的吸力在一秒内有 100 次为零，会产生强烈的噪声干扰和冲击。为了消除这种现象，在铁芯端面的部分面积上嵌装一个封闭的铜环，称作短路环，如图 $8-6-4$ 所示。装了短路环后，磁通分为穿过短路环的 Φ' 和不穿过短路环的 Φ'' 两个部分。由于磁通变化时，短路环内感应电流产生的磁通阻碍原磁通的变化，结果使 Φ' 的相位比 Φ'' 的相位滞后 $90°$，这两个磁通不是同时到达零值，因而电磁吸力也不会同时为零，从而减弱了衔铁的振动，降低了噪声。

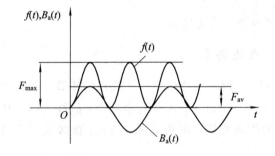

图 $8-6-3$ 交流电磁铁吸力变化曲线

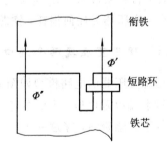

图 $8-6-4$ 有短路环时的磁通

交流电磁铁安装短路环后，把交变磁通分解成两个相位不同的部分，这种方法叫作磁通裂相。短路环裂相是一种常用的方法，像电度表、继电器、单相电动机等电气设备中都有应用。

交流电磁铁不安装短路环会引起衔铁振动，产生冲击。电铃、电推剪、电振动器就是利用这种振动制成的。

如前所述，交流铁芯线圈与直流铁芯线圈有很大不同，主要是直流铁芯线圈的励磁电流由供电电压和线圈本身的电阻决定，与磁路的结构、材料、空气隙 δ 的大小无关，磁通势 NI 不变，磁通 Φ 与磁阻大小成反比。

交流铁芯线圈在外加的交流电压有效值一定时，就迫使主磁通的最大值 Φ_m 不变，励

磁电流与磁路的结构、材料、空气隙 δ 的大小有关，磁路的气隙 δ 加大，磁阻 R_m 加大，势必会引起磁通势 NI 加大，也就是励磁电流 I 加大。所以交流电磁场在衔铁未吸合时，磁路空气隙很大，励磁电流很大；衔铁吸合后，气隙减小到接近于零，电流很快减小到额定值。如果衔铁因为机械原因卡滞而不能吸合，线圈中就会长期通过很大的电流，进而会使线圈过热烧坏，在使用中应尤其注意。

表 8 - 6 - 1 给出了直流电磁铁与交流电磁铁的比较。

表 8 - 6 - 1　直流电磁铁与交流电磁铁的比较

内　　容	直流电磁铁	交流电磁铁
铁芯结构	由整块软钢制成，无短路环	由硅钢片制成，有短路环
吸合过程	电流不变，吸力逐渐加大	吸力基本不变，电流减小
吸合后	无振动	有轻微振动
吸合不好时	线圈不会过热	线圈会过热，可能烧坏

8.7　理想变压器

在电力供电系统中，各种电气设备电源部分的电路以及其他一些较低频率的电子电路中使用的变压器大多是铁芯变压器。理想变压器是铁芯变压器的理想化模型，它的唯一参数是变压器的变比，而不是 L_1、L_2、M 等参数。理想变压器满足以下三个条件：

(1) 耦合系数 $k=1$，即为全耦合；

(2) 自感系数 L_1、L_2 为无穷大，但 L_1/L_2 为常数；

(3) 变压器无任何损耗，铁芯材料的磁导率 μ 为无穷大。

8.7.1　理想变压器两个端口的电压、电流关系

理想变压器的电路模型如图 8 - 7 - 1 所示。设一次绕组和二次绕组的匝数分别为 N_1、N_2，同名端以及电压、电流参考方向如图 8 - 7 - 1 所示。由于为全耦合，故绕组的互感磁通必等于自感磁通，穿过一次、二次绕组的磁通相同，用 Φ 表示。与初、次级绕组交链分别为

$$\Psi_1 = N_1\Phi, \quad \Psi_2 = N_2\Phi$$

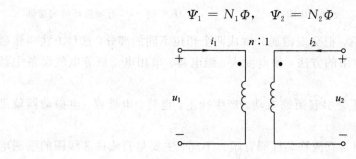

图 8 - 7 - 1　理想变压器电路模型

一次、二次绕组的电压分别为

$$u_1 = \frac{\mathrm{d}\Psi_1}{\mathrm{d}t} = N_1 \frac{\mathrm{d}\Phi}{\mathrm{d}t}$$

$$u_2 = \frac{\mathrm{d}\Psi_2}{\mathrm{d}t} = N_2 \frac{\mathrm{d}\Phi}{\mathrm{d}t}$$

由上式得一次、二次绕组的电压之比为

$$\frac{u_1}{u_2} = \frac{N_1}{N_2} = n$$

或写作

$$u_1 = nu_2 \tag{8-7-1}$$

式中，n 称为变压器的变比，它等于一次、二次绕组的匝数之比。

由于理想变压器无能量损耗，因而理想变压器在任何时刻从两边吸收的功率都等于零，即

$$u_1 i_1 + u_2 i_2 = 0$$

由上式得

$$\frac{i_1}{i_2} = -\frac{u_2}{u_1} = -\frac{1}{n} \quad 或 \quad i_1 = -\frac{1}{n} i_2 \tag{8-7-2}$$

在正弦稳态电路中，式(8-7-1)和式(8-7-2)对应的电压、电流关系的相量形式为

$$\begin{cases} \dot{U}_1 = n\dot{U}_2 \\ \dot{I}_1 = -\dfrac{1}{n}\dot{I}_2 \end{cases} \tag{8-7-3}$$

这里需说明，式(8-7-1)和式(8-7-2)是与图8-7-1所示的电压、电流参考方向及同名端位置相对应的，如果改变电压、电流的参考方向或同名端位置，其表达式中的符号应作相应改变。如图8-7-2所示的理想变压器，其电压、电流关系式为

$$\begin{cases} u_1 = -nu_2 \\ i_1 = \dfrac{1}{n} i_2 \end{cases}$$

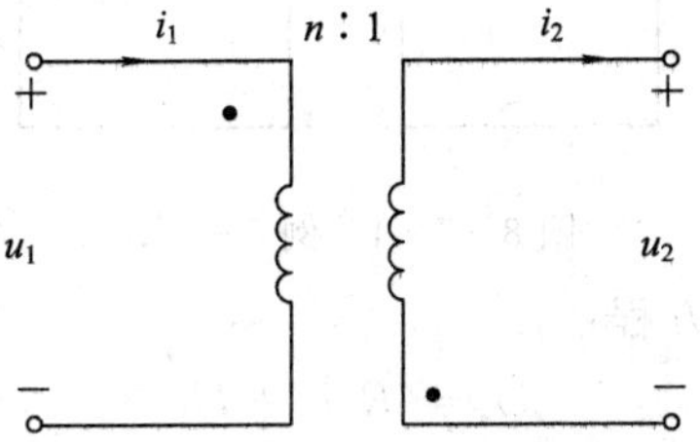

图8-7-2　理想变压器

总之，在变压关系式中，前面的正负号取决于电压的参考方向与同名端的位置，当电压参考极性与同名端的位置一致时，例如两电压的正极性端(或同极性端)同在两线圈的"·"端，此时，变压关系式前取正号；反之当电压的参考极性与两线圈同名端的位置不一致时，取负号。在变流关系式中，前面的正负号取决于一、二次电流的参考方向与同名端的位置，当电流从两绕组的同名端流入时，变流关系式前取负号；当电流从两绕组的异名端流入时，取正号。

8.7.2 理想变压器变换阻抗的作用

理想变压器还具有变换阻抗的作用，如果在变压器的二次侧接上阻抗 Z_L，如图 8-7-3 所示，则从一次绕组输入的阻抗是

$$Z_i = \frac{\dot{U}_1}{\dot{I}_1} = \frac{n\dot{U}_2}{-\frac{1}{n}\dot{I}_2} = n^2\left(-\frac{\dot{U}_2}{\dot{I}_2}\right)$$

式中，因负载 Z_L 上电压、电流为非关联参考方向，故 $Z_L = -\dfrac{\dot{U}_2}{\dot{I}_2}$，代入上式得

$$Z_i = n^2 Z_L \qquad\qquad (8-7-4)$$

由式(8-7-4)可知，当二次侧接阻抗 Z_L 时，相当于在一次侧接一个值为 $n^2 Z_L$ 的阻抗，即变压器具有变换阻抗的作用。因此可以通过改变变压器的变比来改变输入电阻，实现与电源的匹配，使负载获得最大功率。

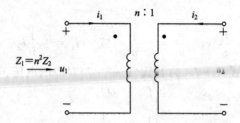

图 8-7-3　理想变压器变换阻抗的作用

【例 8-3】　如图 8-7-4 所示的电路中，$\dot{U}_s = 100\angle 0°\text{V}$，$R_s = 500\ \Omega$，$R_L = 1\ \Omega$，$n = 4$。求 $\dot{I}_1$、$\dot{I}_2$ 及负载吸收的功率 P_L。

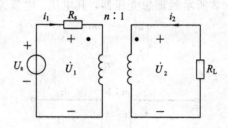

图 8-7-4　例 8-3 图

解　在输入回路列 KVL 方程：

$$\dot{U}_s = R_s\dot{I}_s + \dot{U}_1 \qquad\qquad (1)$$

理想变压器具有变换阻抗的作用，其输入电阻为

$$\dot{U}_s = R_s\dot{I}_s + \dot{U}_1$$

因而得

$$\dot{U}_1 = R_1\dot{I}_1 = n^2 R_L\dot{I}_1$$

代入式(1)得

$$\dot{U}_s = R_s\dot{I}_1 + n^2 R_L\dot{I}_1$$

$$\dot{I}_1 = \frac{\dot{U}_s}{R_s + n^2 R_L} = \frac{100\angle 0°}{50 + 4^2\times 1} = 1.52\angle 0°\text{A}$$

$$\dot{I}_2 = -n\dot{I} = -4 \times 1.52\angle 0° = 6.08\angle 180°\text{A}$$

$$P_L = I_2^2 R_L = 6.08^2 \times 1 = 36.97 \text{ W}$$

【例 8 - 4】 在图 8 - 7 - 4 所示电路中，若负载 R_L 可调，其余电路参数同例 8 - 3，则负载 R_L 多大时，可获得最大功率? 试求此最大功率。

解 因为变压器具有变换阻抗的作用，即

$$R_i = n^2 R_L$$

一次电路中，当 $R_i = R_s$ 时，负载上获得最大功率，因而可得

$$R_i = n^2 R_L = R_s$$

$$4^2 R_L = 50$$

$$R_L = 3.125 \ \Omega$$

当负载 $R_L = 3.125 \ \Omega$ 时，可获得最大功率。

又因为在二次回路中只有 R_L 上消耗有功功率，所以一次回路中 R_i 上消耗的功率就是 R_L 上消耗的功率(理想变压器无功率损耗)，因而负载上获得的最大功率为

$$P_L = \frac{\left(\dfrac{U_s}{2}\right)^2}{R_i} = \frac{U_s^2}{4R_i} = \frac{100^2}{4 \times 50} = 50 \text{ W}$$

本 章 小 结

一、磁场的基本物理量和基本定律

1. 磁通 Φ

磁场的任一闭合面上，进入的磁通等于穿出的磁通，即总磁通等于零，也即

$$\oint S = B_n \mathrm{d}S = 0$$

2. 磁感应强度 B

定义 B 的大小为

$$B = \frac{\Delta F}{I \Delta l}$$

其方向即该点小磁针 N 的指向。

3. 安培环路定律

安培环路定律指介质为真空时在稳恒电流产生的磁场中，不管载流回路形状如何，对任意闭合路径，磁感应强度的线积分(即环流)仅取决于被闭合路径所包围的电流的代数和，即

$$\oint_l B \mathrm{d}l = \mu_0 \sum I$$

4. 磁场强度 H

磁场强度 H 为

$$H = \frac{B}{\mu}$$

5. 磁导率 μ

真空中的磁导率 μ_0 为

$$\mu_0 = 4\pi \times 10^{-7} \text{ H/m}$$

二、铁磁性物质的磁化

(1) 铁磁性物质内部存在着大量的磁畴。在没有外加磁场时，磁畴排列是杂乱无章的，各个磁畴的作用相互抵消，因此对外不显磁性。在外磁场作用下，磁畴会沿着外磁场方向偏转，以致在较强的外磁场作用下达到饱和。

(2) 磁滞回线是铁磁性物质所特有的磁特性。在交变磁场作用时，可获得一个对称于坐标原点的闭合回线，与纵轴的交点到原点的距离叫剩磁，与横轴的交点到原点的距离叫矫顽力。

(3) 磁滞回线族的正顶点叫基本磁化曲线。它表示了铁磁性物质的磁化性能，工程上常用它来作为计算的依据。常用铁磁性材料的基本磁化曲线可在工程手册中查得。

(4) 铁磁性材料的 B-H 曲线是非线性的，所以铁芯磁路是非线性的。

三、磁路与磁路定律

1. 磁路

主磁通通过铁芯所形成的闭合路径叫磁路。

2. 磁路的基尔霍夫第一定律和第二定律

磁路的基尔霍夫第一定律：

$$\sum \Phi = 0$$

磁路的基尔霍夫第二定律：

$$\sum (HL) = \sum (NI)$$

3. 磁路的欧姆定律

磁路的欧姆定律：

$$\Phi = \mu HS = \frac{Hl}{l/(\mu S)} = \frac{U_m}{l/(\mu S)} = \frac{U_m}{R_m}$$

4. 恒定磁通磁路的计算

在计算恒定磁通磁路时一般应按下列步骤进行：

(1) 按照磁路的材料和截面不同进行分段，把材料和截面相同的算作一段。

(2) 根据磁路尺寸计算出各段截面积 S 和平均长度 l。

5. 交流铁芯线圈

(1) 电压及感应电动势的有效值与主磁通的最大值的关系为

$$U = E = \frac{\omega N \Phi_m}{\sqrt{2}} = \frac{2\pi f N \Phi_m}{\sqrt{2}} = 4.44 f N \Phi_m$$

（2）磁滞和涡流的影响。铁芯的磁滞损耗 P_z 和涡流损耗 P_w（单位为 W）可分别由下式计算：

$$P_z = K_z f B_m^n V$$

$$P_w = K_w f^2 B_m^2 V$$

6. 电磁铁

（1）直流电磁铁。直流电磁铁的励磁电流为直流。可以证明，直流电磁铁的衔铁所受到的吸力（起重力）由下式决定：

$$F = \frac{B_0^2}{2\mu_0} S = \frac{B_0^2}{2 \times 4\pi \times 10^{-7}} S \approx 4B_0^2 S \times 10^5$$

（2）交流电磁铁。交流电磁铁平均吸力 F_{av} 为

$$F_{av} = \frac{1}{T}\int_0^T f(t)\,dt = \frac{1}{T}\int_0^T \frac{B_m^2 S}{2\mu_0}(1 - \cos 2\omega t)\,dt$$

$$= \frac{B_m^2 S}{4\mu_0} \approx 2B_m^2 S \times 10^5$$

最大吸力为

$$F_{max} = \frac{B_m^2 S}{2\mu_0}$$

习　题　八

8-1　穿过磁极极面的磁通 $\Phi = 3.84 \times 10^{-3}$ Wb，磁极的边长为 8 cm，宽为 4 cm，求磁极间的磁感应强度。

8-2　已知电工用硅钢中的 $B = 1.4$ T，$H = 5$ A/cm，求其相对磁导率。

8-3　有一线圈的匝数为 1500，套在铸钢制成的闭合铁芯上，铁芯的截面积为 10 cm^2，长度为 75 cm。

（1）如果要在铁芯中产生 1×10^{-3} Wb 的磁通，线圈中应通入多大的直流电流？

（2）若线圈中通入 2.5 A 的直流电流，则铁芯中的磁通为多大？

8-4　一个交流铁芯线圈接在 220 V、50 Hz 的工频电源上，线圈上的匝数为 733，铁芯截面积为 13 cm^2。

（1）铁芯中的磁通和磁感应强度的最大值各是多少？

（2）若所接电源频率为 100 Hz，其他量不变，磁通和磁感应强度的最大值各是多少？

8-5　一个铁芯线圈接到 $U_s = 100$ V 的工频电源上，铁芯中的磁通最大值 $\Phi_m = 2.25 \times 10^{-3}$ Wb，试求线圈匝数。如将该线圈接到 $U_s = 150$ V 的工频电源上，要保持 Φ_m 不变，试求线圈匝数。

8-6　有一个直流电磁铁，铁芯和衔铁的材料为铸钢，铁芯和衔铁的平均长度为 50 cm，铁芯与衔铁的截面积为 2 cm^2。

（1）气隙长度为 0.6 cm，试求吸力为 19.6 N 时的磁通势。

（2）保持线圈电压不变时，试求吸合后的吸力。

（3）吸合后在线圈中串入一个电阻，使电流减小一半，求吸力。

8-7　一个铁芯线圈在工频时的铁损为 1 kW，且磁滞和涡流损耗各占一半。如频率为 60 Hz，且保持 Bm 不变，则铁损为多少？

8-8　将一个铁芯线圈接到电压 220 V、频率 50 Hz 的工频电源上，其电流为 10 A，$\cos\varphi=0.2$，若不计线圈的电阻和漏磁，试求线圈的铁芯损耗，作出相量图，并求出串联形式的等效电路参数 R_m 及 X_m。

8-9　一个交流铁芯线圈，工作时额定电压为 220 V，铁芯中的磁通接近饱和。如果线圈上所加的电压增加 10%，试问线圈中电流是否也增加 10%？

8-10　试从图 8-2-3 所示的基本磁化曲线上，确定下列情况的 H 值或 B 值：

（1）已知硅钢片的 $B=1.6T$，$H=?$

（2）已知铸钢的 $B=1.6T$，$H=?$

（3）已知硅钢片的 $H=400$ A/m，$B=?$

（4）已知铸钢的 $H=400$ A/m，$B=?$

8-11　扩音机的输出变压器，一次绕组 $N_1=300$ 匝，二次绕组 $N_2=60$ 匝，二次侧接阻抗为 16 Ω 的扬声器，若二次侧改接阻抗为 8 Ω 的扬声器，要求二次侧的等效阻抗保持不变，则这时二次绕组匝数 N_2 应为多少（假设初级绕组匝数不变）！

8-12　如题 8-12 图所示的理想变压器电路，若其变压比为 5：1，求电流 I_1、I_2。

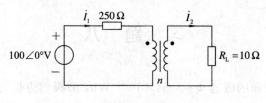

题 8-12 图

选用模块

第九章 非正弦周期信号电路

【学习目标】

• 认识非正弦信号，掌握非正弦信号的分解方法。
• 掌握非正弦周期信号的有效值、平均值、平均功率的计算。
• 掌握非正弦周期信号作用下线性电路的分析方法。

技能训练十八　非正弦周期性电压的研究

1. 训练目的

(1) 观察不同频率正弦电压相加得到周期性非正弦电压。
(2) 研究非正弦周期性电压的有效值与各次谐波电压的有效值的关系。

2. 原理说明

1) 非正弦电压或电流

非正弦电压 $u(t)$ 或电流 $i(t)$，其傅里叶级数展开式的一般形式分别为

$$u(t) = U_0 + \sum_{k=1}^{\infty} U_{km} \sin(k\omega t + \varphi_{uk})$$

$$i(t) = I_0 + \sum_{k=1}^{\infty} I_{km} \sin(k\omega t + \varphi_{ik})$$

它们的有效值可写成

$$U = \sqrt{U_0^2 + U_1^2 + U_2^2 + \cdots}$$

$$I = \sqrt{I_0^2 + I_1^2 + I_2^2 + \cdots}$$

式中，$u_k(t) = U_{km}(k\omega t + \varphi_{uk})$ 为 k 次谐波电压；$i_k(t) = I_{km}(k\omega t + \varphi_{ik})$ 为 k 次谐波电流；U_0 和 I_0 分别为电压 $u(t)$ 和电流 $i(t)$ 的恒定分量；U_k 和 I_k 分别为 k 次谐波电压和电流的有效值。

2) 三倍频率器的组成

取 3 只结构和性能均相同的单相铁芯变压器，按训练图 18-1 接线，即一次绕组接成星形无中线方式，二次绕组接成开口三角形。当其一次边接通工频三相正弦交流电源后，二次边开口三角形端口 c-d 处可以得到一个频率为工频的三倍的正弦电压(或十分接近于正弦的电压)u_3。因此，训练图 18-1 所示实验装置称为"三倍频率器"。

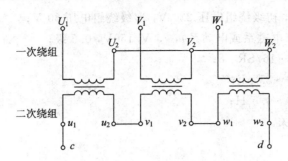

训练图 18-1　三倍频率器的组成

3）不同频率、振幅、初相的正弦波合成的周期性非正弦波

几个不同频率、振幅、初相的正弦波可以合成各种非正弦波。训练图 18-2(a)是初相为零的基波和初相为零的三次谐波合成的波形。训练图 18-2(b)是初相为零的基波和初相为 π 的 3 次谐波合成的波形。可见，若两个相加的正弦波频率和振幅不变而仅仅初相变化，则其合成的波形也大不相同。

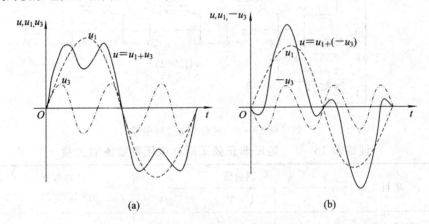

训练图 18-2　不同频率、振幅、初相的正弦波合成非正弦波

4）非正弦周期性电压的分解

采用几个谐振回路可以对非正弦周期性电压进行分解。技能训练采用训练图 18-3 所示的电路。当一个非正弦周期性电压 $u(t)$ 加到分别调谐于基波和各次谐波频率的一系列并联谐振回路上时，把示波器接在各并联谐振回路两端，可以观察到 u 的与并联谐振回路频率对应的基波和各次谐波。

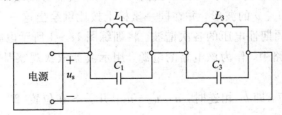

训练图 18-3　用并联谐振回路调谐各次谐波

3. 训练设备

(1) 单相调压器，0～250 V，0.5 kV·A；

(2) 单相变压器，初级绕组电压 220 V，次级绕组电压 50 V；

(3) 交流电压表（电磁系或电动系），75 V/150V，0.5 级；

(4) 示波器，ST-16/SR-8；

(5) 电容器箱，0～25 μF；

(6) 空芯线圈，0～0.5 H；

(7) 双刀双掷开关。

4. 训练内容

(1) 验证非正弦周期性电压的有效值。按训练图 18-4 连接线路，调节单相调压器，使输出电压为 50 V，然后用交流电压表测量电压 U_1、U_3 和 U，将测量数据记入训练表 18-1 中。

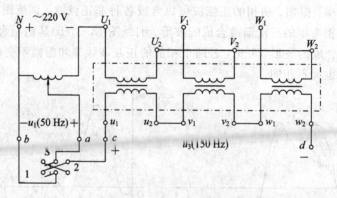

训练图 18-4　观察电压波形电路

训练表 18-1　验证非正弦周期性电压有效值的实验

项目	测量值			计算数据
	U/V	U_1/V	U_3/V	$U=\sqrt{U_0^2+U_1^2+U_2^2+\cdots}$
$u=u_1+u_3$				
$u=u_1+(-u_3)$				

(2) 观察电压波形。

① 按训练图 18-4 连接线路，此时开关 S 在位置"1"。示波器分别接 a-b 端、c-d 端、a-d 端，观察电压 u_1、u_3、u 的波形，并在同一坐标上按比例绘出这三个电压的波形。

② 将训练图 18-4 中的开关 S 由"1"扳向"2"。用示波器分别接 a-b 端、c-d 端、a-d 端，再观察电压 u_1、u_3、u 的波形，并在同一坐标上按比例绘出这三个电压的波形。

(3) 观察非正弦周期性电压的各次谐波。将训练图 18-4 所示电路的输出电压 u_{ad} 接入训练图 18-3 所示电路中，作为该电路的电源，用示波器依次观察基波和三次谐波的电压波形。

开关 S 在位置"1"，即 bc 相连时，$u=u_1+u_3$；开关 S 在位置"2"，即 ac 相连，$u=u_1+(-u_3)$。

5. 训练注意事项

(1) 3 只单相变压器应尽量对称，单相变压器的一次边额定电压应是实验室三相电源线电压的 $1/\sqrt{3}$。

（2）3 只单相变压器的一次绕组接成一定不能有中线的星形，而它的 3 个二次绕组必须按训练图 18-4 所示端钮顺序接成开口三角形。

（3）在训练内容（3）中，分别调节训练图 18-3 中的 L_1 和 L_3，使第一个并联回路谐振于基波频率（即工频），第二个并联谐振回路谐振于三次谐波。若有一个并联回路既不谐振于基波频率又不谐振于三次谐波，则用示波器在该回路两端一定观察不到振幅足够大的基波电压或三次谐波电压。

（4）必须用电磁系电压表或电动系电压表测非正弦交流电压 u 的有效值。

6. 思考题

对观察到的波形进行讨论。

7. 训练报告

（1）完成训练表 18-1 的有效值计算，分析技能训练测量结果，并讨论产生误差的原因。

（2）训练表 18-1 中的计算结果能否加深你对有效值概念的理解？

9.1　非正弦周期信号及其分解

若实际电路中含有非线性元件（如二极管半波整流电路），或者一个电路中同时有几个不同频率的激励共同作用，或者施加于电路的信号为非正弦信号，则电路中有关元件的端部信号不是理想的直流信号和正弦交流信号，而是非正弦信号。本章主要研究非正弦周期信号的相关概念及其在线性电路中的分析方法。

9.1.1　非正弦周期信号

图 9-1-1 是几种常见的非正弦波信号。

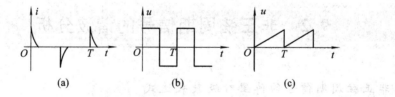

(a)　　　　　　(b)　　　　　　(c)

图 9-1-1　几种常见的非正弦波

从图示波形可以得出，非正弦周期信号是随时间按非正弦规律变化的周期性电压或电流信号。

9.1.2　非正弦周期信号的分解

在介绍非正弦周期信号的分解之前，我们先讨论几个不同频率正弦波的合成问题。设有一个正弦电压 $u_1 = U_{1m} \sin\omega t$，其波形如图 9-1-2(a) 所示。显然，这一波形与同频率方波相差甚远。如果在这个波形上面加上第二个正弦电压波形，其频率是 u_1 的 3 倍，而振幅为 u_1 的 1/3，则表示式为

$$u_2 = U_{1m} \sin\omega t + \frac{1}{3}U_{1m} \sin3\omega t$$

其波形如图 9-1-2(b)所示。如果再加上第三个正弦电压波形，其频率为 u_1 的 5 倍，振幅为 u_1 的 1/5，其表示式为

$$u_3 = U_{1m} \sin\omega t + \frac{1}{3}U_{1m} \sin3\omega t + \frac{1}{5}U_{1m} \sin5\omega t$$

其波形如图 9-1-2(c)所示。照这样继续下去，如果叠加的正弦项有无穷多个，那么它们的合成波形就会与图 9-1-2(d)所示的方波一样。

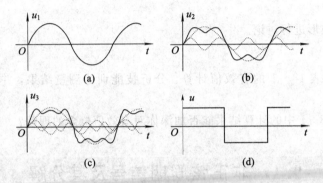

图 9-1-2 方波的合成

图 9-1-2 中，u_1 与方波同频率，称为方波的基波；u_3 的频率是方波的 3 倍，称为方波的三次谐波；u_5 的频率是方波的 5 倍，称为方波的五次谐波。u_1 和 u_3 的合成波显然较接近方波，u_1、u_3 和 u_5 的合成波显然更接近方波。由上述分析可得，如果再叠加上一个 7 次谐波、9 次谐波……直到叠加无穷多个，其最后结果肯定与周期性方波电压的波形相重合。

综上所示，一系列振幅不同、频率成整数倍的正弦波，叠加以后可构成一个非正弦周期波，反之，一个非正弦周期波可以分解成许多频率不同、振幅不同的正弦波之和。

9.2 非正弦周期信号的谐波分析

9.2.1 非正弦周期信号的傅里叶级数表达式

由 9.1 节内容可得：方波信号实际上是由振幅按 1，1/3，1/5…的规律递减，频率按基波频率的 1、3、5…奇数倍递增的 u_1、u_3、u_5 等正弦波的合成波。因此方波电压的谐波展开式可表示为

$$u(t) = U_{1m} \sin\omega t + \frac{1}{3}U_{1m} \sin3\omega t + \frac{1}{5}U_{1m} \sin5\omega t + \cdots$$

谐波展开式从数学的概念上可称为非正弦周期信号的傅里叶级数表达式。同理，所有非正弦周期信号均可用傅里叶级数表示，都是由一系列正弦谐波合成而得的。所不同的是，不同的非正弦周期信号波各自所包含的谐波成分各不相同。表 9-2-1 给出了一些典型非正弦周期信号的傅里叶级数表达式。

寻找一个已知非正弦周期波所包含的谐波，并把它们用傅里叶级数进行表达的过程，称为谐波分析。

表 9 - 2 - 1 典型非正弦周期信号的傅里叶级数表达式

名称	函数的波形	傅里叶级数	有效值	平均值
正弦波		$f(t) = A_m \sin\omega t$	$\dfrac{A_m}{\sqrt{2}}$	$\dfrac{2A_m}{\pi}$
半波整流波		$f(t) = \dfrac{2}{\pi}A_m\left(\dfrac{1}{2} + \dfrac{\pi}{4}\cos\omega t \right.$ $+ \dfrac{1}{1\times 3}\cos 2\omega t - \dfrac{1}{3\times 5}\cos 4\omega t$ $\left. + \dfrac{1}{5\times 7}\cos 6\omega t - \cdots \right)$	$\dfrac{A_m}{2}$	$\dfrac{A_m}{\pi}$
全波整流波		$f(t) = \dfrac{4}{\pi}A_m\left(\dfrac{1}{2} + \dfrac{1}{1\times 3}\cos 2\omega t - \dfrac{1}{3\times 5}\right.$ $\left. \cos 4\omega t + \dfrac{1}{5\times 7}\cos 6\omega t - \cdots \right)$	$\dfrac{A_m}{\sqrt{2}}$	$\dfrac{2A_m}{\pi}$
矩形波		$f(t) = \dfrac{4A_m}{\pi}\left(\sin\omega t + \dfrac{1}{3}\sin 3\omega t + \dfrac{1}{5}\right.$ $\left. \sin 5\omega t + \cdots + \dfrac{1}{k}\sin k\omega t + \cdots \right)$ （k 为奇数）	A_m	A_m
锯齿波		$f(t) = A_m\left[\dfrac{1}{2} - \dfrac{1}{\pi}\left(\sin\omega t + \dfrac{1}{2}\sin 2\omega t \right.\right.$ $\left.\left. + \dfrac{1}{3}\sin 3\omega t + \cdots \right)\right]$	$\dfrac{A_m}{\sqrt{3}}$	$\dfrac{A_m}{2}$
梯形波		$f(t) = \dfrac{4A_m}{\omega t_0 \pi}\left(\sin\omega t_0 \sin\omega t + \dfrac{1}{9}\sin 3\omega t_0 \right.$ $\sin 3\omega t + \dfrac{1}{25}\sin 5\omega t_0 \sin 5\omega t + \cdots$ $\left. + \dfrac{1}{k^2}\sin k\omega t_0 \sin\omega t + \cdots \right)$ （k 为奇数）	$A_m\sqrt{1 - \dfrac{4\omega t_0}{3\pi}}$	$A_m\left(1 - \dfrac{\omega t_0}{\pi}\right)$
三角波		$f(t) = \dfrac{8A_m}{\pi^2}\left[\sin\omega t - \dfrac{1}{9}\sin 3\omega t + \right.$ $\dfrac{1}{25}\sin 5\omega t - \cdots + \dfrac{(-1)^{\frac{k-1}{2}}}{k^2}$ $\left. \sin k\omega t + \cdots \right]$ （k 为奇数）	$\dfrac{A_m}{\sqrt{3}}$	$\dfrac{A_m}{2}$

9.2.2 非正弦周期信号的频谱

1. 振幅频谱图

非正弦周期信号各次谐波振幅分别用线段表示在坐标系中，所构成的图形称为振幅频谱图。如图 9-2-1 所示，以谐波角频率 $k\omega$ 为横坐标，每条谱线的高度代表该频率谐波的振幅。在各谐波角频率所对应的点上作出的一条条垂直的线叫作谱线。将各谱线的顶点连接起来的曲线（一般用虚线表示）称为振幅包络线。显然，频谱图可以非常直观地表示出非正弦周期信号所包含的谐波以及各次谐波所占的"比重"。

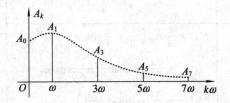

图 9-2-1　振幅频谱图

【例 9-1】　图 9-2-2(a) 为电视机和示波器扫描电路中常用的锯齿波，试画出其振幅频谱图。

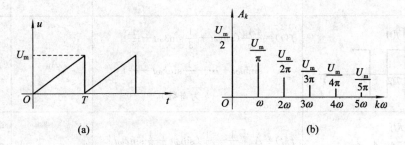

图 9-2-2　例 9-1 图

解　查表 9-2-1，可得锯齿波电压的傅里叶级数展开式为

$$u(t) = \frac{U_m}{2} - \frac{U_m}{\pi}\left(\sin\omega t + \frac{1}{2}\sin2\omega t + \frac{1}{3}\sin3\omega t + \cdots\right)$$

根据上式可以画出其频谱图如图 9-2-2(b) 所示。

2. 周期信号的频谱特性

（1）频谱由一系列不连续的谱线组成。

（2）相邻两条谱线之间的间隔是基波频率 ω，谱线的这种性质称为谱波特性。

（3）各谱线的高度随着谐波频率的增加，总的趋势是逐渐减小的。

（4）如果脉冲的周期 T 不变，脉冲的持续时间 τ 减小，即脉冲变窄，则振幅频谱的收敛速度将变慢。

（5）如果脉冲的持续时间 τ 不变而周期 T 增大，则谱线将变密。

9.3　非正弦周期信号的有效值、平均值和平均功率

1. 非正弦周期信号的有效值

非正弦周期信号的有效值的定义与正弦交流信号的有效值的定义完全相同：与非正弦周期信号热效应相同的直流电的数值，称为该非正弦周期函数的有效值。

实验和理论都可以证明，非正弦周期量的有效值为

$$\begin{cases} I = \sqrt{I_0{}^2 + I_1{}^2 + I_2{}^2 + \cdots} \\ U = \sqrt{U_0{}^2 + U_1{}^2 + U_2{}^2 + \cdots} \end{cases} \tag{9-3-1}$$

即非正弦周期量的有效值等于它的各次谐波有效值平方和的开方。

2. 非正弦周期信号的平均值

非正弦周期信号的平均值要按一个周期进行计算。若非正弦周期信号为奇函数，其平均值一定为零；若为偶谐波函数，其平均值一定为正值。

理论和实践都可以证明，非正弦量的平均值为

$$f_{\text{av}} = \frac{1}{T} \int_0^T |f(t)| \, \mathrm{d}t \tag{9-3-2}$$

显然，非正弦周期信号的平均值在数值上就等于它的傅里叶级数表达式中的零次谐波（即直流分量）。

3. 非正弦周期信号的平均功率

非正弦周期信号通过负载时也要消耗功率，此功率与非正弦量的各次谐波有关，即

$$P = U_0 I_0 + U_1 I_1 \sin\varphi_1 + U_2 I_2 \sin\varphi_2 + \cdots = P_0 + P_1 + P_2 + \cdots \tag{9-3-3}$$

必须注意：只有同频率的谐波电压和电流才能构成平均功率，不同频率的谐波电压和电流不能构成平均功率。

【例 9-2】　流过 10 Ω 电阻的电流为 $i = 10 + 28.28 \sin t + 14.14 \sin 2t$ A，求其消耗的平均功率。

解
$$P = P_0 + P_1 + P_2 = I_0^2 R + I_1^2 R + I_2^2 R = R(I_0^2 + I_1^2 + I_2^2)$$
$$= 10 \times \left[10^2 + \left(\frac{28.28}{\sqrt{2}}\right)^2 + \left(\frac{14.14}{\sqrt{2}}\right)^2 \right] = 6000 \text{ W}$$

【例 9-3】　某二端网络的电压和电流分别为
$$u = 100 \sin(\omega t + 30°) + 50 \sin(3\omega t + 60°) + 25 \sin 5\omega t$$
$$i = 10 \sin(\omega t - 30°) + 5 \sin(3\omega t + 30°) + 2 \sin(5\omega t - 30°)$$

求二端网络吸收的功率。

解　基波功率：
$$P_1 = U_1 I_1 \cos\varphi_1 = \frac{100}{\sqrt{2}} \times \frac{10}{\sqrt{2}} \cos 60° = 250 \text{ W}$$

三次谐波功率：

$$P_3 = U_3 I_3 \cos\varphi_3 = \frac{50}{\sqrt{2}} \times \frac{5}{\sqrt{2}} \cos30° = 108.2 \text{ W}$$

五次谐波功率：

$$P_5 = U_5 I_5 \cos\varphi_5 = \frac{25}{\sqrt{2}} \times \frac{2}{\sqrt{2}} \cos30° = 21.6 \text{ W}$$

因此，总的平均功率为

$$P = P_1 + P_3 + P_5 = 250 + 108.2 + 21.6 = 379.8 \text{ W}$$

9.4 非正弦周期电压作用下的线性电路的分析计算

把傅里叶级数、直流电路、交流电路的分析和计算方法以及叠加原理应用于非正弦的周期电路中，就可以对非正弦周期电压作用的电路进行分析和计算。

具体步骤如下：

（1）把给定的非正弦输入信号分解成直流分量和各次谐波分量，并根据精度的具体要求取前几项。

（2）当直流分量单独作用时，电容元件按开路处理，电感元件则要按短路处理，计算各谐波分量单独作用于电路的电压和电流时，要注意电容和电感对各次谐波表现出来的感抗和容抗的不同。对于 k 次谐波有

$$X_{kL} = k\omega L$$

$$X_{kC} = \frac{1}{k\omega C}$$

（3）应用线性电路的叠加原理，将各次谐波作用下的电压或电流的瞬时值进行叠加。应注意的是，由于各次谐波的频率不同，不能用相量形式进行叠加。

【例 9-4】 图 9-4-1(a)所示的矩形脉冲作用于图 9-4-1(b)所示的 RLC 串联电路，若矩形脉冲的幅度为 100 V，周期为 1 ms，电阻 $R = 10~\Omega$，电感 $L = 10$ mH，电容 $C = 5$ F，求电路中的电流 i 及平均功率。

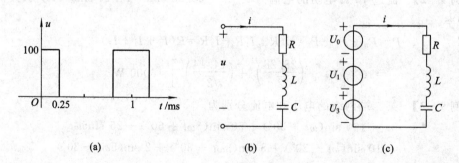

图 9-4-1 例 9-4 图

解 查表 9-2-1 可得矩形脉冲电压的傅里叶级数表达式为

$$u = 50 + \frac{200}{\pi}\left(\cos\omega t - \frac{1}{3}\cos3\omega t + \cdots\right)$$

$$\omega = \frac{2\pi}{T} = 2\pi \times 10^3 \text{ rad/s}$$

其中,基波频率为 ω,若取前 3 次谐波,其等效电路如图 9-4-1(c) 所示。

(1) 直流分量 $u_0 = 50$ V,则 $U_0 = 50$ V,该直流电压作用于如图 9-4-1(c) 所示的电路时,电感相当于短路,电容相当于开路,故 $i_0 = 0$。

(2) 基波分量:

$$u_1 = -\frac{200}{\pi}\cos\omega t = 63.7\sin(\omega t + 90°) \text{V}$$

$$\dot{U}_{1m} = 63.7\angle 90° \text{V}$$

$$Z_1 = R + j\left(\omega L - \frac{1}{\omega C}\right)$$

$$= 10 + j\left(2\pi \times 10^3 \times 10 \times 10^3 - \frac{10^6}{2\pi \times 10^3 \times 5}\right)$$

$$= 10 + j(62.8 - 31.8) = 10 + j31 = 32.6\angle 72.1° \ \Omega$$

$$\dot{I}_{1m} = \frac{\dot{U}_{3m}}{Z_3} = \frac{63.7\angle -90°}{32.6\angle 72.1°} = 1.95\angle 17.9° \text{A}$$

$$i_1 = 1.95\sin(\omega t + 17.9°) = 1.95\cos(\omega t - 72.1°) \text{A}$$

(3) 三次谐波分量:

$$u_3 = -\frac{200}{3\pi}\cos 3\omega t = 21.2\sin(3\omega t - 90°) \text{V}$$

$$U_{3m} = 21.2\angle 90° \text{V}$$

$$Z_3 = R + j\left(3\omega L - \frac{1}{3\omega C}\right)$$

$$= 10 + j\left(3 \times 2\pi \times 10 \times 10^{-3} - \frac{10^6}{3 \times 2\pi \times 10^3 \times 5}\right)$$

$$= 10 + j177.8 = 178.1\angle 86.8° \ \Omega$$

$$\dot{I}_{3m} = \frac{\dot{U}_{3m}}{Z_3} = \frac{21.2\angle 90°}{178.1\angle 86.8°} = 0.12\cos(3\omega t + 93.2°) \text{A}$$

$$i_3 = 0.12\cos(3\omega t + 93.2°) \text{A}$$

(4) 将各次谐波分量的瞬时值叠加得

$$i = i_0 + i_1 + i_3 = 1.95\cos(\omega t - 72.1°) + 0.12\cos(3\omega t + 93.2°) \text{A}$$

(5) 电路中的平均功率为

$$P = U_1 I_1 \cos\varphi_1 + U_3 I_3 \cos\varphi_3$$

$$= \frac{63.7}{\sqrt{2}} \times \frac{1.95}{\sqrt{2}}\cos 72.1° + \frac{21.2}{\sqrt{2}} \times \frac{0.12}{\sqrt{2}}\cos 86.8° = 19.2 \text{ W}$$

【例 9-5】 为了减小整流器输出电压的纹波,使其更接近直流,常在整流的输出端与负载电阻 R 间接有 LC 滤波器,其电路如图 9-4-2(a) 所示。若已知 $R = 1$ kΩ,$L = 5$ H,$C = 30$ μF,输入电压 u 的波形如图 9-4-2(b) 所示,其中振幅 $U_m = 157$ V,基波角频率 $\omega = 314$ rad/s,求输出电压 u_R。

解 查表 9-2-1,可得电压 u 的傅里叶级数为

$$u = \frac{4U_m}{\pi}\left(\frac{1}{2} + \frac{1}{3}\cos 2\omega t - \frac{1}{15}\cos 4\omega t + \cdots\right)$$

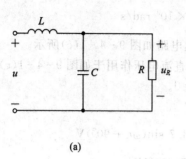
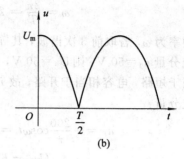

(a)　　　　　　　　　　　　　(b)

图 9 - 4 - 2　例 9 - 5 图

取到四次谐波,并代入 $U_m = 157$ V 得

$$u = 100 + 66.7\cos 2\omega t - 13.34\omega t \text{ V}$$

(1) 求直流分量。对于直流分量,电感相当于短路,电容相当于开路,故 $U_{0R} = 100$ V。

(2) 求二次谐波分量:

$$Z_2 = j2\omega L + \frac{R(-jX_C)}{R - jX_C} = j3140 + 53\angle -87° = 3087.1\angle 89.95°$$

$$\dot{U}_{2mR} = \frac{\dot{U}_{2m}}{Z_2} \times \frac{R(-jX_C)}{R - jX_C} = \frac{66.7\angle 90°}{3087.1\angle 89.95°} \times 53\angle -87° = 1.15\angle -87.5°$$

$$u_{2R} = 1.15\sin(2\omega t - 87.5°)\text{V}$$

(3) 求四次谐波分量:

$$Z_4 = j4\omega L + \frac{R\left(-j\dfrac{1}{4\omega C}\right)}{R - j\dfrac{1}{4\omega C}} = j6280 + 26.5\angle -88.5° = 6253.5\angle 90°\,\Omega$$

$$\dot{U}_{4mR} = \frac{\dot{U}_{4m}}{4} \times \frac{R\left(-j\dfrac{1}{4\omega C}\right)}{R - j\dfrac{1}{4\omega C}} = \frac{13.3\angle -90°}{6253.5\angle 90°} \times 26.5\angle -88.5°$$

$$= 0.056\angle 91.5°$$

$$u_{4R} = 0.056\sin(4\omega t + 91.5°)\text{V}$$

(4) 输出电压为

$$u_R = 100 + 1.15\sin(2\omega t - 87.5°) + 0.056\sin(4\omega t - 91.5°)\text{V}$$

比较本例题的输入电压和输出电压可看到,二次谐波分量由原本占直流分量的66.7%减小到1.15%,四次谐波分量由原本占直流分量的13.3%减小到0.056%。因此,输入电压 u 经过 LC 滤波后,高次谐波分量受到抑制,负载两端得到较平稳的输出电压。

本 章 小 结

(1) 非正弦的周期信号一般包含有直流分量、基波分量和高次谐波分量。其表示式为傅里叶级数。

(2) 非正弦周期信号还可以用频谱图来表示。所谓频谱图,就是用谱线表示各次谐波的振幅和相位，然后把这些线段由高到低依次排列起来。

（3）非正弦周期信号有效值的定义与正弦信号有效值的定义相同，即

$$I = \sqrt{\frac{1}{T}\int_0^T i^2 \, \mathrm{d}t}$$

$$U = \sqrt{\frac{1}{T}\int_0^T u^2 \, \mathrm{d}t}$$

它们与各次谐波分量有效值的关系为

$$I = \sqrt{I_0^2 + I_1^2 + \cdots + I_k^2 + \cdots}$$

$$U = \sqrt{U_0^2 + U_1^2 + \cdots + U_k^2 + \cdots}$$

非正弦交流电路的平均值指一个周期内该信号绝对值的平均值。其定义为

$$I_{\mathrm{av}} = \frac{1}{T}\int_0^T |i| \, \mathrm{d}t$$

$$U_{\mathrm{av}} = \frac{1}{T}\int_0^T |u| \, \mathrm{d}t$$

非正弦交流电路的平均功率的定义也与正弦交流电路的平均功率的定义相同，都表示瞬时功率在一个周期内的平均值。其定义为

$$P = \frac{1}{T}\int_0^T p \, \mathrm{d}t = \frac{1}{T}ui\,\mathrm{d}t$$

它与各次谐波功率之间的关系为

$$P = P_0 + P_1 + P_2 + \cdots + P_k + \cdots$$
$$= U_0 I_0 + U_1 I_1 \cos\varphi_1 + U_2 I_2 \cos\varphi_2 + \cdots + U_k I_k \cos\varphi_k + \cdots$$

（4）非正弦交流电路的计算，实际上是应用了线性电路的叠加原理，并借助于直流及交流电路的计算方法，其步骤如下：

① 将非正弦信号分解成傅里叶级数。

② 计算直流分量和各次谐波分量分别作用于电路时的电压和电流响应。但要注意感抗和容抗在不同谐波的表现不同。

③ 将各次谐波的电压和电流响应用瞬时值表示后再叠加。

习　题　九

9-1　电路中产生非正弦波的原因是什么？举例说明。

9-2　稳恒直流电和正弦交流电有谐波吗？什么样的波形才具有谐波？

9-3　"只要电源是正弦的，电路中各部分的响应也一定是正弦波"。这种说法对吗？

9-4　非正弦周期量的有效值和平均值如何计算？

9-5　不同频率的电压、电流能否作用后产生平均功率？

9-6　零次谐波单独作用下电感和电容分别作何处理？不同正弦谐波下 L 和 C 上的电抗相同吗？

9-7　非正弦周期电流电路的分析计算中应注意哪些问题？

9-8　题 9-8 图所示电路中，已知 $f = 50$ Hz，且

$$u_s(t) = 40 + 180 \sin\omega t + 60 \sin(3\omega t + 45°) + 20 \sin(5\omega t + 180°)$$

求 i 和电流有效值 I。

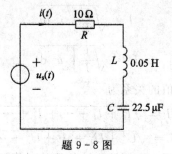

题 9 - 8 图

第十章 二端口网络

【学习目标】

- 掌握二端口网络的概念。
- 认识二端口网络的基本方程和参数。
- 掌握二端口网络的输入阻抗、输出阻抗和传输常数等概念。

技能训练十九 二端口网络参数的测定

1. 训练目的

(1) 加深理解二端口网络的基本理论。

(2) 掌握直流二端口网络的传输参数和混合参数的测量方法。

(3) 验证互易二端口的互易条件和对称互易双口的对称条件。

2. 原理说明

1) 二端口网络的基本理论

在大型电路分析中,对任何一个"大"网络,可以将其分解为两个单口网络,也可以根据需要将其拆分为两个单口网络和一个二端口网络。对二端口网络来说,它的每一个端口都只有一个电流变量和一个电压变量。在电路参数未知的情况下,我们可以通过实验测定方法,求取一个极其简单的等值二端口电路来替代原二端口网络,此即"黑盒理论"的基本内容。

2) 二端口网络的参数方程

对于训练图 19-1 所示的无源二端口网络,四个电压、电流变量之间的关系可以用多种形式的参数方程来表示。本训练只研究传输参数方程和混合参数方程。

训练图 19-1 二端口网络电压、电流测定

(1) 传输(T)参数方程。以出口变量 U_2、I_2 为自变量,入口变量 U_1、I_1 为应变量,采用关联参考方向,可以列出传输型参数方程:

$$U_1 = AU_2 - BI_2$$
$$I_1 = CU_2 - DI_2$$

式中，A、B、C、D 为双口网络的 T 参数。

（2）混合（H）参数方程。以入口电流 I_1 和出口电压 U_2 为自变量，入口电压 U_1 和出口电流 I_2 为应变量的混合型参数方程为

$$U_1 = H_{11}I_1 + H_{12}U_2$$
$$I_2 = H_{21}I_1 + H_{22}U_2$$

式中，H_{11}、H_{12}、H_{21} 和 H_{22} 为双口网络的 H 参数。

3）二端口网络参数的测试

（1）同时测量法。同时测量法测量传输方程的 4 个 T 参数为

$$A = \frac{U_1}{U_2}\bigg|_{I_2=0} \qquad\qquad B = \frac{U_1}{I_2}\bigg|_{U_2=0}$$

$$C = \frac{I_1}{U_2}\bigg|_{I_2=0} \qquad\qquad D = \frac{I_1}{I_2}\bigg|_{U_2=0}$$

在输入端加电压、输出端开路（$I_2 = 0$）或短路（$U_2 = 0$）的情况下，在输入口加上电压，同时测量两个端口的电压和电流值，即可求出 4 个 T 参数，这种方法称为同时测量法。

（2）混合测量法。混合测量法测量混合型参数方程中的 4 个 H 参数为

$$H_{11} = \frac{U_1}{I_1}\bigg|_{U_2=0} \qquad\qquad H_{12} = \frac{U_1}{U_2}\bigg|_{I_1=0}$$

$$H_{21} = \frac{I_2}{I_1}\bigg|_{U_2=0} \qquad\qquad H_{22} = \frac{I_2}{U_2}\bigg|_{I_1=0}$$

在输入端加电压，输出端短路（$U_2 = 0$）的情况下，测出 U_1、I_1 和 I_2，再在输出端加电压，输入端开路（$I_1 = 0$）的情况下，测出 U_2、I_2 和 U_1，通过计算得出 H 参数，这种方法称为混合测量法。

（3）分别测量法。在测量远距离输电线构成的二端口网络的参数时，采用同时测量法或混合测量法就很不方便，这时可采用分别测量法。

在输入端加电压，输出端开路和短路的情况下，测量输入端的电压和电流，可得：

$$R_{10} = \frac{U_1}{I_1}\bigg|_{I_2=0} = \frac{A}{C} \qquad\qquad R_{1s} = \frac{U_1}{I_1}\bigg|_{U_2=0} = \frac{B}{D}$$

在输出端加电后，输入端开路和短路时，测量输出端的电压和电流，可得：

$$R_{20} = \frac{U_2}{I_2}\bigg|_{I_2=0} = \frac{D}{C} \qquad\qquad R_{2s} = \frac{U_2}{I_2}\bigg|_{U_1=0} = \frac{B}{A}$$

R_{10}、R_{1s}、R_{20}、R_{2s} 分别表示一端口开路和短路时另一端口的等效输入电阻。

4）互易二端口网络和对称二端口网络

（1）我们把只含有 R、L 和 C 的无源二端口网络定义为互易二端口，含受控源的二端口通常是非互易的。训练图 19 - 2 所示电路为互易 T 形二端口网络。

根据互易定理可知，互易二端口的任一组参数中只有三个是独立的。

互易条件：

$$\Delta_{\mathrm{T}} = AD - BC = 1 \quad\text{或}\quad h_{21} = -h_{12}$$

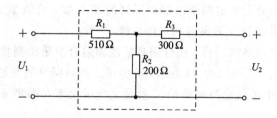

训练图 19-2 互易 T 形二端口网络

(2) 如果一个互易网络的两个端口可以交换而端口电压、电流的数值不变，这个网络便是对称的。训练图 19-3 所示电路为对称互易 π 形网络。对称二端口的任一组参数中只有两个是独立的，除了满足互易条件以外，还满足对称条件：

$$A = D \quad 或 \quad \Delta_H = H_{11}H_{22} + H_{12}^2 = 1$$

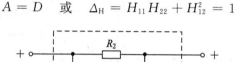
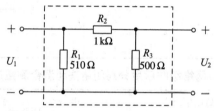

训练图 19-3 对称互易 π 形网络

5）二端口网络的级联

由电路分析理论可知，两个二端口可以进行互联（串联、并联和级联），互联后的网络仍为二端口网络。本实验只研究两个二端口的级联，即一个二端口网络的输出与另一个二端口网络的输入口相连。

级联后的二端口网络的传输参数与两个子二端口网络的传输参数之间的关系可用矩阵表示为

$$T = T_a \cdot T_b = \begin{bmatrix} A_1 & B_1 \\ C_1 & D_1 \end{bmatrix} \begin{bmatrix} A_2 & B_2 \\ C_2 & D_2 \end{bmatrix} = \begin{bmatrix} A & B \\ C & D \end{bmatrix}$$

即

$$A = A_1 A_2 + B_1 C_2 \qquad B = A_1 B_2 + B_1 D_2$$
$$C = C_1 A_2 + D_1 C_2 \qquad D = C_1 B_2 + D_1 D_2$$

3. 训练设备

（1）可调直流稳压电源；

（2）直流数字电压表；

（3）直流数字毫安表；

（4）二端口网络实验电路板。

4. 训练内容

本实验的两个二端口网络分别如训练图 19-2 和训练图 19-3 所示，可根据自己使用的二端口网络技能训练电路板选择其中的一组。电源采用直流稳压电源，输出电压调至 12 V。

（1）用同时测量法分别测定两个二端口网络的 T 参数，将数据记入训练表 19-1 中，列出它们的传输方程并验证互易条件和对称条件。

（2）将两个二端口网络级联后，用分别测量法和混合测量法测量级联后的二端口网络的 4 个 T 参数 A、B、C、D 和 4 个 H 参数，并验证二端口网络的互易条件以及级联后二端口网络的 T 参数与两个子二端口网络的 T 参数之间的关系，将测量数据和计算结果记入训练表 19-2 中。

训练表 19-1　两个二端口网络的 T 参数

电路状态		测量值				计算值				验证
		U_1	I_1	U_2	I_2	A	B	C	D	ΔT
网络Ⅰ 输出端	开路				0					
	短路			0						
网络Ⅱ 输出端	开路				0					
	短路			0						

训练表 19-2　两个二端口网络级联后用分别测量法和混合测量法测量的 T 参数和 H 参数

电路状态		测量值				计算值			验证
		U_1	I_1	U_2	I_2				
输出端	开路				0	$R_{10}=$	$A=$	H_{11}	ΔT
	短路			0		$R_{1s}=$	$B=$	H_{12}	
输出端	开路		0			$R_{20}=$	$C=$	H_{21}	$H_{12}+H_{21}$
	短路	0				$R_{2s}=$	$D=$	H_{22}	

5．训练注意事项

（1）用电流数字毫安表测量电流时，要注意判别毫安表的极性，选取合适的量程（根据所给的电路参数，估算电流表量程）。

（2）两个二端口网络级联时，应将一个二端口网络的输出端与另一个二端口网络的输入端连接。

（3）电流插头与插孔的接触要好，否则会影响测试结果。

6．思考题

（1）试述二端口网络同时测量法、混合测量法及分别测量法的测量步骤、优缺点及其适用情况。

（2）本训练方法可否用于交流二端口网络的测定？

（3）互易二端口网络的互易条件是什么？对称互易二端口网络的对称条件是什么？

7．训练报告

（1）根据测量数据和计算方法，分析有效位数的取舍对计算结果产生的误差。

（2）根据所求参数，分别列写三个网络的 T 参数方程和 H 参数方程。

（3）验证级联后等效二端口网络的传输参数与级联的两个二端口网络传输参数之间的

关系。

（4）由测得的参数判别本实验网络是否是互易网络和对称网络。

（5）总结、归纳二端口网络的测试技术。

技能训练二十 负阻抗变换器及其应用

1. 训练目的

（1）加深对负阻抗器件的认识，了解负阻抗变换器的组成原理及其应用。

（2）学习和掌握负阻抗变换器的基本特性和测试方法。

（3）进一步研究和观测二阶电路的无阻尼和负阻尼响应波形。

2. 原理说明

1）负阻抗变换器的组成原理

负阻抗变换器是一种有源二端口器件，可以由线性集成电路或晶体管等元件组成。负阻抗变换器根据有源网络输入电压、电流与输出电压、电流的关系，可分为电流倒置型（INIC）和电压倒置型（VNIC）两种。本技能训练用线性用运算放大器组成如训练图 20-1（a）所示的负阻抗变换器，在一定的电压、电流范围内可获得良好的线性度，其电路符号如训练图 20-1（b）所示。

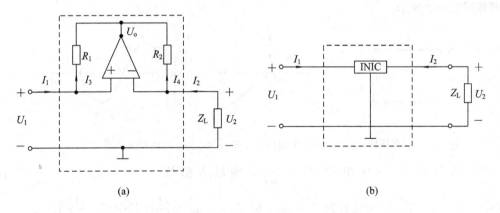

训练图 20-1 用运放构成的负阻抗变换器及电路符号

在理想情况下，运放的两个输入端为虚短路，输入阻抗为无穷大，则有

$$U_+ = U_-$$

即

$$U_1 = U_2$$

又因为

$$I_+ = I_-$$

因此

$$I_1 = I_3,\ I_2 = I_4$$

运放的输出电压

$$U_o = U_1 - I_3 R_1 = U_2 - I_4 R_2$$

因此

$$I_3 R_1 = I_4 R_2$$

即

$$I_1 R_1 = I_2 R_2$$

根据训练图 20-1(a)所示参考方向可知

$$I_2 = -\frac{U_2}{Z_L}$$

因此，电路激励端的输入阻抗：

$$Z_i = \frac{U_1}{I_1} = \frac{U_2}{\dfrac{R_2}{R_1} \cdot I_2} = -\frac{R_1}{R_2} Z_L$$

可见，当负载端接入任意一个无源阻抗元件 Z_L 时，在激励端就等效为一个负的阻抗元件，简称负阻元件。

在实验中，令 $R_1 = R_2 = R$，则负阻抗变换器的电压、电流及阻抗关系为

$$U_2 = U_1, \quad I_2 = I_1, \quad Z_i = -Z_L$$

2）负阻抗变换器的性质

（1）若负载 Z_L 为纯电阻 R，则激励端为一负电阻 $Z_i = -R$，其特性曲线是一条过原点且处于 II、IV 象限的直线，若输入信号 U_1 为正弦波，则输入电流 I_1 与电压 U_1 相位相反，如训练图 20-2 所示。

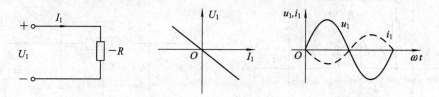

训练图 20-2　纯负电阻的伏安特性和电压、电流相位关系

（2）若负载 Z_L 为纯电容 $Z_L = \dfrac{1}{j\omega C}$，则输入阻抗 $Z_i = -Z_L = -\dfrac{1}{j\omega C} = j\omega L$ $\left(\text{其中 } L = \dfrac{1}{\omega^2 C}\right)$；若 Z_L 为纯电感 $Z_L = j\omega L$，则 $Z_{in} = -j\omega L = \dfrac{1}{j\omega C}\left(\text{其中 } C = \dfrac{1}{\omega^2 L}\right)$。

（3）负阻元件与普通无源 RLC 元件 Z' 串联或并联时，其等值阻抗的计算方法与无源元件的串、并联计算形式相同，即

$$Z_串 = -Z + Z'$$

$$Z_并 = \frac{-Z \cdot Z'}{-Z + Z'}$$

3）负阻抗变换器的应用

（1）与直流稳压电源串联构成负内阻电压源，电路如训练图 20-3(a)所示。

负载端为等效负内阻电压源的输出端，由于运放的同相、反相输入端之间为虚短路，即 $U_1 = U_2$，根据训练图 20-3(a)中 I_1 和 I_2 的参考方向及电路参数，有 $I_2 = -I_1$，故输出电压为

$$U_2 = U_1 = U_s - I_1 R_1 = U_s + I_2 R_1$$

显然该电压源的内阻 $R_s = -R_1$，其输出端电压 U_2 随输出电流 I_2 的增加而增大，其等效电路和伏安特性曲线如训练图 20-3(b)和(c)所示。

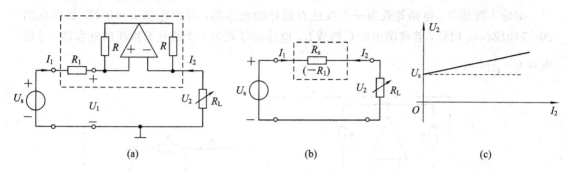

(a)　　　　　　　　(b)　　　　　　　　(c)

训练图 20-3　负内阻电压源及其伏安特性

（2）与方波电源串联组成负内阻方波激励源。把该激励源与 RLC 串联电路的输入端相连，如训练图 20-4(a)所示，其等效电路如训练图 20-4(b)所示。

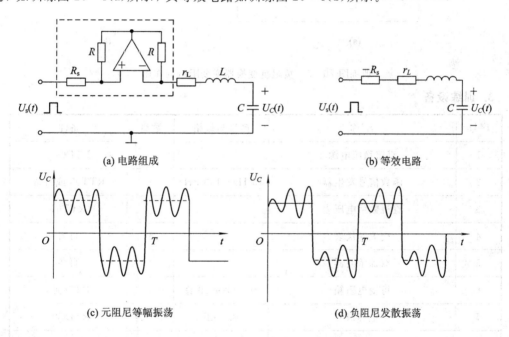

(a) 电路组成　　　　　　　　(b) 等效电路

(c) 元阻尼等幅振荡　　　　　　　　(d) 负阻尼发散振荡

训练图 20-4　负内阻方法激励的 RLC 串联电路

一般二阶动态电路的方波激励由于电感器内阻 r_L 不可能小于等于零，因此只能观察到过阻尼、临界阻尼和欠阻尼三种响应类型形式。若采用具有负内阻的方波电源作激励，由于电源负内阻$(-R_s)$可以和电感器的内阻 r_L 相抵消，使电路总电阻小于等于 0，则可以出现无阻尼等幅振荡和负阻尼发散振荡的情况，如训练图 20-4(c)和(d)所示。

（3）用负阻抗变换器可以起到逆变阻抗的作用，即可实现容性阻抗和感性阻抗的互换。电路如训练图 20-5(a)所示，输入端等效阻抗 Z_i 可视为 R 与负阻元件$-\left(R + \dfrac{1}{j\omega C}\right)$相并联的结果，即

$$Z_{in} = \frac{-\left(R + \dfrac{1}{j\omega C}\right)R}{-\left(R + \dfrac{1}{j\omega C} + R\right)} = R + j\omega CR^2$$

对输入端而言，电路等效为一个线性有损耗的电感器，等值电感 $L = R^2 C$，如训练图 20-5(b)所示。同样，若将图中的 C 换成 L，电路就等效为一个线性有损耗的电容器，等值电容 $C = \dfrac{L}{R^2}$。

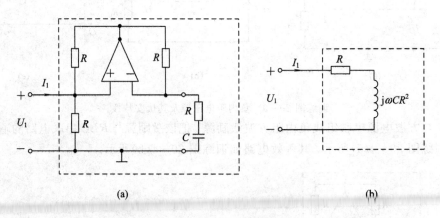

(a)　　　　　　　　　　　　　　　　　(b)

训练图 20-5　负阻抗变换器逆变阻抗的作用

3. 训练设备

序号	名　称	型号与规格	数量	备注
1	直流稳压电源		1	RTDG01
2	函数信号发生器	15 Hz～150 kHz	1	RTT05 或自备
3	直流数字电压表		1	RTT01
4	交流毫伏表		1	自备
5	双踪示波器		1	自备
6	可变电阻箱	0～99999.9 Ω	1	RTDG08
7	电容值	0.1 μF	1	RTDG03
8	电阻	100 mH	1	RTDG03
9	负阻抗变换器实验电路板	1 kΩ	3	RTDG03

4. 训练内容

1) 测算等值负阻

实验线路如训练图 20-6 所示，取 $R_L = 200$ Ω，R_1 为可调电阻箱，将直流稳压电源的输出 U_1 调至 1.5 V，改变 R_1 的阻值，测出相应的 U_1、I_1 值，并计算负电阻阻值，将数据记入训练表 20-1 中。

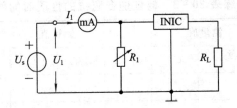

训练图 20 - 6　测量等值负载

训练表 20 - 1　测算等值负阻时的数据

R_1/Ω		∞	5000	1000	750	500	250	180	120
U_1/V									
I_1/Ma									
R/Ω	理论值								
	测算值								

2）测量负内阻电压源的伏安特性

参照训练图 20 - 3(a)所示的实验线路，$R_1=200\ \Omega$，$U_1=1.5\ V$，负载 R_L 从 ∞ 减到 200 Ω，测量负内阻电压源的输出电压 U_2 和负载电流 I_2，将数据记入训练表 20 - 2 中，并作伏安特性曲线 $U_2=f(I_2)$。

训练表 20 - 2　测量负内阻电压源的伏安特性时的数据

R_L/Ω	
U_2/V	
I_2/mA	

3）验证逆变阻抗的性质

按训练图 20 - 7 接线，U_s 接正弦信号源，用毫伏表测取 $U_s=1\ V$，$f=1\ kHz$，R_s 为电流取样电阻，分别取 $R_L=1\ k\Omega$，$C=0.1\ \mu F$ 和 $R_L=1\ k\Omega$，$L=0.1\ H$ 接入电路，测量 R_s、R_1 两端的电压 U_{R_s} 和 U_1 并计算输入端等效阻抗 $Z_{in}=\dfrac{U_1}{I_1}=\dfrac{U_1}{U_{R_s}}\cdot R_s$、等效电抗 X、等效电感 L 或等效电容 C 之值，并与理论计算值 $L'=R^2C$ 及 $C'=L/R^2$ 进行比较，将数据记入训练表 20 - 3 中。

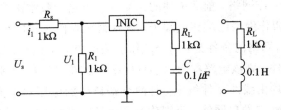

训练图 20 - 7　验证逆变阻抗的性质

训练表 20 - 3　验证逆变阻抗的性质时的数据

接入负载		测量值/V		测算值				理论值	
		U_{R_s}	U_1	Z_{in}/Ω	X/Ω	L	C	L'	C'
$R_L = 1\ \text{k}\Omega$	$C = 0.1\ \mu\text{F}$								
	$L = 0.1\text{H}$								

4）观测 RLC 串联电路的无阻尼和负阻尼响应波形

参照训练图 20-4(a)所示线路，$L = 0.1\text{H}$，$C = 5600\ \text{pF}$，为方便观测，R_s 选可变电阻箱（小于 5 kΩ），r_L 为 4.7 kΩ 的电位器，方波电源的峰峰值电压应小于 5 V（用示波器 Y_1 输入观测），频率 $f = 1\ \text{kHz}$，用示波器的 Y_2 输入观测 U_C 的波形，回路中的总电阻值 $R = r_L - R_s$。实验时，先取 $r_L > R_s$，即 $R > 0$ 的过阻尼情况，然后逐步减小 r_L（或增加 R_s），使得出现欠阻尼、无阻尼和负阻尼等情况，分别画出各种情况的响应波形，测出衰减常数 α 和振荡频率 ω_d。

5. 训练注意事项

（1）整个实验中应使方波激励源输出小于 5 V。

（2）在观测二阶电路响应波形时，回路总电阻的调整应从大到小，在接近无阻尼和负阻尼情况时，要仔细调节 R_s 或 Y_L，以便观察到其响应轨迹。

（3）实验过程中，双踪示波器及交流毫伏表电源线使用两线插头。

（4）器件内难以避免的不对称性和温升会直接影响器件工作的准确性。

6. 思考题

（1）预习实验原理说明的各项内容，列好数据记录表格。

（2）在研究二阶电路的响应时，如何确认激励源具有负的内阻值？

7. 训练报告

（1）整理实验数据并绘制特性曲线。

（2）画出二阶电路无阻尼和负阻尼响应波形。

（3）总结本次训练的收获与体会。

10.1　二端口网络的概念

通常将复杂电路叫作网络，前面讲述的二端等效电路和戴维南等效电路是二端网络的简化形式，网络二端叫作网络的端钮或端子，该网络又叫作一端口网络，如图 10-1-1 所示。显然，构成一端口网络的条件是：两个端钮上的电流大小相等，方向相反。若两对端口均满足一端口网络条件，则该电路称为二端口网络，如图 10-1-2 所示。

二端口网络内部均由线性元件组成，且两个端口处的电压与电流均满足线性关系时，该二端口网络称为线性二端口网络，否则称为非线性二端口网络。如果一个二端口网络内部不含任何电源，则我们称其为无源二端口网络；如果二端口网络内部含有电源，则称其为有源二端口网络。

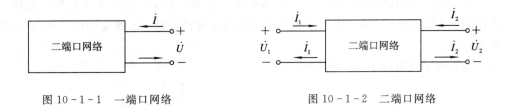

图 10-1-1 一端口网络　　　　　图 10-1-2 二端口网络

10.2 二端口网络的基本方程和参数

实际的二端口网络制作好后一般都要封装起来,无法看到其内部电路的具体结构。因此,分析这类网络时,只能通过两对端子处电压与电流之间的相互关系来表征电路的功能。这种关系又可以用一些参数来描述,且这些参数只取决于网络本身的结构和内部元件,与外部电路无关。利用这些参数,还可以比较不同网络在传递电能和信号方面的性能,从而评价端口网络的质量。

由图 10-1-2 可知,二端口网络端口处有四个变量,如果将其中的任意两个作为已知量,另外两个作为未知量,则有 6 种组合的网络方程表示它们的相互关系,该关系用参数描述为:Z 参数、Y 参数、H 参数、G 参数、T 参数、T' 参数。在此介绍常用的 Z 参数、Y 参数、H 参数、T 参数。

10.2.1 阻抗方程和 Z 参数

1. 阻抗方程

阻抗方程是一组以 Z 为参数、以端口电流为激励、以两个端口电压为求解对象的无源线性二端口网络的特征方程,又叫作 Z 参数方程,其中的参数称为 Z 参数。

Z 参数方程的一般形式为

$$\dot{U}_1 = Z_{11}\dot{I}_1 + Z_{12}\dot{I}_2$$
$$\dot{U}_2 = Z_{21}\dot{I}_1 + Z_{22}\dot{I}_2$$

如果令 $Z_{11}=Z_1+Z_3$,$Z_{22}=Z_2+Z_3$,$Z_{12}=Z_{21}=Z_3$,则二端口网络可如图 10-2-1 表示。显然,Z 参数具有阻抗的性质。

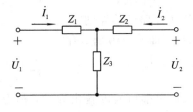

图 10-2-1 二端口网络

2. Z 参数

Z 参数仅与网络的内部结构、元件参数和工作频率有关，而与输入信号的振幅、负载的情况无关。因此，Z 参数用来描述二端口网络本身的特性。Z 参数可由 Z 参数方程推导而得。

当输出端口电流 $\dot{I}_2 = 0$ 时，有

$$Z_{11} = \frac{\dot{U}_1}{\dot{I}_1}\bigg|_{\dot{I}_2=0} \qquad Z_{21} = \frac{\dot{U}_2}{\dot{I}_1}\bigg|_{\dot{I}_2=0}$$

其中，Z_{11} 是输出端口开路时在输入端口处的输入阻抗，称为开路输入阻抗；Z_{21} 称为开路转移阻抗，转移阻抗是一个端口的电压与另一个端口电流之比。

同理，当输入端口电流 $\dot{I}_1 = 0$ 时，有

$$Z_{22} = \frac{\dot{U}_2}{\dot{I}_2}\bigg|_{\dot{I}_1=0} \qquad Z_{12} = \frac{\dot{U}_1}{\dot{I}_2}\bigg|_{\dot{I}_1=0}$$

其中，Z_{22} 是输入端口开路时在输出端口处的输出阻抗，称为开路输出阻抗；Z_{21} 称为开路转移阻抗。

由互易定理（激励和响应位置互换后其结果不变）可证明，输入、输出两端口位置互换时，不会改变由同一激励所产生的响应，因此总有 $Z_{12} = Z_{21}$，所以说一般情况下 Z 参数中只有 3 个是独立的。倘如无源线性二端口网络是对称的，即 $Z_{11} = Z_{22}$，则输出端口和输入端口互换位置后，各电压与电流均不改变，此时 Z 参数中仅有两个参数是独立的。

10.2.2　导纳方程和 Y 参数

1. 导纳方程

导纳方程是一组以 Y 为参数、以端口电压为激励、以两个端口电流为求解对象的无源线性二端口网络的特征方程，又叫作 Y 参数方程，其中的参数称为 Y 参数。

方程的一般形式为

$$\dot{I}_1 = Y_{11}\dot{U}_1 + Y_{12}\dot{U}_2$$
$$\dot{I}_2 = Y_{21}\dot{U}_1 + Y_{22}\dot{U}_2$$

2. Y 参数

显然，Y 参数具有导纳的性质，Y 参数可由 Y 参数方程推导而得。

当输出端口电路短路，即 $\dot{U}_2 = 0$ 时，有

$$Y_{11} = \frac{\dot{I}_1}{\dot{U}_1}\bigg|_{\dot{U}_2=0} \qquad Y_{21} = \frac{\dot{I}_2}{\dot{U}_1}\bigg|_{\dot{U}_2=0}$$

式中，Y_{11} 为短路输入导纳，Y_{21} 为短路转移导纳。

同理，当输入端口电路短路，即 $\dot{U}_1 = 0$ 时，有

$$Y_{22} = \frac{\dot{I}_2}{\dot{U}_2}\bigg|_{\dot{U}_1=0} \qquad Y_{12} = \frac{\dot{I}_1}{\dot{U}_2}\bigg|_{\dot{U}_1=0}$$

其中，Y_{22} 是输入端口短路时在输出端口处的输出导纳，称为短路输出导纳；Y_{21} 称为短路转移导纳。同样可以证明，对于无源线性二端口网络而言，总有 $Y_{12} = Y_{21}$，因此 Y 参数中也只有 3 个是独立的。如果无源线性二端口网络对称，就有 $Y_{11} = Y_{22}$，这时即使输出端口和输入端口互换位置，各电流与电压也不会改变，此时 Y 参数中仅有两个是独立的。

【例 10-1】 求图 10-2-2 所示电路的 Z 参数。

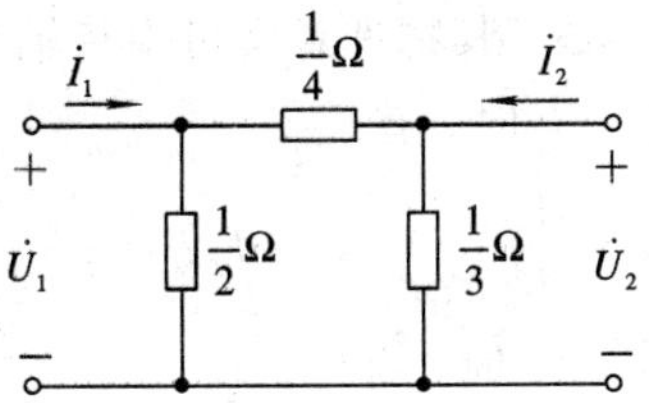

图 10-2-2 例 10-1 图

解 当输出端开路时，有

$$\dot{U}_1 = \dot{I}_1 \left[\frac{1}{2} \; // \; \left(\frac{1}{4} + \frac{1}{3} \right) \right] = \dot{I}_1 \frac{7}{26}$$

所以

$$Z_{11} = \frac{\dot{U}_1}{\dot{I}_1} \bigg|_{\dot{I}_2 = 0} = \frac{7}{26} \; \Omega$$

当输入端开路时，有

$$\dot{U}_2 = \dot{I}_2 \left[\frac{1}{3} \; // \; \left(\frac{1}{4} + \frac{1}{2} \right) \right] = \dot{I}_2 \frac{3}{13}$$

所以

$$Z_{22} = \frac{\dot{U}_2}{\dot{I}_2} \bigg|_{\dot{I}_1 = 0} = \frac{3}{13} \; \Omega$$

找出输入、输出电压的关系，进而求出开路转移阻抗：

$$\dot{U}_1 = \dot{U}_2 \frac{\frac{1}{2}}{\frac{1}{2} + \frac{1}{4}} = \frac{2}{3} \dot{U}_2$$

所以

$$Z_{12} = \frac{\dot{U}_1}{\dot{I}_2} \bigg|_{\dot{I}_1 = 0} = \frac{\frac{2}{3} \dot{U}_2}{\dot{I}_2} \bigg|_{\dot{I}_1 = 0} = \frac{2}{3} \times \frac{3}{13} = \frac{2}{13} \Omega$$

10.2.3 传输方程和 T 参数

1. 传输方程

传输方程是以 T 为参数、以输出端口电压和电流为已知量、以二端口网络输入电压和电流为未知量而建立的方程式，其一般表达形式为

$$\dot{U}_1 = T_{11} \dot{U}_2 - T_{12} \dot{I}_2$$
$$\dot{I}_1 = T_{21} \dot{U}_2 - T_{22} \dot{I}_2$$

上式中假设两电流方向均为流入端口，否则第二项为正。

当二端口网络为无源线性网络时，$T_{11} T_{22} - T_{12} T_{21} = 1$，此时 T 参数中有 3 个是独立的，如果网络是对称的，则有 $T_{11} = T_{22}$，这时 T 参数中只有两个是独立的。

T 参数建立的方程主要用于研究网络传输问题。

2. T 参数

传输方程中的参数称为 T 参数，其物理意义可由传输方程推导而得。

当输出端口电路开路，即 $\dot{I}_2 = 0$ 时，有

$$T_{11} = \frac{\dot{U}_1}{\dot{U}_2}\bigg|_{I_2=0} \qquad T_{21} = \frac{\dot{I}_1}{\dot{U}_2}\bigg|_{I_2=0}$$

当输出端口电路短路，即 $\dot{U}_2 = 0$ 时，有

$$T_{22} = \frac{\dot{I}_1}{-\dot{I}_2}\bigg|_{U_2=0} \qquad T_{12} = \frac{\dot{U}_1}{-\dot{I}_2}\bigg|_{U_2=0}$$

10.2.4 混合方程和 H 参数

1. 混合方程

混合方程是以 H 为参数、以二端口网络输出端口电压和输入端口电流为已知量、以输入电压和输出电流为未知量而建立的方程式，其一般表达形式为

$$\dot{U}_1 = H_{11}\dot{I}_1 + H_{12}\dot{U}_2$$
$$\dot{I}_2 = H_{21}\dot{I}_1 + H_{22}\dot{U}_2$$

此方程在选择两电流的参考方向均为流入二端口网络时成立。

当二端口网络为无源线性网络时，H 参数之间有 $H_{12} = -H_{21}$ 成立，此时 H 参数中有 3 个是独立的，如果网络对称，则 $H_{11}H_{22} - H_{12}H_{21} = 1$，此时 H 参数中只有 2 个是独立的。

H 参数建立的方程主要用于晶体管低频放大电路的分析。

2. H 参数

混合方程中的参数称为 H 参数，其物理意义可由传输方程推导而得。

当输出端口电路短路，即 $\dot{U}_2 = 0$ 时，有

$$H_{11} = \frac{\dot{U}_1}{\dot{I}_1}\bigg|_{U_2=0} \qquad H_{21} = \frac{\dot{I}_2}{\dot{I}_1}\bigg|_{U_2=0}$$

当输入端口电路开路，即 $\dot{I}_1 = 0$ 时，有

$$H_{12} = \frac{\dot{U}_1}{\dot{U}_2}\bigg|_{I_1=0} \qquad H_{22} = \frac{\dot{I}_2}{\dot{U}_2}\bigg|_{I_1=0}$$

从上述分析可得，二端口网络参数之间的关系——一个双口网络，可以用上述 4 组参数中的任意一组参数来描述。显然，这 4 组参数之间存在一定的转换关系。转换方法是进行方程变换得到参数之间的对应关系。

10.2.5 实验参数

无源线性二端口网络通过简单测量得到的参数称为实验参数，共有 4 个，分别是：输出端口开路时的输入阻抗：

$$(Z_{in})_\infty = \frac{\dot{U}_1}{\dot{I}_1}\bigg|_{I_2=0}$$

输出端口短路时的输入阻抗：

$$(Z_{\text{in}})_0 = \left.\frac{\dot{U}_1}{\dot{I}_1}\right|_{U_2 = 0}$$

输入端口开路时的输出阻抗：

$$(Z_{\text{out}})_\infty = \left.\frac{\dot{U}_2}{\dot{I}_2}\right|_{I_1 = 0}$$

输入端口短路时的输出阻抗：

$$(Z_{\text{out}})_0 = \left.\frac{\dot{U}_2}{\dot{I}_2}\right|_{U_1 = 0}$$

实验参数和其他参数之间存在着一定的关系，例如：

$$(Z_{\text{in}})_\infty = \frac{T_{11}}{T_{21}}, \qquad (Z_{\text{in}})_0 = \frac{T_{12}}{T_{22}},$$

$$(Z_{\text{out}})_\infty = \frac{T_{22}}{T_{21}}, \qquad (Z_{\text{out}})_0 = \frac{T_{12}}{T_{11}}$$

利用上式还可以得：

$$\frac{(Z_{\text{in}})_0}{(Z_{\text{in}})_\infty} = \frac{(Z_{\text{out}})_0}{(Z_{\text{out}})_\infty} = \frac{A_{12}A_{21}}{A_{11}A_{22}}$$

即实验参数中只有 3 个是独立的，如果网络对称，则

$$(Z_{\text{in}})_0 = (Z_{\text{out}})_0$$
$$(Z_{\text{in}})_\infty = (Z_{\text{out}})_\infty$$

这时只有 2 个参数是独立的。

10.3 二端口网络的输入阻抗、输出阻抗和传输函数

10.3.1 输入阻抗和输出阻抗

实际应用中，二端口网络的输入端一般均与带有内阻的电源相连接，输出端通常与负载连接，如图 10 - 3 - 1 所示。对这类有外围连接电路的二端口网络，引入输入、输出阻抗的概念进行电路分析和计算将非常方便。

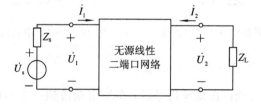

图 10 - 3 - 1 二端口网络的连接

1. 输入阻抗 (Z_{in})

网络输入阻抗是输入端电压 $\dot{U}_1$ 与电流 $\dot{I}_1$ 之比，可以用任何一种参数来表示，例如在图 10 - 3 - 1 所示电路中，输入阻抗若用 T 参数表示，根据前面分析的公式可得：

$$Z_{in} = \frac{\dot{U}_1}{\dot{I}_1} = \frac{T_{11}Z_L + T_{12}}{T_{21}Z_L + T_{22}}$$

如果采用实验参数来表示，则

$$Z_{in} = (Z_{in})_\infty \times \frac{Z_L + (Z_{out})_0}{Z_L + (Z_{out})_\infty}$$

2. 输出阻抗(Z_{out})

把信号源短接，保留其内阻抗，在输出端加电压$(\dot{U}_2)$，相当于网络反向传输，此时输出端口电压与电流的比值称为网络的输出阻抗。

如图 10 - 3 - 2 所示，把输出阻抗也用 T 参数表示时，根据前面的分析可得：

$$Z_{out} = \frac{T_{22}Z_s + T_{12}}{T_{21}Z_s + T_{11}}$$

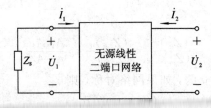

图 10 - 3 - 2　二端口网络的输出阻抗

如果把输出阻抗用实验参数表示，则

$$Z_{out} = (Z_{out})_\infty \times \frac{Z_s + (Z_{out})_0}{Z_s + (Z_{out})_\infty}$$

式中：$Z_s = \dfrac{\dot{U}_1}{-\dot{I}_1}$。

利用二端口网络输入、输出阻抗，可以很方便地求出端口处的电压和电流，其等效电路如图 10 - 3 - 3 和图 10 - 3 - 4 所示。

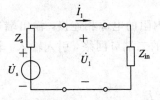

图 10 - 3 - 3　用输入阻抗等效二端口网络　　　　图 10 - 3 - 4　用输出阻抗等效二端口网络

10.3.2　传输函数

当二端口网络的输入端口接激励信号后，在输出端得到一个响应信号，输出端口的响应信号与输入端口的激励信号之比，称为二端口网络的传输函数。

当激励和响应都是电压信号时，传输函数为电压传输函数，用 K_u 表示；当激励和响应为电流信号时，传输函数为电流传输函数，用 K_i 表示。若网络所接负载为 Z_L、采用传输参数 T，端口处电流的参考方向为流入网络，则传输函数为

$$K_u = \frac{\dot{U}_2}{\dot{U}_1} = \frac{\dot{U}_2}{T_{11}\dot{U}_2 + T_{12}(-\dot{I}_2)} = \frac{Z_L}{T_{11}Z_L + T_{12}}$$

$$K_i = \frac{\dot{I}_2}{\dot{I}_1} = \frac{\dot{I}_2}{T_{21}\dot{U}_2 + T_{22}(-\dot{I}_2)} = \frac{-1}{T_{11}Z_L + T_{22}}$$

【例 10 - 2】 求图 10 - 3 - 5 所示电路在输出端开路时的电压传输函数。

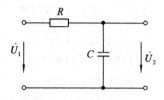

图 10 - 3 - 5　例 10 - 2 图

解　输出端开路时输出、输入电压的关系：

$$\dot{U}_2 = \frac{\dfrac{1}{j\omega C}\dot{U}_1}{R + \dfrac{1}{j\omega C}} = \frac{\dot{U}_1}{1 + j\omega CR}$$

开路电压传输函数：

$$K_u = \frac{\dot{U}_2}{\dot{U}_1} = \frac{1}{1 + j\omega CR}$$

其中，幅频特性和相频特性为

$$|K_u(j\omega)| = \frac{1}{\sqrt{1 + (\omega CR)^2}}$$

$$\varphi_u(\omega) = -\arctan(\omega CR)$$

10.3.3　二端口网络的特性阻抗和传输常数

1. 二端口网络的特性阻抗

一般情况下，二端口网络的输入阻抗并不等于信号源的内阻抗，输出阻抗也不等于负载阻抗，但为了达到某种特定的目的（例如为了获得最大传输功率），让上述两对阻抗分别对应相等，这时二端口网络的输入阻抗和输出阻抗就只与网络参数有关，这种情况称为网络实现了匹配，也叫阻抗匹配。匹配条件下，二端口网络的输入阻抗和输出阻抗称为输入特性阻抗和输出特性阻抗，分别用 Z_{C1}、Z_{C2} 表示，输入特性阻抗和输出特性阻抗称为二端口网络的特性阻抗。

特性阻抗与网络参数是表示网络的特定参数，相互之间可以转化，特性阻抗若用 T 参数表示，则

$$Z_{C1} = \frac{T_{11}Z_L + T_{12}}{T_{21}Z_L + T_{22}} = \frac{T_{11}Z_{C2} + T_{12}}{T_{21}Z_{C2} + T_{22}}$$

$$Z_{C2} = \frac{T_{22}Z_{C1} + T_{12}}{T_{21}Z_{C1} + T_{11}}$$

联立二式可得：

$$Z_{C1} = \sqrt{\frac{T_{11}T_{12}}{T_{21}T_{22}}}, \qquad Z_{C2} = \sqrt{\frac{T_{12}T_{22}}{T_{21}T_{11}}}$$

若二端口网络为对称网络时，则

$$Z_{C1} = Z_{C2} = \sqrt{\frac{T_{12}}{T_{21}}}$$

特性阻抗与实验参数之间的关系为

$$Z_{C1} = \sqrt{(Z_{in})_0 (Z_{in})_\infty}$$

$$Z_{C2} = \sqrt{(Z_{out})_0 (Z_{out})_\infty}$$

由上式可见,特性阻抗仅由二端口网络的参数决定,且与外接电路无关,即特性阻抗为网络本身所固有,因而称为二端口网络的特性阻抗。

在接负载的二端口网络中,若负载阻抗等于特性阻抗,我们称此时的负载为匹配负载,网络工作在匹配状态。由于对称二端口网络的一个端口上接匹配负载时,在另一个端口看进去的输入阻抗恰好等于该阻抗,因此又称特性阻抗为重复阻抗。

2. 传输常数

二端口网络工作在匹配状态下,对信号的传输能力用传输常数 γ 表示,其大小为

$$\gamma = \frac{1}{2} \ln \frac{\dot{U}_1 \dot{I}_1}{\dot{U}_2 \dot{I}_2}$$

上式可变换为

$$\gamma = \frac{1}{2} \ln \frac{\dot{U}_1 \dot{I}_1}{\dot{U}_2 \dot{I}_2} = \frac{1}{2} \ln \frac{U_1 I_1}{U_2 I_2} + j\frac{1}{2}(\varphi_u - \varphi_i) = \alpha + j\beta$$

式中,α 称为衰减常数,表示在匹配状态下信号通过二端口网络时其视在功率衰减的程度,单位是奈培(Np);β 称为相移常数,表示在匹配状态下电压、电流通过二端口网络时产生的相移,单位是弧度(rad);$\varphi_u - \varphi_i$ 表示电流 I_2 滞后 I_1 的相位差角。

在网络对称情况下,有

$$\gamma = \ln \frac{U_1}{U_2} + j\varphi_u = \ln \frac{I_1}{I_2} + j\varphi_i = \alpha + j\beta$$

实际应用中,衰减常数一般表示为常用对数的 10 倍,其单位采用分贝(dB),即

$$\alpha = 10 \log \frac{U_1 I_1}{U_2 I_2}$$

奈培与分贝之间的换算关系为

$$1 \text{ Np} = 8.686 \text{ dB}$$

$$1 \text{ dB} = 0.1151 \text{ Np}$$

10.3.4 二端口网络应用简介

1. 相移器

相移器是一种在阻抗匹配条件下的相移网络。在规定的信号频率下,使输出信号与输入信号之间达到预先给定的相移关系。相移器通常由电抗元件构成。由于电抗元件的值是频率的函数,所以一个参数值确定的相移器,只对某一特定频率产生预定的相移。另外,电抗元件在传输信号时,本身不消耗能量,所以传输过程中无衰减,即

$$\alpha = 0$$

$$\gamma = j\beta$$

2. 衰减器

衰减器是一种能够调整信号强弱的二端口网络。当信号通过衰减器时,衰减器可以在很宽的频率范围内进行匹配,在匹配过程中不产生相移。

衰减器通常由纯电阻元件构成,其相移常数 β 等于零,因此传输常数就等于 α。

3. 滤波器

滤波器是一种能够对信号频率进行选择的二端口网络。滤波器广泛应用于电子技术中。滤波器可以分为低通滤波器、高通滤波器、带通滤波器、带阻滤波器 4 种类型。

滤波器主要依据 L 和 C 的频率特性进行工作,例如电感元件有利于低频电流通过,电容元件则对高频电流呈现极小电抗,利用这种特性进行组合构成不同类型的滤波器。

各种由 LC 构成的滤波器电路如图 $10-3-6$ 所示。

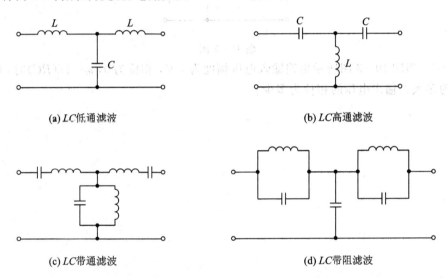

(a) LC低通滤波   (b) LC高通滤波

(c) LC带通滤波   (d) LC带阻滤波

图 $10-3-6$ 各种由 LC 构成的滤波器电路

本 章 小 结

(1) 线性二端口网络内部均由线性元件组成,且两个端口处的电压与电流均满足线性关系。

(2) 二端口网络端口处有四个变量,如果将其中的任意两个作为已知量,另外两个作为未知量,则可用网络方程表示它们的相互关系,常用 Z 参数、Y 参数、H 参数、T 参数表示网络端口各量关系。当网络结构无法得知时,可用实验方法,测量计算出各种网络参数。

(3) 二端口网络可以用相应等效电路代替。如果原二端口网络是对称的,则其等效网络也对称。

(4) 一个复杂二端口网络可以认为是简单二端口网络通过一定方式连接得到的,这样可使复杂网络分析简化。

习 题 十

10-1　什么是二端口网络?

10-2　什么是线性二端口网络?

10-3　题10-3图所示电路输出端若接负载 Z_L，求 Z_{in}。

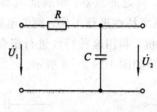

题 10-3 图

10-4　当题10-3图所示电路输入电压幅度为 1 V，相位为 0，$\omega=1/(RC)$ 时，输出电压幅度为多大? 输出电压的相位为多少?

附录 部分习题答案

第 1 章

1-2 (1) 8 W；(2) −8 W；(3) 50 V；(4) 25 A，−25 A

1-4 −40 W，−10 W，50 W

1-5 3 A

1-6 3712.5 Ω，20 W

1-8 0.3，5.8 V

1-9 5−2i

1-10 2.5 kΩ

1-11 1 A，15 V

1-12 0 A，1 A，1 A，0 W

1-13 0.31 A，9.3 A，9.6 A

1-14 3 A，5 V

1-15 3 Ω

1-16 5 V

1-17 −5.84 V，1.96 V

1-18 1 V，1 V，0 V

第 2 章

2-1 (1)1 A，2 A；(2)−4 W，8 W，−4 W；(3)功率平衡

2-2 (1) $R_1=3\ \Omega$，6 Ω，$R_2=6\ \Omega$，3 Ω；

(2) 3 Ω 电阻的功率比为 9，6 Ω 电阻的功率比为 2.5

2-3 (a) 8 V，7.33 Ω，串联；(b) 2 V，3 Ω，串联

2-4 16 W，18 W，16 W

2-5 $\dfrac{14}{3}$ Ω

2-6 (a) 2 Ω；(b) 1.5 Ω；(c) 28 Ω；(d) 6 Ω；(e) 3.5 Ω

2-7 0.1 Ω

2-8 $I=\dfrac{5}{6}$ A

2-9　1 A，2 A，3 A

2-10　1 A，−1.5 A，−0.5 A

2-11　−6 A，2 A，−4 A

2-12　3 A，2 A，3 A

2-13　2 A，4 A，8 V

2-14　0.5 A，1 A，1.5 A

2-15　0.5 A，1 A，1.5 A

2-16　2.25 A，1.75 A，0.75 A，1.25 A

2-17　−1 A，5 A，13 V

2-18　6 A，−1 A，2 A

2-19　$I=4$ A，$U=6$ V

2-20　7.67 V

2-21　0.6 A，3.4 A，1.2 A，6.8 A

2-22　2 A

2-23　略

2-24　3.2 Ω，72 V

2-25　12 A

2-26　0.125 S，−1 A

2-27　54 W，16.7%

第 3 章

3-1　$i_C(0_+)=3$ mA，$i_1(0_+)=3$ mA，$i_2(0_+)=0$ mA，$u_C(0_+)=0$ V

3-2　$i_C(0_+)=2$ A，$i_1(0_+)=3$ A，$i(0_+)=5$ A

3-3　$i_1=0$ mA，$i_2=-1.25\mathrm{e}^{-40000t}$ mA，$i_3=1.25\mathrm{e}^{-40000t}$ mA，$u_L=-10\mathrm{e}^{-40000t}$ V

3-4　$i=20\mathrm{e}^{-100000t}$ A

3-5　$u_L(0_+)=20$ V，$i_L(0_+)=0$ A，$u_L(\infty)=0$ V，$i_L(\infty)=3$ A

3-6　$u_L(0_+)=5$ V，$i_L(0_+)=1$ A，$u_L(\infty)=0$ V，$i_L(\infty)=2$ A

3-7　$u_C(0_+)=24$ V，$i_C(0_+)=0.4$ A，$u_C(\infty)=0$ V，$i_C(\infty)=0$ A，$\tau=3$ ms

3-8　$i_L=2(1-\mathrm{e}^{-10^6 t})$ A，$u_L=2000\mathrm{e}^{-10^6 t}$ V

3-9　$i=(42+21\mathrm{e}^{-1.67t})$ mA

3-10　$u_{R_2}=(4+2\mathrm{e}^{-15000t})$ V

3-11　$u_L=60\mathrm{e}^{-200t}$ V，$i=(25-15\mathrm{e}^{-200t})$ A

3-12　$i=(-0.16+0.06\mathrm{e}^{-55.6t})$ A，$i_1=(-0.08+0.18\mathrm{e}^{-55.6t})$ A

3-13　$i_L=(6-4\mathrm{e}^{-5t})$ A，$u_L=10\mathrm{e}^{-5}$ V

第 4 章

4-1　$i=220\sin(314t-30°)$

4 2　$u=310\sin(\omega t+60°)$

4-3　$i(t)=310\sin\left(314t-\dfrac{\pi}{6}\right)$

4-4　$30°$、$90°$

4-5　$i_1=1\sin(314t+90°)$、$i_2=2\sin(314t+30°)$、$i_3=3\sin(314t-120°)$

4-6　0.366 A

4-7　$\dot{U}_1=110\sqrt{2}$ V，$\dot{U}_2=110\sqrt{2}\angle120°$V，$\dot{U}_3=110\sqrt{2}\angle-120°$ V，

　　$\dot{U}_1+\dot{U}_2+\dot{U}_3=0$，$u_1+u_2+u_3=0$

4-8　$\dot{U}_1=220\angle60°$V，$\dot{U}_2=220\angle120°$V，

　　$u_1+u_2=538.9\sin(\omega t+90°)$

　　$u_1-u_2=220\sqrt{2}\sin\omega t$

4-9　同相、正交、反相

4-10　$U=\dfrac{5}{\sqrt{2}}\times10=35.4$ V，$P=\left(\dfrac{5}{\sqrt{2}}\right)^2\times10=125$ W

4-11　$\dot{U}_{L_m}=100\angle30°$V，$\dot{I}_{L_m}=10\angle\varphi_i$，$\varphi_i=-60°$，$L=\dfrac{X_L}{\omega}=\dfrac{10}{100}=0.1$ H

4-12　$\dot{U}=220\angle60°$V，$I_C=\omega CU=3.454$ A，$i=4.885\sin(314t+150°)$，

　　$Q_C=U_CI=220\times3.454=759.88$ Var

4-13　$r=1.96\ \Omega$，$|Z|=50\ \Omega$

4-14　$X_L=40\ \Omega$，$X_C=10\ \Omega$，$Z=30+\text{j}30=30\sqrt{2}\angle45°$，$\dot{I}=\dfrac{\dot{U}_L}{\text{j}X_L}=0.25\angle-90°$ A，

　　$\dot{U}_R=0.25\angle-90°\times30=7.5\angle-90°$ V

　　$\dot{U}=0.25\angle-90°\times30\sqrt{2}\angle45°=10.6\angle-45°$ V

　　$\dot{U}_C=2.5\angle-180°$ V

4-15　$Z=10+\text{j}10=10\sqrt{2}\angle45°$，$\dot{U}=\dot{I}Z=20\sqrt{2}\angle75°$V，$\cos\varphi=\dfrac{\sqrt{2}}{2}$，

　　$P=2^2\times10=40$ W，$Q=4\times10=40$ Var，$S=UI=20\sqrt{2}\times2=56.6$ V·A

4-16　$X_L=628\ \Omega$，$X_C=3.18\ \Omega$，$Z=20+\text{j}624.8=625.1\angle88.2°$，感性

4-17　$I=I_1-I_2=0$ A，$I=\sqrt{I_1^2+I_2^2}=28$ A

4-18　$i(t)=0.182\sqrt{2}\sin\omega t$

4-19　$Q_L=I_L^2X_L=\left(\dfrac{10}{\sqrt{2}}\right)^2\times100\times0.12=600$ Var，$W_L=\dfrac{1}{2}LI^2=3$ J

4-20　$Q_C=\dfrac{U_C^2}{X_C}=3.04$ Var，$W_C=\dfrac{1}{2}CU_C^2=0.00484$ J

4-21　$X_L=10\ \Omega$，$Z=6+\text{j}10=11.66\angle59°$，$\dot{I}_m=\dfrac{300\angle90°}{11.66\angle59°}=25.73\angle31°$ A，

　　$P=I^2R=1986$W，$Q_L=\left(\dfrac{25.73}{\sqrt{2}}\right)^3\times10=3310$ Var，$S=UI=3859.5$ V·A

4-22　$X_C=\dfrac{1}{\omega C}=26.54\ \Omega$，$|Z|=\sqrt{R^2+X_C^2}=27.2\ \Omega$，$I=\dfrac{U}{|A|}=8.1$ A，

$$P=UI\cos\varphi=8.1\times220\times\frac{6}{27.2}=393 \text{ W}, \quad Q_C=UI\sin\varphi=-1738.8 \text{ Var},$$

$$S=UI=1782 \text{ V}\cdot\text{A}$$

4-23　$R=\dfrac{U^2}{P}=40.3 \ \Omega$, $I=\sqrt{\dfrac{P}{R}}=3.86 \text{ A}$, $|Z|=\dfrac{U}{I}=57 \ \Omega$, $X_L=40.3 \ \Omega$,

　　　　$L=0.128\text{H}$

4-24　$Q_C=P(\tan\varphi_1-\tan\varphi)=250\times(1.17-0.62)=137.5 \text{ Var}$, $C=9.05 \ \mu\text{F}$

4-25　$P=40\times100+100\times40=8000 \text{ W}$, $Q=P_1\tan\varphi=4000\times\sqrt{3}=6928 \text{ Var}$,

　　　　$S=\sqrt{P^2+Q^2}=10582.9 \text{ V}\cdot\text{A}$, $I=\dfrac{S}{U}=48.1 \text{ A}$, $\cos\varphi_1=\dfrac{P}{S}=0.76$,

　　　　$\tan\varphi_1=0.855$, $\tan\varphi=0.484$, $C=195.3 \ \mu\text{F}$

第 5 章

5-1　$\dot U_A=220\angle-120°\text{V}$, $\dot U_B=220\angle120° \text{ V}$

　　　$\dot U_{AB}=380\angle-90° \text{ V}$, $\dot U_{BC}=380\angle150° \text{ V}$, $\dot U_{CA}=380\angle30° \text{ V}$

5-2　$\dot I_A=33\angle-36.9° \text{ A}$, $\dot I_B=44\angle-66.9° \text{ A}$, $\dot I_C=88\angle180° \text{ A}$,

　　　$\dot I_N=42\angle-55.4° \text{ A}$

5-3　$\dot I_{AB}=38\angle-53.1° \text{ A}$, $\dot I_{BC}=38\angle-173.1° \text{ A}$, $\dot I_{CA}=38\angle66.9° \text{ A}$

　　　$\dot I_A=66\angle-83.1° \text{ A}$, $\dot I_A=66\angle156.9° \text{ A}$, $\dot I_A=66\angle36.9° \text{ A}$

5-4　略

5-5　(1) $\dfrac{26}{\sqrt{3}}$　(2) $I_{AB}=0$, $I_{BC}=I_{CA}=\dfrac{26}{\sqrt{3}}$　(3) $I_{CA}=\dfrac{26}{\sqrt{3}}$, $I_{AB}=I_{BC}=\dfrac{13}{\sqrt{3}}$

5-6　略

5-7　$R=0.58 \ \Omega$, $X_L=2.47 \ \Omega$

5-8　$\dot I_A=11\angle0°\text{A}$, $\dot I_B=22\angle-30° \text{ A}$, $\dot I_C=22\angle66.9° \text{ A}$

　　　$\dot I_N=39.92\angle13.27°\text{A}$, $P=5324 \text{ W}$, $Q=-968 \text{ Var}$

5-9　略

5-10　(1) $I_A=I_B=I_C=11\text{A}$, $I_N=0$；　(2) $I_A=0$, I_B、I_C 不变，$I_N=11\angle135° \text{ A}$

第 6 章

6-6　$C=32 \text{ pF}$, $Q=11$

6-7　499 Hz, 25.1, 0.2 A, 10 V, 251 V, 251 V

6-8　$2\times10^7 \text{ rad/s}$, 20 k$\Omega$, 5 μA, 200 μA

第 7 章

7-1　$\sqrt{5}\,\text{mH}$, $0.3\sqrt{5}\,\text{mH}$, $2\sqrt{5}\,\text{mH}$

7 - 2　$u_1 = u_2 = 6.28\sqrt{2}\ \cos 314t$

7 - 3　0.035H

7 - 4　3H

7 - 5　j31 Ω，(1+j8) Ω，(1.2+j2.7) Ω

7 - 6　22.2 A，5.69 A，21.4 A

7 - 7　10^3 rad/s，2.22×10^3 rad/s

7 - 8　15.6 V，24.3 W

7 - 9　19.1 A，385 V

第 8 章

8 - 1　1.2T

8 - 2　2230

8 - 3　(1) 0.25 A；(2) 1.5×10^{-3} Wb

8 - 4　1.04 T

8 - 5　200，300

8 - 6　(1) 2456A；(2) 197N；(3)148N

8 - 7　1320 W

8 - 8　440 W，4.4 Ω，21.6 Ω

8 - 9　不是

8 - 10　(1) 4.2×10^3 A/m；(2) 5.0×10^3 A/m；(3) 1.05 T；(4) 0.78 T

8 - 11　43 匝

8 - 12　0.2 A，1 A

第 9 章

9 - 8　$i(t) = i_1 + i_3 + i_5 = 1.43\ \sin(\omega t + 85°) + 6\ \sin(3\omega t + 45°) + 0.39\ \sin(5\omega t - 60.7°)$

$$I = \sqrt{\left(\frac{1.43}{\sqrt{2}}\right)^2 + \left(\frac{6}{\sqrt{2}}\right)^2 + \left(\frac{0.39}{\sqrt{2}}\right)^2} \approx 4.37\ A$$

第 10 章

10 - 4　1 V，−45°

参 考 文 献

[1]　邱关源. 电路. 3版. 北京：高等教育出版社，1989.

[2]　白乃平. 电工基础. 2版. 西安：西安电子科技大学出版社，2005.

[3]　卢元元. 电路理论基础. 西安：西安电子科技大学出版社，2004.

[4]　刘科. 电路原理. 北京：北京交通大学出版社. 2007.

[5]　李梅. 电工基础. 北京：机械工业出版社，2005.

[6]　周永金. 电工电子技术基础. 西安：西北大学出版社，2006.

[7]　王明之，邹炳强. 电工基础. 西安：西安电子科技大学出版社，1999.

[8]　张永瑞. 电路分析基础. 2版. 西安：西安电子科技大学出版社，2006.

[9]　张中洲. 电路技术基础. 重庆：重庆大学出版社，2000.

[10]　田淑华. 电路基础. 北京：机械工业出版社，2007.

[11]　王秀英. 电工基础. 西安：西安电子科技大学出版社，2004.

[12]　王俊昆. 电路基础. 北京：人民邮电出版社，2007.

[13]　工慧玲. 电路基础. 北京：高等教育出版社，2004.

[14]　石生. 电路基本分析. 北京：高等教育出版社，2003.

[15]　常晓玲. 电工技术. 西安：西安电子科技大学出版社，2004.

[16]　刘志民. 电路分析. 西安：西安电子科技大学出版社，2004.

[17]　刘青松. 电路基本分析. 北京：高等教育出版社，2003.

[18]　刘青松. 电路基本分析学习指导. 北京：高等教育出版社，2003.

[19]　秦曾煌. 电工学. 北京：高等教育出版社，2004.

[20]　邢江勇. 电工技术与实训. 武汉：武汉理工大学出版社，2006.

[21]　程耕国. 电路实验指导书. 武汉：武汉理工大学出版社，2001.

[22]　张玉洁. 电工基础实验. 西安：西北大学出版社，2007.

[23]　季顺宁. 电工电路测试与设计. 北京：机械工业出版社，2008.

[24]　文孟莉. 电气技术基础及应用. 北京：国防工业出版社，2009.

[25]　曹才开，郭瑞平. 电路分析基础. 北京：清华大学出版社，2009.

[26]　芦晶. 电工电路分析及应用. 天津：天津大学出版社，2011.